青少年讲武堂

总 主 编　崔常发　马保民
　　　　　荆　博　曾祥旭
副总主编　王道伟　郭松岩
　　　　　于玲玲　路志强

兵要地志寻踪

# 走近军事活动的天然平台

王生荣　郭松岩　编著

U0723155

文心出版社
·郑州·

图书在版编目（CIP）数据

兵要地志寻踪：走近军事活动的天然平台／王生荣，
郭松岩编著．— 郑州：文心出版社，2016.12（2019.5重印）
（青少年讲武堂／崔常发，马保民，荆博，曾祥旭
总主编）
ISBN 978 - 7 - 5510 - 0781 - 8

Ⅰ．①兵…　Ⅱ．①王…　②郭…　Ⅲ．①军事地理 -
世界　Ⅳ．①E993.1

中国版本图书馆 CIP 数据核字（2016）第 176735 号

出版社：文心出版社
（地址：郑州市郑东新区祥盛街 27 号　　　邮政编码：450016）
发行单位：河南省新华书店
承印单位：三河市金轩印务有限公司
开本：710 毫米×1010 毫米　　1／16
印张：13.75
字数：310 千字
版次：2016 年 12 月第 1 版　　印次：2019 年 5 月第 4 次印刷

书号：ISBN 978 - 7 - 5510 - 0781 - 8　　定价：34.00 元

与趣味性有机统一的基础上,编纂了《青少年讲武堂》这套丛书。

　　该套丛书共分 22 册,分别为《经典兵书导读 走出战争迷宫的理性指南》《著名将帅传略 展现军事翘楚的戎马生涯》《战争战役回眸 追寻战争历史的闪亮足迹》《指挥艺术品鉴 开启军事创新的思维天窗》《军事谋略精要 掀开以一敌万的神秘面纱》《军事科技纵横 领略军事变革的先锋潮流》《武器装备大观 把握军事世界的核心元素》《军事后勤评说 探究战争胜败的强力后盾》《国防建设考量 通晓国强家稳的安全屏障》《军事演习巡礼 体验军力提升的重要环节》《兵要地志寻踪 走近军事活动的天然平台》《军事制度一瞥 透视强军之基的内在支撑》《军事约章评介 揭示军势嬗变的影响因素》《军事文化解读 领悟文韬武略的历史积淀》《军事檄文赏析 解读壮气励士的激扬文字》《军事心理探幽 透析军人情志的心路历程》《军队管理漫话 掌握军事行为的调控方略》《军事情报管窥 练就审敌虚实的玄妙功夫》《军事危机处置 感悟化危为机的高超艺术》《军事代号揭秘 知谙诡秘数码的背后深意》《作战方式扫描 解析军事对抗的表现形态》《世界军力速写 通览当今世界的武装力量》。

　　本丛书在编纂过程中,参考借鉴了一些相关著作和资料,在此对相关人士一并表示衷心的感谢。同时,也真诚地期望广大读者朋友对丛书提出宝贵的意见,以使其更加完善,更好地服务于青少年国防教育,更好地服务于加快推进国防和军队现代化进程,更好地服务于全面建成小康社会。

**丛书全体编者**
**2015 年 5 月**

◇◇ ·············· 序

　　200 多年前,全世界公认的军事理论权威——若米尼在他的著作中深刻地指出：一个国家即便拥有极好的军事组织，倘若不培养人民的爱国热忱和尚武精神,那么这个国家还是不会强盛的。人类 5000 年血与火的历史表明,若米尼的这番话可谓至理名言。

　　中华民族是一个既崇尚与热爱和平又富有爱国传统与尚武精神的民族,自古就有"国家兴亡,匹夫有责""位卑未敢忘忧国"之说,"投笔从戎""马革裹尸"等英雄壮歌更是响彻神州大地。

　　新中国成立之后,党和国家领导人一直高度重视全民国防教育,尤其重视对青少年进行国防教育。毛泽东同志亲自批准在高等院校学生中开展军事训练,为部队培养预备役军官。邓小平同志多次强调,国防教育要从娃娃抓起,要加强对公民特别是青少年的国防教育。江泽民、胡锦涛同志对青少年的国防教育工作作过一系列重要指示，要求国防教育应当成为对公民进行以爱国主义为主要内容的全社会性的教育活动。习近平同志强调指出,要加强国防教育,增强全民国防观念,使关心国防、热爱国防、建设国防、保卫国防成为全社会的思想共识和自觉行动。

　　全民国防教育是一项极其重要的战略工程，能够激发人们对国家安全的责任感和使命感，激励人们的爱国之心和报国之志,强化人们的忧患意识和国防观念，增强实现中华民族伟大复兴的凝聚力和向心力。而青少年是国家民族的未来,青少年时期是人们世界观、人生观、价值观形成的关键阶段,对青少年进行国防教育是全民国防教育的基础,是一项利在当代、功在千秋的工作。

　　为适应国内外发展变化了的新形势和国防教育的新要求，我们组织和邀请了中国人民解放军军事科学院、国防大学、空军指挥学院、南京政治学院、海军大连舰艇学院、总参工程兵学院等单位的一些专家、学者、博士、硕士,针对青少年学习军事知识的需求和特点,在注重科学性与通俗性、知识性与可读性、学术性

1

# 目　录

## 第二章 世界大陆——那些被镌刻在五色土上的战争印记

**一、亚洲大陆:世界上最大的一个洲**

## 二、欧洲大陆:飞离亚细亚的"欧罗巴"女神

第三章　世界海洋——那些飘移在湛蓝海空上的战争风云

一、太平洋：并不"太平"的世界第一大洋

## 四、北冰洋:美苏(俄)两家"对火"的捷径

# 第一章
# 世界国别——环球世界莫不被战火烧过

## 一、亚洲政区:曾饱受殖民主义和帝国主义铁蹄的蹂躏

### 地理概况

亚洲(Asia),亚细亚洲的简称,世界第一大洲。亚洲位于东半球东北部,北濒北冰洋,东濒太平洋与北美洲相望,东南隔海洋与非洲相邻,西北以达达尼尔海峡、马尔马拉海、博斯普鲁斯海峡为界。东亚的黄河、长江流域,南亚的恒河、印度河流域,西亚的底格里斯河、幼发拉底河流域,是世界著名的古代文明发祥地,培育出了中国、印度、巴比伦文明古国。中世纪,当欧洲仍处于黑暗时代时,亚洲文明已高度发展,社会、经济、科技、文化等方面的发展均处于世界领先地位,为人类文明的飞跃发展奠定了重要基础。

### 中华人民共和国:56 个民族的共同家园

中华人民共和国(The People's Republic of China),中华民族各族人民共同缔造的统一的共和国。首都北京是中华民族的心脏。中华民族大家庭共由 56 个民族组成。中华民族是中国各民族的集合体,是中国各民族的共同称呼。在中华民族中,由于汉族的人口占绝大多数,其余 55 个民族人口相对较少,而在习惯上被称为"少数民族"。各少数民族聚居区也通用汉语,同时也使用本民族的语言。

中国自古以来就是一个统一的多民族国家。公元前 221 年,中国建立了第一个统一的多民族的中央集权封建国家——秦朝。今天,中国的广西、云南等少数民族较为集中的地方都曾在秦朝统一政权的管辖下,并设有郡县加以统治。公元前 206 年起,汉朝继承了秦朝的政治制度,中央集权的封建国家更加强大。汉朝在西域(汉朝以后对今中国甘肃敦煌以西地区的总称)置都护府,增设 17 郡统辖四方各少数民族,形成了包括新疆各族人民在内的疆域广阔的国家。在汉朝与四方各少数民族频繁进行的

各种交往活动中,汉朝之名也遂被其他民族用来称呼华夏民族,形成了中华民族中人数最多的汉民族。经过秦朝的开创、汉朝的巩固与发展,中国统一的多民族国家的格局从此奠定。汉朝以后,中国历代中央政权发展和巩固了秦汉"大一统"的多民族国家的格局,各个朝代的中央政权既有汉族建立的,也有少数民族建立的。

公元 13 世纪,蒙古族建立起统一的多民族的大元帝国。元朝在全国实施行省制度,在南方部分少数民族聚居的府、州设置土官(以少数民族首领充任并世袭的地方行政长官),在西藏设立主管军政事务的宣慰使司都元帅府,西藏从此成为中国领土不可分割的一部分。同时,还设立澎湖巡检司,管理澎湖列岛和台湾。

公元 17 世纪,满族崛起,建立中国历史上最后一个封建王朝。清朝在西域设立伊犁将军,并建立新疆行省;在西藏,设立驻藏大臣,并确立了由中央政权册封的达赖、班禅两大活佛的历史定制;在西南地区,实行"改土归流"政策,由中央政府委派少数民族地方行政长官。

中国历史上虽然出现过短暂的割据局面和局部分裂,但统一始终是中国历史发展的主流。在长期的"大一统"过程中,经济、文化交往把中国各民族紧密地联系在一起,从而形成了相互依存、相互促进、共同发展的关系,创造和发展了中华文明。中华民族的各民族团结合作,共同捍卫了统一的多民族国家。

近代以来,中国曾沦为半殖民地半封建社会,中华民族遭受帝国主义的侵略、压迫和欺凌,陷入被压迫民族的境地。为捍卫国家的统一和中华民族的尊严,中华民族团结奋斗,共御外侮,与帝国主义侵略者和民族分裂主义者进行了不屈不挠的斗争。19 世纪,新疆各族人民协同清军消灭了阿古柏反动势力,挫败了英国和沙俄侵略者企图分裂中国的阴谋。19世纪末 20 世纪初, 西藏军民两次重创英国侵略者。1937 年~1945年,在反抗日本帝国主义侵略的 8 年抗战中,中华民族的各族人民同仇敌忾,浴血奋战,其中的回民支队、内蒙古抗日游击队等许多以少数民族为主的抗日力量为抗战的胜利做出了杰出的贡献。针对极少数民族分裂主义者在帝国主义侵略势力的扶持下,策划和制造"西藏独立"、新疆的"东突厥斯坦"、东北的伪满洲国等违背中华民族意志的分裂国家的行径,各民族人民进行了坚决的斗争,维护了国家的统一。

在中华人民共和国成立前,中国历代政府虽都有一套关于民族事务的政策和制度,但无论是汉族还是少数民族建立的中央政权,各民族间不平等的状态依然严重存在。1949 年中华人民共和国的建立,开辟了中国各民族平等、团结、互助的新时代。在中华人民共和国统一的民族大家庭内,各民族在一切权利完全平等的基础上,自愿地联合和团结起来,相互促进,共同发展,致力于建设富强、民主、文明的新中国。

在中华民族大家庭中,各民族是平等的,各民族不论人口多少,经济社会发展程度高低,风俗习惯和宗教信仰异同,都是中华民族的一部分,具有同等的地位,在国家和社会生活的一切方面,依法享有相同的权利,履行相同的义务,反对一切形式的民族压迫和民族歧视。各民族团结起来,在社会生活和交往中建立和睦友好和互助合作的关系,齐心协力,共同促进国家的发展繁荣,反对民族分裂,维护国家统一。

### 朝鲜半岛:隔着"三八线"眺望的民族

朝鲜(Korea),亚洲东北部国家。朝鲜位于与东亚大陆相连的朝鲜半岛及众多近岸岛屿上,西濒黄海,北与中国大陆接壤,东北角与俄罗斯为界,东临日本海,南隔朝鲜海峡与日本相望。

朝鲜是亚洲古国之一。公元1世纪,在朝鲜半岛出现高句丽、新罗、百济三个封建王国。7世纪中叶,新罗王朝第一次统一朝鲜半岛。10世纪,建立高丽王朝。14世纪末,高丽国大将李成桂发动宫廷政变,推翻前王朝,改国号为朝鲜。

16世纪末,日本利用朝鲜统治集团内讧入侵朝鲜半岛,占领釜山、汉城和平壤。朝鲜人民团结抗战,将日本侵略军从朝鲜领土上驱逐出去。19世纪70年代以后,日本再度开始不断侵扰朝鲜半岛。1905年,日本打败俄罗斯太平洋舰队后,将朝鲜变为"保护国"。1910年,朝鲜沦为日本的殖民地。

平壤的凯旋门

首尔的青瓦台

1945年9月2日,根据盟国协议,以北纬38度线作为美苏两国军队分别受理驻朝日军的投降事宜和对日开展军事活动的临时分界线。此后,美苏军队分别进驻"三八线"南北地区。1948年8月和9月,朝鲜半岛南北地区先后成立大韩民国和朝鲜民主主义人民共和国。朝鲜半岛以北纬38度线为临时军事分界线分割为两个国度。

1950年6月25日,朝鲜战争爆发,27日,美国正式参战。至8月中旬,朝鲜人民军将美韩军驱至釜山一隅。9月15日,以美军为主的联合国军在朝鲜半岛西海岸仁川登陆,开始反攻,并将战火烧到中朝两国的界河鸭绿江边。中国人民志愿军入朝,与朝鲜人民并肩作战,共同抗敌。经过3年的英勇奋战,美国不得不接受停战。1953年7月27日,在板门店签订《朝鲜停战协定》,朝鲜半岛仍以"三八线"区分大韩民国与朝鲜民主主义人民共和国。

**日本:"太阳初升之地"**

日本(Japan),亚洲东北部国家。日本位于西太平洋的列岛上,主要由北海道、本州岛、四国岛、九州岛四个大岛和数百个小岛屿组成。日本北隔鄂霍次克海和宗谷海峡(拉彼鲁兹海峡)与俄罗斯相望,西临日本海与俄罗斯、朝鲜半岛相望,西南濒东海、黄海与中国大陆遥对,南部琉球群岛与中国台湾岛相邻,东部面向太平洋。日本列岛扼宗谷海峡、津轻海峡、对马海峡、朝鲜海峡、大隅海峡,控制着鄂霍次克海、日本海、黄海、东海、南海等东亚大陆边缘海通往太平洋的海上咽喉要道。首都东京(Tokyo)。国语为日语。

日本明治天皇

日本古人以为,自己居住的列岛是每天迎接东升太阳的地方,故称为"日本",意即"太阳初升之地"。公元 2 世纪末 3 世纪初,日本出现国家。4 世纪下半叶,逐步实现统一的民族国家,称"大和国",所以日本民族亦称"大和民族"。

公元 7 世纪中叶,日本实行"大化革新",建立起以天皇为核心的中央集权制封建国家。12 世纪末期,日本出现由武士阶层掌握实权的幕府,逐渐发展为军事封建性国家。1868 年,日本实行"明治维新",采用"白天红日"旗为国旗,正中血红的太阳,意即国家昌盛,如旭日普照大地。但是,日本"明治维新"后却走上了对外侵略扩张的帝国主义道路。1879 年,日本吞并琉球群岛,并改为冲绳县。1889 年,日本称"大日本帝国"。1894 年,日本发动甲午战争,打败了中国北洋水师。1904 年,日本又发动对俄战争,打败了俄国的太平洋舰队及波罗的海增援舰队。1910 年,日本吞并朝鲜半岛。1914 年,日本乘欧洲帝国主义国家陷入世界大战而无暇东顾之际,借口对德宣战而占据了德国在太平洋岛屿的殖民地,抢占了德国在中国的势力范围山东省大部。1919 年,《凡尔赛和约》确认,日本占有中国山东省,并托管加罗林群岛、马绍尔群岛和马里亚纳群岛。1931 年,日本制造了"九一八事变",侵占中国东北和内蒙古一部分,制造了伪满洲国傀儡政权。1937 年,日本侵略军又制造了"卢沟桥事变",发动了全面侵华战争。1941 年底,日本帝国海军联合舰队偷袭美国太平洋海军基地珍珠港,发动了太平洋战争,逐步占领了东南亚大部分国家和西太平洋上部分岛屿。1945 年 9 月,日本签署无条件投降书。1951 年,美日单独缔结和约,签订《日美安全保障条约》,使美军驻扎日本领土合法化,两国正式结成军事政治同盟。冷战时期,日本成为美国包围欧亚大陆战略的重要前进基地,特别是在朝鲜战争和越南战争期间，日本为美军登陆朝鲜半岛和中南半岛提供后方基地和战略物资供应。冷战结束后，日美重新修订《日美安全保障条约》，并策划战区导弹防御计划，部署 TMD，日本自卫队扩大海上活动的战略空间。

日本国土狭小，人口众多，资源缺乏，特别是战略矿产资源严重贫乏，这是日本始终面临的一个基本矛盾。日本自从走上军国主义的道路后，妄图通过战争手段来解决这一基本矛盾。历史已经反复证明，日本通过战争手段解决这一基本矛盾，不但给亚洲许多国家造成了严重的破坏，而且也使自己陷入了严重的危机之中。日本工业发达，尤其是电子产品、汽车、船舶、机械制造业，而这些重要产业的基本原料和燃料主要依靠进口，尤其是煤、石油、天然气以及铁、铜、铝、镍和磷等矿料主要依靠进口。因此，日本只有走和平发展的道路，与亚洲各国实行优势互补，才能维持亚洲太平洋地区的安全与稳定。如果日本不吸取教训，复活军国主义，走对外扩张的老路，只会给亚洲太平洋地区各国造成灾难。

**菲律宾：美国人的远东"跳板"**

菲律宾（Philippines），东南亚群岛国。菲律宾位于太平洋西部的菲律宾群岛上，由吕宋岛、棉兰老岛等 11 个大岛和无数小的岛屿组成，人称"东方海上明珠"。菲律宾四面环海，北隔巴士海峡与中国台湾岛相望，西濒南海，西南和南部隔苏禄海、苏拉威西海与马来西亚、印度尼西亚相望，东临太平洋。菲律宾群岛扼东亚与南亚间的海上交通要道。首都马尼拉（Manila）。国语为菲律宾语，通用英语。

据历史记载，公元 3 世纪，菲律宾群岛上的居民就同中国友好往来。14 世纪，菲律宾群岛沿海地区存在过若干封建公国。1521 年，麦哲伦带领西班牙远征队入侵菲律宾群岛。16 世纪下半叶，菲律宾沦为西班牙的殖民地，被西班牙统治长达 3 个世纪。1898 年，美西战争结束后，美国取代西班牙对菲律宾实行殖民统治。1934 年，美国被迫同意菲律

吕宋岛马永火山

宾实行自治。第二次世界大战太平洋战争期间，美国从菲律宾撤退，日本占领菲律宾群岛。1946 年，菲律宾宣告成为独立的共和国。

早在 19 世纪末，菲律宾就成了美国在远东推行"门户开放"政策的前进基地，成为美国最终走向东亚的"垫脚石"和"跳板"。1898 年，美西战争结束后，美国海军舰队在菲律宾驻扎。1900 年，美国参加八国联军侵华战争的海军陆战队就是来自菲律宾的海军基地。1947 年，美国与菲律宾签订《军事基地协定》，规定美国有权在

菲律宾驻扎军队,并占用 23 个军事基地。1951 年,美国与菲律宾又签订了《美菲共同防御协定》,进一步巩固了美国在菲律宾的战略地位。美军在菲律宾的主要军事基地有苏比克湾、三宝颜、甲米地、克拉克等。1991 年,菲参议院废除了美菲《军事基地协定》。1998 年,两国签定《访问部队协定》后,美军重返菲律宾,两国恢复大规模联合军事演习。

### 印度尼西亚:太平洋中的"香料群岛"

印度尼西亚海滨风光

印度尼西亚(Indonesia),亚洲东南部群岛国。印度尼西亚地跨赤道,位于太平洋与印度洋之间的 3000 多个岛屿上,南北绵亘约 2000 千米,东西延伸 5000 多千米,是世界上最大的群岛国,岛屿就像散落在赤道线附近的一颗颗"翡翠"。印度尼西亚的大岛主要有苏门答腊岛、加里曼丹岛(南部)、苏拉威西岛、新几内亚岛(西部)、爪哇岛。印度尼西亚濒临众多岛间海,主要有安达曼海、爪哇海、苏拉威西海、马鲁古海、哈马黑拉海、塞兰海、班达海、阿拉弗拉海、帝汶海、萨武海、弗洛勒斯海、巴厘海等。印度尼西亚扼控众多海峡,主要有马六甲海峡、新加坡海峡、巽他海峡、望加锡海峡、马鲁古海峡等。印度尼西亚处于亚洲大陆和澳洲大陆之间,在印度洋和太平洋的接合部,有一些世界性海上航线通过,占据着重要的战略位置。首都雅加达(Jakarta)。国语为印度尼西亚语,通用英语。

远古时代,印度尼西亚诸岛就有人居住。公元 2 世纪,印度尼西亚一些发达的沿海地区开始向铁器时代过渡。公元 2 世纪~5 世纪,一些发达的沿海地区开始出现国家。中世纪,印度尼西亚形成一些分散的封建王国。16 世纪初,葡萄牙人首先登陆印度尼西亚诸岛。16 世纪末期,荷兰人开始渗入印度尼西亚,在一些岛屿的海岸建筑堡垒。1602 年,荷兰建立东印度公司,将葡萄牙人从印度尼西亚领土上逐渐排挤出去,开始了在印度尼西亚长达 3 个多世纪的殖民掠夺。1799 年,荷属东印度公司把印度尼西亚作为殖民地转交给荷兰政府,称荷属东印度。1942 年,日本发动太平洋战争后占领了印度尼西亚。1945 年,日本投降后,英国军队在印度尼西亚群岛登陆,企图协助荷兰恢复殖民统治。1947 年、1948 年,荷兰在英美帝国主义国家的支持下,两次发动对印度尼西亚的殖民战争,企图重新占领印度尼西亚。1949 年,荷兰被迫承认印度尼西亚独立,同时印度尼西亚参加"荷印联邦",荷兰领有新几内亚岛的西部。1950 年,成立统一的印度尼西亚共和国。1954 年,印度尼西亚取消与荷兰的联邦关系。1963 年,印度尼西亚收回新几内亚岛西部领土。

印度尼西亚是世界上最大的热带经济作物生产国之一，有"热带宝岛"之称。胡椒、木棉、金鸡纳霜的产量均占世界首位，天然橡胶、椰子、棕油占世界第二位。另外，还盛产豆蔻、丁香、茶叶、烟草等。当年，葡萄牙人最早到印度尼西亚诸岛的直接目的，就是掠夺西欧所奇缺的香料、茶叶和烟草。葡萄牙殖民者控制了马六甲，最早把魔爪伸到苏门答腊岛、爪哇岛、加里曼丹岛、苏拉威西岛、马鲁古群岛诸岛屿，也是为了掠夺当地的胡椒、丁香、豆蔻等香料。荷兰殖民者后来将葡萄牙人逐出印度尼西亚诸岛，同样是为了攫占向往已久的"香料之国"和垄断东方的"香料市场"。因此，西欧人将印度尼西亚称为"香料群岛"。

**新加坡："远东的十字路口"**

新加坡（Singapore），亚洲东南部岛国。新加坡位于马来半岛南端附近的新加坡岛及其周围数十个属岛上。新加坡被马来西亚和印度尼西亚所环绕，北与马来半岛上西部马来西亚为邻，西南隔马六甲海峡、南隔新加坡海峡与印度尼西亚诸岛相望。首都新加坡市（Singapore）。国语为马来语，官方语言为英语，通用华语、泰米尔语。

新加坡最早的居民是来自马来半岛的马来人。据载，新加坡城建于1299年。16世纪初，新加坡岛被葡萄牙人侵占。17世纪，新加坡转归荷兰所有。1824年，新加坡正式成为英国东印度公司的属地。1826年，新加坡与马来半岛西南沿海的槟榔屿、马六甲合并组成英国的"海峡殖民地"。1923年~1938年，英国在新加坡城建筑远东最大的海军基地。第二次世界大战期间，新加坡被日本军队占

新加坡狮子头雕塑

领。1945年，日本投降后英国卷土重来，新加坡成为英国的直辖殖民地。1963年，新加坡被纳入英国人建立的马来西亚联邦。1965年，新加坡退出马来西亚联邦，成立新加坡共和国。

新加坡扼太平洋与印度洋的海上咽喉要道，是世界著名海上航运中心和战略枢纽之一。从西欧到远东和澳大利亚的轮船，都要经过新加坡。在英国称霸世界海洋的时代，新加坡与多佛尔海峡、直布罗陀海峡、苏伊士运河、好望角并称为英国掌握世界海洋的"五大锁钥"。英国曾经制订了一个"3S"计划，即以苏伊士运河为中心，东通新加坡和上海，建立连接地中海、印度洋和西太平洋的海上交通线，实现对亚洲的控制。

### 缅甸：独立的旗帜肇起英帝国"殖民大厦"的崩溃

缅甸仰光宝塔

缅甸(Burma，Myanmar)，亚洲东南部国家。缅甸位于中南半岛西部，是中南半岛面积最大的国家。缅甸西北与孟加拉、印度毗邻，北部、东北与中国接壤，东部、东南与老挝、泰国相连，南部临安达曼海，隔普雷帕里斯海峡与印度的安达曼群岛相望，西部濒孟加拉湾。首都仰光(Rangoon)。2005年，缅甸政府迁往新首都内比都(Nay Pyi Daw)。官方语言为缅语。

缅甸历史悠久。公元前4世纪，在伊洛瓦底江流域出现骠国。公元前2世纪，缅甸境内曾出现过邑卢设国、夫甘都卢国、敦忍乙国。公元2世纪前期，缅甸东北部出现过掸国。从2世纪中叶起，缅甸中部出现传说中的蒲甘王朝。9世纪前期，缅甸南部出现前白古王朝。1057年~1287年，蒲甘王朝在缅甸全境建立统一国家。此后，缅甸分为南北两个王朝。1531年~1752年，东吁王朝重新在全境建立统一国家。1753年，雍籍牙建立贡榜王朝，再次统一缅甸全境。

缅甸在英国东方殖民帝国体系中是重要的一环。19世纪初，英国企图从缅甸打开通往中国西南的通道，但阴谋未得逞。1824年、1852年、1885年，英国在前后60年中发动了三次侵略战争，才最后征服缅甸，缅甸沦为英属印度殖民统治的一个省。第一次世界大战后，英国在东方的殖民帝国体系受到削弱。1937年，英国殖民当局被迫同意将缅甸从英属印度划出，由英国总督直接统治。第二次世界大战期间，英国由于兵力不足，无法在广大东方殖民地进行军事防御，守不住缅甸、马来西亚和新加坡，这些殖民地纷纷被日本占领。二战结束时，在美国的强大攻势裹卷下，英国才收复了这些殖民地。但是，这些殖民地在危难时，英国难以提供军事保护，因而在恢复和平后产生的离心倾向已难以逆转。1947年，缅甸宣告脱离英联邦，成立缅甸联邦共和国。

### 斯里兰卡：英帝国曾经的"王冠殖民地"

斯里兰卡(Sri Lanka)，亚洲南部岛国，旧称"锡兰"(Ceylon)。斯里兰卡位于印度洋中部北端，为印度洋北航线必经之地。斯里兰卡北部隔保克海峡与印度次大陆相望，东临孟加拉湾，南濒印度洋，西隔海与马尔代夫群岛相望。首都斯里贾亚瓦德纳普拉科特(Srijayawardenapura-kotte)。官方语言为僧伽罗语，上层通用英语。

早在古代,斯里兰卡就著称于世。公元前 5 世纪,印度移民迁居于此,与岛上原有的居民混居。公元前 3 世纪,曾为佛教文化的中心之一。公元 4 世纪末,斯里兰卡与中国有文化交流往来。16 世纪初叶,葡萄牙殖民者入侵时,斯里兰卡岛就有几个小的封建王国存在。1505 年, 葡萄牙舰队入侵

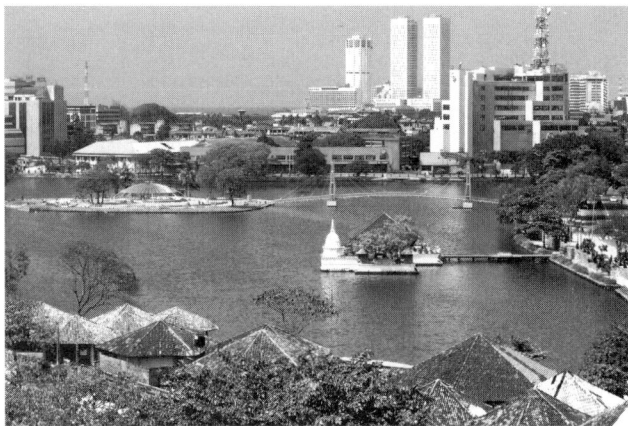

斯里兰卡科伦坡

斯里兰卡西南岸的科伦坡,修建军事要塞,并逐渐占领沿海地带。1538 年,荷兰人在斯里兰卡岛东北部的亭可马里登陆,修建军事要塞,后又以此为基地攻占了斯里兰卡最北端的贾夫纳半岛。17 世纪,葡萄牙的势力逐渐被荷兰人驱逐。1796 年,英国海军舰队攻占亭可马里,并以此为驻泊点,相继占领沿海地带。1898 年,英国将荷兰人的势力彻底驱逐,并宣布斯里兰卡为"王冠殖民地",遂开始了长达一个半世纪的殖民统治。1948 年,斯里兰卡获得独立,定国名为锡兰,仍为英联邦的"自治领"。1972 年,改称斯里兰卡共和国。1978 年,更名为斯里兰卡民主社会主义共和国,仍为英联邦成员国。

斯里兰卡所处的地理位置,既像印度洋上的一颗"明珠",又像"倒三角"印度次大陆头上的"王冠"。斯里兰卡的战略地位极其重要。科伦坡和亭可马里为大型深水天然良港,一直是英国海军舰队的驻泊点。英国海军舰队向西可通阿拉伯半岛南端的亚丁港和东非海岸,向东可达马六甲、新加坡和上海,向南可抵澳洲。英国以印度为中心建立了庞大的东方殖民帝国,斯里兰卡很自然地也就成了英国海军舰队和商船队出入印度洋的核心基地。

**马尔代夫:印度洋中的"千岛之国"**

马尔代夫(Maldives),亚洲南部群岛国。马尔代夫位于印度半岛西南方向,东隔海与斯里兰卡相望。马尔代夫群岛由 1200 余个小珊瑚岛屿组成,其中 202 个岛屿有人居住。官方语言为迪维希语,上层通用阿拉伯语和英语。

公元前 5 世纪,马尔代夫就有斯里兰卡和印度移民陆续定居。公元 9 世纪,阿拉伯航海者在马尔代夫出现,伊斯兰教传入,逐渐盛行起来。1116 年,马尔代夫建立了以伊斯兰教为国教的苏丹国。14 世纪,马尔代夫形成以迪迪王朝苏丹为首的独立国家。1505 年,葡萄牙发现马尔代夫群岛,并有军队驻扎。1558 年,马尔代夫正式沦为葡萄牙的殖民地。17 世纪下半叶,马尔代夫苏丹国从属于在斯里兰卡的荷兰殖民统

马尔代夫风光

治者。18世纪末19世纪初，英国海军舰队多次到达马尔代夫群岛。1887年，马尔代夫成为英国的"保护国"，受在斯里兰卡的英国殖民者的统治。第一次世界大战期间，马尔代夫被用作英国、法国和日本军舰的中途驻泊地；在第二次世界大战中，成为英国对日本和德国的潜

艇、水面舰只和航空兵的作战基地之一。1948年，斯里兰卡独立后，英国强迫马尔代夫继续接受"保护"。1952年，马尔代夫成为英联邦内的共和国。1965年，马尔代夫才获得完全独立，重建苏丹国。1968年，马尔代夫宣布成立共和国。

马尔代夫的经济、文化十分落后，粮食靠进口，无现代工业，居民绝大多数从事渔业。但是，由于马尔代夫地处印度洋北部海上交通要冲，扼远东与东非、远东与波斯湾、远东与红海之间的海上航线，英国一直把马尔代夫牢牢地控制在自己手中不放。马尔代夫受英国"保护"的唯一重要条件，就是英国海军在马尔代夫驻扎，一旦必要可使用马尔代夫的岛屿作战，甚至在马尔代夫完全独立后，英国仍使用阿杜环礁中的甘岛海军基地。

**印度："坐在兔子群周围的大象"**

印度（India），亚洲南部国家。印度位于南亚次大陆，西北与巴基斯坦毗邻，东北与中国、尼泊尔、锡金、不丹接壤，东与孟加拉国、缅甸为界。印度北部有喜马拉雅山脉做屏障，东西海岸濒临印度洋的孟加拉湾和阿拉伯海。印度本土呈倒三角形伸

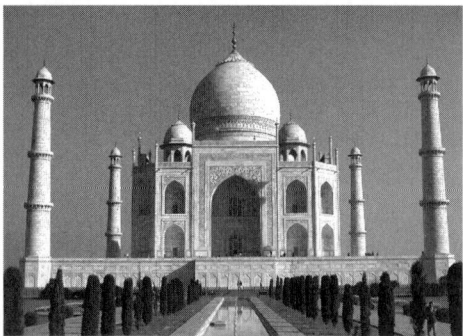
印度泰姬陵

入印度洋达1600多千米，地处南亚、东南亚各国通往欧洲、非洲的海上交通要道；位于孟加拉湾的安达曼群岛和尼科巴群岛，扼控马六甲海峡西北出口；其位于阿拉伯海的阿明迪维群岛和拉克沙群岛，扼控远东通往波斯湾的海上要冲。首都新德里（New Delhi）。官方语言为印地语和英语。

印度是世界著名的文明古国之一，

是世界三大宗教之一——佛教的发源地。公元前 3000 年,印度境内为达罗毗荼人居住。公元前 5 世纪,在恒河盆地出现了文明程度相当高的摩揭陀国。公元前 327 年~前 325 年,马其顿国王亚历山大的军队曾侵入印度。公元前 322 年,印度建立孔雀王朝,形成了统一的国家。从公元前 2 世纪起,西北印度先后有若干外族入侵。公元 8 世纪初叶,阿拉伯人入侵,伊斯兰教传入并开始盛行起来。13 世纪初,印度先后出现了德里苏丹国、巴赫曼苏丹国、维查耶纳伽尔苏丹国。15 世纪末,葡萄牙在印度洋的海盗行径,迫使北印度的封建主和商人更加广泛地使用经过伊朗、阿富汗的陆上通商道路并保障商路的安全,因此客观上迫切需要建立强大的中央集权制国家。1526 年,莫卧儿帝国建立,结束了北印度的封建分裂局面,实现了北印度的统一。17 世纪初,英国人和荷兰人从葡萄牙人手中夺取了对印度进行海上贸易的垄断权。1600 年,英国成立了东印度公司,加速了对印度的殖民化,并开始在南印度沿海地带进行军事扩张。18 世纪中叶,南印度的大部分地区被东印度公司所控制,经过近一个世纪的扩张和控制,英国最终占领了印度全境。在两次世界大战中,英国都曾宣布印度为交战国,在英国军队的编制内招收印度殖民军分别达 130 万和 150 万人,印度成为英国在东方的兵员基地和战略军需库。1946 年,在印度人民的民族解放运动的压力下,英国允许印度在英联邦内拥有自治权。1947 年,在无法阻挡印度独立的情况下,英国总督蒙巴顿提出把印度按宗教信仰分为"印度和巴基斯坦",对印巴实行"分而治之"。1950 年,印度宣布成立共和国,成为英联邦成员国。

南亚次大陆是一个相对封闭的地理区域,印度不仅面积最大,相当于周边巴基斯坦、尼泊尔、锡金、不丹、斯里兰卡、马尔代夫等国国土面积总和的 2.5 倍,这些国家的面积加上陆地毗邻的东南亚国家缅甸也不足印度的 2/3,而且印度处于次大陆的中心位置,周边国家均处于边缘地带,周边国家的海陆交通、经贸往来均受印度的制约。所以,西方人风趣地把印度称为"坐在兔子群周围的大象"。

**巴基斯坦:"清真之国"**

巴基斯坦(Pakistan),亚洲南部国家。巴基斯坦东部与印度相连,东北与中国为界,西北与阿富汗接壤,西南与伊朗毗邻,南部濒临阿拉伯海。首都伊斯兰堡(Islamabad)。国语为乌尔都语,官方语言为英语。

巴基斯坦历史悠久,印度河流域为世界文明发祥地之一。巴基斯坦和印度本在一个国度。18 世纪下半叶,印度(包

巴基斯坦国父真纳墓

括巴基斯坦境内)沦为英国的殖民地。英属印度反抗英国殖民统治的斗争持续不断,特别是在第二次世界大战后世界范围内民族解放运动潮流的冲击下,英国被迫准许其殖民地英属印度独立。1947 年 6 月,英国公布《蒙巴顿方案》,以宗教原则分其为印度和巴基斯坦两个自治领。接着巴基斯坦宣告独立,成为英联邦的自治领。

巴基斯坦,在波斯语和乌尔都语中,意为"纯洁的土地""清真之国"。巴基斯坦建国之初,从英属穆斯林占多数人中的省份各取一个字母,组成一个新的名称"Pakistan",成为一个真正的"清真联邦"国家。巴基斯坦 97%的居民信仰伊斯兰教,伊斯兰教为其国教。1956 年 3 月 23 日,成立巴基斯坦伊斯兰共和国,为英联邦成员国。但是,巴基斯坦独立后一直处于东西隔离状态,被印度横隔在中间而分离成两个部分,西巴基斯坦有旁遮普、信德、西北边境省、俾路支,东巴基斯坦有孟加拉,巴基斯坦的主权因而受到严重削弱。1971 年 3 月 26 日,孟加拉宣告独立。1972 年 1 月,成立孟加拉国,东巴基斯坦最终被肢解出去。1974 年,巴基斯坦正式承认孟加拉为独立国家。

巴基斯坦独立后,曾长期受到英、美等国家的制约。1954 年,巴基斯坦被迫参加了《东南亚条约》组织。1955 年,巴基斯坦又被迫参加了《巴格达条约》组织军事集团。从 20 世纪 60 年代开始,巴基斯坦放弃了片面依靠西方强国的对外政策,有节制地参与军事集团的活动。1972 年,巴基斯坦退出英联邦。1989 年,巴基斯坦又重返英联邦。1985 年 12 月,巴基斯坦与印度、孟加拉国、斯里兰卡等七国缔结"南亚区域合作联盟",致力于南亚的和平与发展。

**阿富汗:扼控中亚要冲的"山地之国"**

阿富汗(Afghanistan),亚洲中西部内陆国家。阿富汗位于伊朗高原东部,北部与塔吉克斯坦、乌兹别克斯坦和土库曼斯坦为邻,西部与伊朗接壤,南部和东部与巴基斯坦相连,东北角与中国相接。首都喀布尔(Kabul)。官方语言为普什图语和波斯语。

阿富汗为中亚和南亚的陆上交通要冲,是联结欧亚两大洲的战略枢纽,西距地

阿富汗山村

中海仅有 400 千米,东向可伸入巴基斯坦腹地及中国西北边境,南下可控制进入印度洋的出海口。从欧亚大陆地缘战略的角度来看,谁占据了阿富汗,谁就拥有了在中亚的战略空间主动权。

阿富汗历史上长期受到外来帝国的控制,波斯人、马其顿人、希腊人、印度人、阿拉伯人和中亚各帝国在此不断争夺。18 世纪中叶,阿富汗人民赶走波斯

人,于1747年建立杜兰尼王国。19世纪以来,英国与俄罗斯为争夺欧亚大陆"条形地带"的控制权,竞相侵入阿富汗。19世纪30年代,英国开始侵入阿富汗,并先后三次发动侵略阿富汗的战争。19世纪80年代,俄罗斯也开始侵入阿富汗。1885年,俄罗斯强占阿富汗领地"彭迪"绿洲。1895年,俄罗斯又与英国私分帕米尔地区,并将瓦罕走廊划为"缓冲地带"。1919年5月,阿富汗人民在第三次抗英战争中击败了英国侵略军,同年8月终于获得独立。1973年7月,阿富汗人民推翻了封建王朝,建立了阿富汗共和国。

阿富汗是著名的山地国家,山地和高原占全国总面积的4/5,兴都库什山脉、帕鲁帕米苏斯山脉、帕米尔山脉、哈扎拉贾特山脉、苏来曼山脉、东伊朗山脉等山系的山地占阿富汗面积的3/4以上。最大的山脉兴都库什山脉横列境内,构成南北屏障,西部海拔高达4000米~5000米,东部海拔高达6000米~7000米。阿富汗境内许多山脉的山脊和山顶终年冰雪覆盖,境内多高峻陡峭的无林秃山,河水流入难行的峡谷。

阿富汗著名的军事战略要地为瓦罕走廊和潘杰希尔谷地。瓦罕走廊位于帕米尔高原,呈东西走向,长达322千米,西有公路通往首都喀布尔,东有山路达中国新疆,南接巴基斯坦,北邻塔吉克斯坦,历史上的"丝绸之路"经过此处,为古代东西方交通要冲。1895年,俄罗斯与英国曾将瓦罕走廊划为"缓冲地带"。潘杰希尔谷地位于兴都库什山脉南麓,长约150千米,南距首都喀布尔80千米,扼控喀布尔至东北各省及塔吉克斯坦、乌兹别克斯坦之交通要冲,战略地位重要。

1979年12月,苏联乘美国与伊朗关系恶化和南亚动乱之际,采取突然袭击的方式全面入侵阿富汗,试图占领中亚战略枢纽后,挥师南下,以取得在战略上的重大突破。苏联共动用九个多师约十几万人的兵力,在7天时间内即席卷阿富汗全境。但是,阿富汗穷山恶水之地,极大地限制了入侵的苏联机械化陆军的优势,而阿富汗人民则利用复杂的地形地貌和气候条件开展广泛的游击战争,使苏联军队深深地陷入了欲进不能、欲拔不可的泥潭之中。苏联机械化陆军无法靠掠夺当地战争资源支持作战,而几乎全部依赖国内补给,战争耗费巨大。至1989年2月苏联全部撤军为止,战争历时9年,入侵阿富汗军队耗费高达400多亿美元。如此巨大的战争耗费给苏联国民经济带来了严重的负担,致使苏联经济从如日中天的巅峰跌入衰败的低谷,并对苏联的瓦解起到了催化作用。

冷战期间,美国一直渴望扼控阿富汗,多年来进行了种种的政治、外交、经济和军事的干预,但始终未能如愿以偿。冷战结束,苏联的崩溃和俄罗斯的衰退为美国留下了力量真空,"9·11"事件为美国出兵阿富汗提供了极好的历史机遇。2001年10月7日,美国以打击恐怖主义及其庇护者为名,发动了代号为"持久自由"的阿

13

富汗战争。美国虽然未能取得所谓的"反恐"胜利,但却成功地实现了控制中亚战略枢纽的战略目标,形成了对中亚周边大国的战略性牵制。

**伊朗:连接欧亚大陆的"支轴"**

伊朗(Iran)。亚洲西部国家。伊朗地处西亚的"心脏地带",北临里海,东北与土库曼斯坦为界,东部与阿富汗、巴基斯坦为邻,南濒波斯湾和阿曼湾与阿拉伯半岛相望,西部与伊拉克、土耳其为邻,西北与亚美尼亚、阿塞拜疆相连。首都德黑兰(Tehran)。官方语言为波斯语。

伊朗自古就闻名于世。伊朗在历史上称"波斯",中国古书称"安息"。公元前6世纪,伊朗境内建立了庞大的波斯帝国,全盛时期版图地跨亚、欧、非三大洲,北达黑海、里海,东至印度河流域,南濒波斯湾,西抵尼罗河。公元前334年,波斯被马其顿国王亚历山大所征服。公元前3世纪~前2世纪,建立帕提亚王朝(即安息王朝)和萨珊王朝。公元7世纪中叶,伊朗境内被阿拉伯人征服,纳入阿拉伯哈里发国的版图。哈里发国解体后,伊朗境内被一些不同的王朝统治过。11世纪,伊朗境内被塞尔柱人征服。13世纪,伊朗被蒙古人征服。16世纪初,伊朗并入萨非王朝的版图。18世纪末,伊朗境内建立了卡扎尔王朝(或称恺加王朝)。19世纪末20世纪初,伊朗沦为英国和沙俄的半殖民地。第一次世界大战期间,北部被沙俄占领,南部则被英国占领。1925年,伊朗境内建立巴列维王朝。1935年,改称国名为伊朗。第二次世界大战期间,苏联军队进驻伊朗北部,英国军队进驻伊朗南部,美国军队也进入伊朗。第二次世界大战结束后,盟军撤离伊朗,但美国却加强和巩固了对伊朗的控制。1979年,伊朗发生伊斯兰革命,推翻了巴列维王朝,成立了伊朗伊斯兰共和国。

伊朗大体上是一个山地国家,山区占全境一半以上。周围分布着北伊朗山、东伊朗山和南伊朗山,沿伊朗与土耳其交界的西北边境有库尔德斯坦山脉,北部是南里海低地,西北为库拉河—阿拉斯河低地,东北是戈尔甘平原,内地为高原以及包括卡维尔沙漠和卢特沙漠的地势很高的平原,沿南部海岸是格尔姆西尔沙漠平原,西南是美索不达米亚平原。

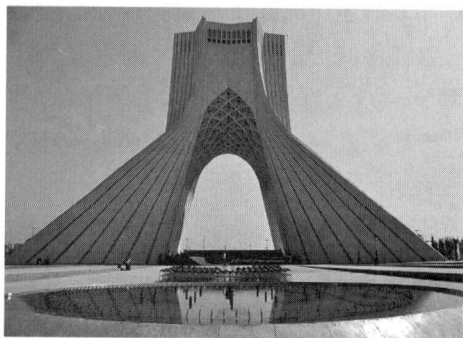

德黑兰波斯帝国纪念塔

虽然伊朗陆上交通并不发达,但是由于伊朗是连接亚洲大陆与欧洲大陆的通道,素有"欧亚大陆桥"之称。古代为"丝绸之路"的重要通道,现为"东西方空中走廊"。冷战时期,在美国的策划和支持下,伊朗被卷入到由美国策划和英国出面组织的《中央条约》,成了美国遏制苏联南下印度洋的重要依托。苏联解体后,伊朗面临的邻国明显增多,周边关系更加复杂。美国企图填补苏联解体后在中亚形成的"力量空白",特别看中伊朗的地理位置,把伊朗视为其进入中亚地区的前哨阵地。正因为如此,美国前总统安全顾问布热津斯基称伊朗为欧亚大陆的"支轴性国家"。

### 伊拉克:挡不住"魔鬼之火"的"神之门"

伊拉克(Iraq),亚洲西部国家。伊拉克东与伊朗接壤,北与土耳其毗邻,西与叙利亚、约旦交界,南与沙特阿拉伯、科威特相连,东南角濒临波斯湾。首都巴格达(Baghdad)。官方语言为阿拉伯语和库尔德语,通用英语。

伊拉克是世界著名的四大文明古国之一。公元前 4700 年,在底格里斯河、幼发拉底河流域的低地美索不达米亚开始出现国家。公元前 1894 年,在融合一些奴隶制国家的基础上, 建立了强大的中

伊拉克巴比伦门

央集权制国家巴比伦王国。巴比伦颁布的《汉谟拉比法典》,是古代西亚第一部成文法典。巴比伦的数学和天文学高度发达,经济繁荣,巴比伦城代表古代两河流域建筑艺术的高度水平,国王宫殿壮丽辉煌,建有被称为世界七大奇观之一的"空中花园"。公元前 16 世纪初,巴比伦为赫梯王国所灭。公元前626 年,闪米特族的一支迦勒底人占领巴比伦,重建新巴比伦王国,疆界包括两河流域、叙利亚、巴勒斯坦、阿拉伯半岛北部地区。从公元前 538 年起,美索不达米亚先后被波斯人和马其顿人征服。公元 7 世纪,美索不达米亚被阿拉伯人征服。8 世纪中叶,阿拉伯哈里发王国首都迁至巴格达,美索不达米亚成为阿拉伯世界的中心。11 世纪,巴格达及整个美索不达米亚沦于塞尔柱突厥人的统治之下。13 世纪中叶, 美索不达米亚落入蒙古人统治之下。14 世纪末 15 世纪初,美索不达米亚并入帖木儿帝国的版图。1639 年,帖木儿帝国解体后,美索不达米亚被土耳其人征服,至第一次世界大战结束都一直处于奥斯曼帝国的版图之中。第一次世界大战期间,美索不达米亚被英国军队占领。1920 年,美索不达米亚沦为英国的"委任统治地"。

1921 年,在英国的"保护"下成立伊拉克王国。1932 年,伊拉克在名义上成为独立的国家,但仍为英国的附庸,英国在伊拉克建有军事基地和驻扎军队。1958 年,伊拉克爆发革命,推翻王朝,成立伊拉克共和国。1959 年,伊拉克退出《巴格达条约》,取消英国的军事基地,英国驻军被迫从伊拉克完全撤离。1967 年、1973 年,伊

拉克两次参加了阿拉伯国家反击以色列侵略的战争。1980 年，伊拉克因领土归属纠纷与伊朗进行了持续 8 年的两伊战争。

伊拉克领土较大部分是平原，北部、东北部有亚美尼亚高原、伊朗高原的山脉为屏障，南部、西南部为叙利亚—阿拉伯高原的边缘地带，底格里斯河和幼发拉底河从西北向东南流经伊拉克全境，两河在下游汇合后形成阿拉伯河，注入波斯湾。由于伊拉克处于亚、非、欧三大洲的交汇处，历史上是民族迁徙和文明信息交流的热点地区，因而有"神之门"称誉。在数千年的历史发展过程中，美索不达米亚这块肥沃的土地，不仅是来自北方的闪米特人、古提人、埃兰人、马其顿人、突厥人等游牧民族的掠夺对象，而且是亚述帝国、赫梯帝国、波斯帝国、安息王国、亚历山大帝国、塞琉古王国、萨珊王朝、罗马帝国、奥斯曼帝国争霸的重要舞台。

如同历史上的帝国一样，美国也把伊拉克视为掌握中东命脉的关键地区。1990 年，伊拉克指责科威特超过了石油输出国的定额而造成世界石油价格下跌而出兵，引发了海湾危机，美国趁伊拉克入侵科威特之机，对伊拉克以战争相加。1991 年 1 月 17 日，以美国为首的多国部队对伊拉克发动了战争，4 月 12 日，联合国安理会宣布海湾战争正式停火。美国动用了所有高新技术武器对伊拉克大张挞伐，先后实施"沙漠盾牌""沙漠风暴""沙漠军刀"等军事行动，进行了一场不对等的高技术局部战争。战争结束后，美国及其盟国对伊拉克实施无限期的经济制裁，给伊拉克人民造成了无穷的灾难。

**科威特："海湾中的明珠"**

科威特（Kuwait），亚洲西部国家。科威特位于阿拉伯半岛东北部，北、西临伊拉克，南接沙特阿拉伯，东濒波斯湾。科威特居海湾地区中心部位，地处印度洋与地中海之海陆桥东端，为地中海地区与南亚、东南亚地区的陆上交通要冲，战略地位非常重要。首都科威特城（Kuw City）。官方语言为阿拉伯语，通用英语。

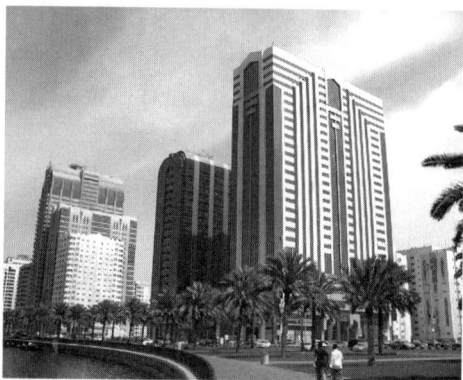
科威特城一角

科威特是古代海湾地区的文明发祥地之一。公元前 6 世纪，成为底格里斯河、幼发拉底河流域与印度河、恒河流域陆上贸易的重要中途站。公元 7 世纪，科威特并入阿拉伯哈里发国的版图。13 世纪~15 世纪，科威特先后遭土耳其人和伊朗人的侵袭。16 世纪，科威特并入奥斯曼土耳其帝国。19 世纪末，科威特成为英国与德国激烈争夺的目标。1899 年，英国强迫科威特签订协定，承认英国在科威特的特权,实际上是对科威特实施内政外交的无限控制。1914 年底,科威特成为"在英国保护下的独立国家"。1961 年,科威特正式宣告为独立国家。

科威特是著名的石油国家。1938 年,科威特发现石油蕴藏量大大超过伊朗和伊拉克的大油田。科威特工业以石油开采和石油化工为主,国家石油公司拥有五座炼油厂,原油加工能力约 3000 万吨,还有两座天然气液化厂,年生产能力为 450 万吨。科威特最大的油港艾哈迈迪港,拥有 12 个油轮泊位,日装油能力为 200 多万吨。科威特的石油出口占出口总收入的近 90%,成为科威特的外汇储备和黄金储备的最重要来源。海湾战争前,科威特国民生产总值近 331 亿美元,人均 16380 美元,是名副其实的"海湾明珠"。

## 巴林:"巴掌大"之地却战舰"林立"

巴林(Bahrain),亚洲西部岛国。巴林位于波斯湾西南部,由巴林岛及其附近的一些小岛组成,其中最大的巴林岛长约 48 千米,宽约 16 千米。巴林的领土面积只有 750 平方千米,的确是一个"巴掌大"的国家。首都麦纳麦(Manama)。官方语言为阿拉伯语,通用英语。

巴林的名称,起源于阿拉伯语"生命之地",意即"两海之间"和"岛屿绿洲"。巴林为古代阿拉伯公国之一。16 世纪初,巴林被葡萄牙人侵占。17 世纪初,巴林被波斯人占领。1820 年,英国入侵巴林,巴林成为英国的"保护国",英国强迫巴林酋长国缔结了若干条约,控制了巴林的外交权,规定未经英国允许,巴林不得与其他国家在巴林建立外交使团或割让领土。第一次世界大战时,英国在此建有大型军事基地。1971 年 8 月 14 日,巴林宣布独立。次日,巴林正式照会英国,结束两国之间从1820 年以来签订的一切不平等条约。

巴林介于沙特阿拉伯和卡塔尔之间,扼波斯湾西部海上要冲,并地处波斯湾石油通道枢纽,因而在历史上一直是帝国争夺的重要对象。巴林首都麦纳麦,位于巴林岛北海岸,是巴林最大的海港,曾为英国在印度洋的重要海军基地。第二次世界大战结束后,美国开始向巴林渗透,并且派出分遣舰队进驻麦纳麦,在波斯湾巡逻。1971年巴林独立后,英国驻军

巴林首都麦纳麦

撤走,美国乘机独占麦纳麦。美国与巴林签订协定,正式租借麦纳麦作为美国海军中东舰队的海军基地。麦纳麦战略地位颇为重要,美国海军中东舰队驻扎在这里可控制整个波斯湾地区。海湾战争期间,美国海军以麦纳麦为作战基地。1991年,美国与巴林重新签订防务合作协定,进一步强化了美国海军在波斯湾的"前沿存在"。

### 沙特阿拉伯:"沙漠世界"中特大的阿拉伯国

沙特阿拉伯(Saudi Arabia),亚洲西部国家。沙特阿拉伯位于阿拉伯半岛上,北部与约旦、伊拉克、科威特接壤,东北临波斯湾,东部与卡塔尔交界、隔巴林湾与巴林相望,东南与阿拉伯联合酋长国、阿曼毗邻,南部与也门相连,西部濒红海与埃及相望,西北隔亚喀巴湾与埃及的西奈半岛相望。首都利雅得(Riyadh)。官方语言为阿拉伯语,通用英语。

远古时期,阿拉伯半岛就有阿拉伯人居住。公元7世纪,伊斯兰教创始人穆罕默德的一些继承者开始向外扩张,建立了阿拉伯帝国。8世纪,阿拉伯帝国版图横跨亚、非、欧三大洲,并占据了中亚细亚、北非大陆、西南欧的伊比利亚半岛。中国古书称阿拉伯帝国为"大食国"。11世纪中叶,阿拉伯帝国开始衰落。16世纪,阿拉伯半岛沦为奥斯曼帝国的一个行省。19世纪初,英国殖民势力侵入阿拉伯半岛。1915年,沙特阿拉伯境内沦为英国的"保护地"。1932年,沙特阿拉伯境内若干公国联合成立沙特阿拉伯王国。

沙特阿拉伯沙漠油田

沙特阿拉伯以其国土辽阔而在阿拉伯世界著称。沙特阿拉伯在阿拉伯半岛中排行老大,整个阿拉伯半岛有322万平方千米,沙特阿拉伯就占224万平方千米,占整个阿拉伯半岛面积的近70%,而科威特、卡塔尔、阿拉伯联合酋长国、阿曼、也门、巴林6国的总面积才占30%。在整个中东阿拉伯世界中,沙特阿拉伯也是块头最大的,其中国土面积比较大的国家,如叙利亚、伊朗、埃及、伊拉克也都没有超过沙特阿拉伯。

沙特阿拉伯地处阿拉伯半岛的阿拉伯高原,境内主要是大沙漠,沙漠占全国面积的一半以上,耕地面积不足全国面积的1%,耕地主要散布在沙漠间的绿洲上。大部分地区属大陆性气候,酷热而干燥,全年降雨量不足100毫米。然而,沙特阿拉伯具有天然的地下资源,矿藏有铁、铬、铜、铅、锌、金等,特别是石油,几乎成了沙特阿拉伯财富的唯一来源。沙特阿拉伯是世界最大的石油开采国之一,数十个大型油田集中分布在东北部波斯湾沿岸平原和滨海大陆架。沙特阿拉伯还是世界上最大的石油输出国,美国把沙特阿拉伯当作在中东地区最可靠的盟友,美国发动海湾战争主要以沙特阿拉伯为登陆场和后勤保障基地。

### 巴勒斯坦:阿拉伯国家的"心脏地带"

巴勒斯坦(Palestine),亚洲西部的重要历史地区。巴勒斯坦位于地中海、死海和约旦河之间,北部与黎巴嫩接壤,东部与叙利亚、约旦为邻,南端一角临红海的亚喀巴湾,西南与埃及的西奈半岛接界,西濒地中海。巴勒斯坦不仅地理位置居于阿拉伯国家的心脏地带,是连接中东地区阿拉伯国家东西两翼的桥梁,而且是中东战略要地,连接欧、亚、非三大洲的枢纽。1988 年11 月,巴勒斯坦宣布国都为耶路撒冷(Jerusalem),但未确定其疆界。官方语言为阿拉伯语,通用英语。

巴勒斯坦历史悠久。历史上,巴勒斯坦地区是阿拉伯人和犹太人的共同聚居地,曾先后被亚述、巴比伦、波斯、马其顿、罗马和拜占庭等帝国征服。在罗马

巴勒斯坦国徽

帝国和拜占庭帝国统治期间,巴勒斯坦地区的绝大部分犹太人,流散到西欧和世界各地。公元 7 世纪,巴勒斯坦被阿拉伯帝国征服,成为阿拉伯帝国的一部分,阿拉伯人成为主要居民。16 世纪至第一次世界大战期间,巴勒斯坦属奥斯曼土耳其帝国统治。

早在 11 世纪~13 世纪期间,西欧势力就开始侵入巴勒斯坦地区。1869 年,苏伊士运河凿通,巴勒斯坦的战略地位明显上升,欧洲列强利用犹太复国主义为工具向巴勒斯坦地区进行渗透和扩张。19 世纪末, 在英国等帝国主义国家的支持下,大批欧洲犹太人移入巴勒斯坦地区。第一次世界大战末,英国占领巴勒斯坦。1922 年,英国正式对巴勒斯坦地区实行"委任统治",并继续怂恿大批犹太人进入巴勒斯坦地区,从而为犹太人和阿拉伯人之间的长期矛盾和冲突种下了祸根。第二次世界大战后,美国扶植犹太复国主义,作为向中东地区扩张的工具,与英国争夺对巴勒斯坦的控制权。1947 年, 英国政府被迫将巴勒斯坦问题提交联合国处理。1947 年 11 月 29 日,第二届联合国大会通过决议:撤销英国对巴勒斯坦的委任统治;同时决定对巴勒斯坦地区实行"分治",建立阿拉伯国和犹太国两个国家。

1948 年 5 月 14 日,在美国的支持下,犹太复国主义者在巴勒斯坦部分地区宣布成立 "以色列国"。巴勒斯坦阿拉伯人民未能实行自己建立阿拉伯国家的权利。1948 年~1973 年,以色列对阿拉伯国家发动了四次战争,结果使以色列占领了按联合国规定本来属于阿拉伯人的大片领土,包括约旦河西岸、耶路撒冷东部和加沙地区,从而控制了整个巴勒斯坦地区,并使上百万的阿拉伯人沦为难民。

1964 年以来，巴勒斯坦人民为恢复民族权利和返回家园展开了解放斗争。巴勒斯坦的地位问题，不仅是解决巴勒斯坦的领土问题和难民问题，而且还关联到整个中东地区阿拉伯国家的联系、团结和合作。因为以色列长期占领巴勒斯坦地区，实际上就是控制了中东地区阿拉伯世界的"心脏地带"，切断了东西两翼阿拉伯国家之间的联系，因而巴勒斯坦的民族解放运动和建国运动受到了阿拉伯国家的普遍支持。1964 年，第二次阿拉伯国家首脑会议决定，巴勒斯坦解放组织为巴勒斯坦人民的代表，相当于巴勒斯坦流亡政府。几十年来，巴勒斯坦人民为彻底解放和建立独立国家进行了不懈的斗争，但由于以美国为首的西方大国不愿意看到阿拉伯世界各国在地理上联成一体局面的出现，因而不会轻易放弃对巴勒斯坦这个阿拉伯"心脏地带"的控制，巴勒斯坦人民的建国目标任重道远。

**以色列：阿拉伯世界"陆上走廊的关卡"**

以色列（Israel），亚洲西部国家。以色列西濒地中海，北与黎巴嫩为邻，东北与叙利亚接界，东与约旦接壤，最南端濒红海亚喀巴湾。根据联合国 1947 年关于巴勒斯坦地区分治的决议，以色列规定领土面积为 1.49 万平方千米，现实际控制面积约 2.8 万平方千米，占据着约旦河西岸、加沙地带、戈兰高地和东耶路撒冷等地。首都耶路撒冷（Jerusalem）。官方语言为希伯来语和阿拉伯语，通用英语。

以色列是犹太人的国家。犹太人的祖先是古代闪米特族的支脉希伯来人。公元前 13 世纪，希伯来人从阿拉伯半岛迁移至巴勒斯坦地区，并逐渐形成两个部落联盟，南部为以色列，北部为犹太。公元前 10 世纪，犹太国王大卫及其子所罗门实现两邦统一，称以色列—犹太王国，定都耶路撒冷。以色列—犹太王国鼎盛时期，疆域北起亚述，南迄埃及，占有全部巴勒斯坦。公元前 935 年，希伯来王国分裂为南北两部分，南为犹太王国，北为以色列王国。公元前 722 年，以色列王国被亚述人征服。公元前 586 年，以色列王国被巴比伦人灭亡。公元前 1 世纪，罗马帝国攻占巴勒斯坦，并先后三次镇压犹太人的大规模反抗运动，屠杀犹太人百余万人，其余大都被驱赶出巴勒斯坦地区，流散到西欧。13 世纪~15 世纪，西欧进入资本主义社会，经商致富的新兴犹太人资本家遭到排挤和迫害，大批犹太人又流散到东欧和美洲各国。19 世

以色列港口城市特拉维夫

纪末叶,英国帝国主义从争夺中东的战略利益出发,积极支持犹太人返回巴勒斯坦的"犹太复国主义运动"。第一次世界大战后,被占领的巴勒斯坦沦为英国的"委任统治地",犹太人在英美帝国主义势力的扶持下,纷纷从世界各国居住地向巴勒斯坦迁移。1947 年,联合国通过关于巴勒斯坦地区建立阿拉伯和以色列两个国家的分治决议。1948 年 5 月 14 日,成立以色列国。

以色列国以犹太复国主义统治的军国主义国家面貌出现,使巴勒斯坦地区的阿拉伯人的生存空间受到严重挤压。在以色列建国的次日,埃及、约旦、叙利亚、黎巴嫩等阿拉伯国家,立即向以色列宣战(史称"第一次中东战争"),战争延续到1949 年初,最后阿拉伯国家战败。1948 年~1973 年,以色列又发动对阿拉伯国家的战争。以色列经过四次中东战争,掠夺了阿拉伯国家大片领土,包括东耶路撒冷、约旦河西岸,叙利亚西南边陲紧邻的戈兰高地,巴勒斯坦西部地中海沿岸,与埃及接壤的加沙地带等。以色列地处亚、非、欧三大洲交通的要冲,为阿拉伯世界亚非国家之间联系的桥梁。以色列国的出现,特别是以色列对广大阿拉伯国家领土的侵占,使阿拉伯世界东西方和南北方国家之间最便捷的陆上交通受到阻隔,更重要的是由于以色列的侵入,使本来就错综复杂的中东局势变数增多,通往和平的道路处境艰难而漫长。

### 古腓尼基:"肥沃新月地带"的"产儿"

腓尼基(Phenicia),西亚的古文化发源地。腓尼基位于叙利亚和黎巴嫩的沿海狭长地带,西临地中海,北接小亚细亚,东通巴比伦,南连埃及。腓尼基包括西北—东南走向的美索不达米亚,以及略做东北—西南走向的西亚裂谷地带,并相交汇于幼发拉底河中游以西地方,在地理分布上合成一个新月形地带,包括伊拉克东北大半部、土耳其东

腓尼基古城

南边缘、叙利亚北部与西部,黎巴嫩、巴勒斯坦以及约旦西部。腓尼基新月地带降水较多,有利于农业和牧业的发展,与北面地形崎岖的托罗斯山、扎格罗斯山,或与南面荒旱的阿拉伯高原相比,都显得较为肥沃,故称"肥沃新月地带"。

大约在公元前 2000 年,腓尼基出现了一些城邦小国,如毕布勒(格巴尔)、乌加里特(拉斯沙姆拉)、西顿、推罗(苏尔)等。这些城邦小国都以一个港埠为中心,皆面向海外进行贸易活动,因而受到埃及文明、克里特文明、迈锡尼文明的深刻影响,成为地中海东岸繁荣的商港。腓尼基处于东地中海与沿岸陆上商业贸易路线的交接

地,扼西亚、北非、南欧航运的枢纽。腓尼基人通过海外贸易,聚集着利万特地区的丰富财源,即地中海东部诸国、岛屿以及包括叙利亚、黎巴嫩在内的从希腊至埃及的广大地区的贸易。为此,他们在许多遥远的港口都建有贸易站。最重要的有地中海南岸的迦太基、地中海北岸的马赛,甚至他们冒险闯过古希腊神话中主神宙斯之子的海格力斯"石柱"——直布罗陀和塞卜泰(位于摩洛哥,隔海峡与直布罗陀相望),寻求英吉利的锡、波罗的海的琥珀、西非的象牙。

腓尼基人是古代享有盛名的航海家。腓尼基的造船业和航海技术在地中海世界是首屈一指的,建造的帆船载重量大,坚固性强,为远航提供了有利条件。按有些历史学权威人士的说法, 腓尼基人曾于公元前 6 世纪受埃及法老委托, 从红海起航,进入印度洋,环绕非洲航行,最后经海格力斯"石柱"拱卫的直布罗陀海峡,返回埃及。

腓尼基人在远航和海外贸易的过程中,成为古代最强大的殖民开拓者。腓尼基人在地中海沿岸和各岛屿的贸易站,成了传播文明的中心。腓尼基人在东地中海沿岸各国的商港中,建立贸易站和商人聚居地;在西地中海沿岸和一些尚未建立国家的岛屿地区,建立了海外殖民城邦。

腓尼基人的海外贸易和殖民活动,使得各城邦经济繁荣。推罗在诸城邦中的国家形式发展最完备,该城依山临海,由大陆沿岸和海边岛城相连组成,既有海运畅通之利,又有易守难攻之险,因而在周边若干帝国的争霸战争中,推罗始终保持自治的地位。推罗在防御陆上帝国入侵和积极向海外扩张两方面都取得了成功,起到了凝聚腓尼基人的核心作用。大约在公元前 9 世纪,毕布勒、西顿等重要城邦亦表示归顺推罗。推罗使腓尼基人在亚述帝国、新巴比伦王国和波斯帝国统治时期,拥有一定的自治地位,并保持在航海、贸易和海外殖民活动中的独立地位。特别值得一提的是,推罗人在北非培育了迦太基文明。后来,迦太基人控制了西地中海,建立了包括西北非、撒丁岛、科西嘉岛、西西里岛和伊比利亚半岛在内的帝国,成为而后崛起的罗马帝国之海上劲敌。

然而,由于腓尼基处于欧、亚、非三大洲的交通要道,赫梯帝国、埃及王国和亚述帝国的争霸,阻碍了腓尼基的统一进程,只是在政治上保持了半独立的状态。由于腓尼基人在本土始终未形成统一的国家,因此,其海上霸权也不可能得到持续的发展。但是,腓尼基人的航海、海外贸易和海外殖民活动,毕竟为之后的国家在地中海发展海权提供了宝贵的经验。腓尼基人突破地中海的内海限制,远及大西洋和波罗的海,使地中海成了一个开放的海洋;腓尼基人完成环非洲大陆的航行,开辟了环球远洋航行的先例;腓尼基人在迦太基创造了一个海上国家,对海权历史的发展产生了重大影响。

### 黎巴嫩："篱笆"嫩

黎巴嫩（Lebanon），亚洲西部国家。黎巴嫩位于地中海东岸，北面、东面与叙利亚接壤，东南与巴勒斯坦为界，西濒地中海，西北隔海与塞浦路斯岛相望。首都贝鲁特（Beirut）。国语为阿拉伯语，通用英语。

黎巴嫩历史悠久，曾是古代腓尼基的重要组成部分。黎巴嫩曾被埃及、亚述、巴比伦、马其顿、波斯帝国、罗马帝国、拜占庭帝国、阿拉伯帝国、奥斯曼帝国等征服。第一次世界大战后，黎巴嫩沦为法国的"委任统治地"。1926年，黎巴嫩宣布成立共和国，但法国仍控制其对外关系与国防的权力。第二次世界大战，法国沦陷后，法国结束了对黎巴嫩的"委任统治"，但"自由法兰西"军队进驻黎巴嫩。1943年，黎巴嫩正式宣布成立独立共和国。第二次世界大战后，法国在黎巴嫩保持军事占领的企图未能得逞，被迫撤走了自己的军队。

20世纪50年代末，美国推行争夺中东的"艾森豪威尔主义"，企图通过所谓的"军事援助计划"，在北至小亚细亚半岛，东至巴基斯坦，南至阿拉伯半岛，西至北非的广大中东地区进行扩张。1958年7月，处于由美国策划的"巴格达条约组织"中心位置的伊拉克发生了革命，推翻了伊拉克封建王朝，并声称退出条约组织，完全打乱了美国在中东扩张的部署。美国派第六舰队陆战队登陆黎巴嫩，企图颠覆黎巴嫩的近邻叙利亚政府，威胁新生的伊拉克共和国。美军海军陆战队在4小时内就有5000人上岸，4天后，美军在黎巴嫩首都贝鲁特的军人达1.4万人。这次所谓的"蓝色球棒"行动，并没有像"艾森豪威尔主义"者所期望的那样，使黎巴嫩成为美国恢复伊拉克王国的基地，反而使黎巴嫩亲美政权垮了台，美军被迫撤出黎巴嫩。

黎巴嫩拥有数千年的雪松，被称为"雪松之国"。黎巴嫩风景秀丽，是中东地区著名的旅游区，首都贝鲁特还被誉为"小巴黎"。黎巴嫩由于地处东西方交接地带，是西方进入东方之门户，故历史上欧亚大陆帝国都把黎巴嫩作为重要的争夺地带。而黎巴嫩国土面积小，南北长约200多千米，东西平均宽不足60千米，难以防御外来列强的占领。特别是黎巴嫩南部，更难以抵御强邻以色列的武装侵犯。

20世纪70年代末以来，以色列打着防止叙利亚控制黎巴嫩南部和打击巴勒斯坦游击队的幌子，不断对黎巴嫩实施大规模的军事行动，企图以利塔尼河为天然屏障，建立起一个几十千米宽的安全"缓冲区"，这一计划受到联合国安

黎巴嫩雪松

理会的谴责。1982 年,以色列借口巴勒斯坦和叙利亚在黎巴嫩有武装力量存在,发动入侵黎巴嫩的战争,在黎巴嫩南部划出了一块面积为 850 平方千米的"安全区",驻扎部队,以色列在黎巴嫩建立"缓冲区"的野心终于得以实现。但是,以色列从此卷入了与黎巴嫩真主党和其他武装力量的游击战中,也使以色列与黎巴嫩、叙利亚的三角关系更加复杂化。

**塞浦路斯:英帝国曾经的东地中海的"桥头堡"**

塞浦路斯(Cyprus),亚洲西部岛国。塞浦路斯位于地中海东部的同名岛上,北距土耳其 60 多千米,东达叙利亚近 100 千米,南距埃及苏伊士运河 400 多千米,西离希腊本土约 800 千米,为中东之海上门户、东地中海之海上枢纽,扼亚、欧、非之海上要冲,具有重要的战略地位。首都尼科西亚(Nicosia)。通用希腊语、土耳其语和英语。

塞浦路斯历史悠久,早在公元前 12 世纪,希腊人开始移居塞浦路斯。公元前 9 世纪,塞浦路斯岛属腓尼基势力范围。公元前 7 世纪起,先后被亚述人、埃及人、波斯人征服。公元前 333 年,塞浦路斯被马其顿的亚历山大大帝征服,被希腊文化影响。公元前 294 年,塞浦路斯归属托勒密王国。公元前 58 年,塞浦路斯被罗马帝国吞并。公元 395 年,罗马帝国分裂后,塞浦路斯归属拜占庭帝国。自 12 世纪 90 年代初起,塞浦路斯王国持续近 4 个世纪。自 16 世纪 70 年代起,塞浦路斯被土耳其奥斯曼帝国统治长达 3 个世纪。1878 年,塞浦路斯被英国占领。第一次世界大战中,土耳其参加德国同盟后,英国吞并塞浦路斯。1925 年, 正式沦为英国的殖民地。1960 年,英国被迫同意塞浦路斯为独立共和国,同时按照"苏黎世—伦敦协定",英国在塞浦路斯境内保留了阿克罗蒂里等处作为军事基地, 使塞浦路斯成为英国在地中海东部的"桥头堡"。

阿克罗蒂里是英国空军运载核武器的战略轰炸机基地, 位于塞浦路斯岛利马索尔市西南。该机场是从英国本土到其设在亚洲和印度洋诸岛的基地和领地各条航线上的一个重要中转机场,于 1956 年年底建成,后又经过几次改建。该机场有高

级道面起飞着陆跑道,有一整套技术保障建筑设施,有核弹药仓库、现代化导航和通信设备。英国和美国武装力量侵略阿拉伯国家时不止一次地使用此机场。1956 年, 英国空军对埃及采取行动主要依靠阿克罗蒂里基地。1958 年,英美入侵黎巴嫩、约旦时,也使用该基地来集结和转运军队和技术设备。

塞浦路斯海滨

塞浦路斯共和国法定的主权为塞浦

路斯岛及其周围海域,除一小部分因条约分配给英国作为军事基地外,事实上分为南北两部分,共和国有效统治的区域为该岛59%的面积,北部的37%则为土耳其人占领,并自称为北塞浦路斯土耳其共和国。截至2014年,该政治实体仅为土耳其一国承认。

**土耳其:与欧洲"挂钩"最紧的亚洲国家**

土耳其(Turkey),亚洲西部国家。北部濒黑海,东北与格鲁吉亚、亚美尼亚交界,东部与伊朗接壤,东南与伊拉克、叙利亚毗邻,西南临地中海,西濒爱琴海,西北隔黑海海峡连接在巴尔干半岛的陆地,领土与希腊、保加利亚接界。从黑海至爱琴海的水道博斯普鲁斯海峡、马尔马拉海、达达尼尔海峡,也即欧亚两大洲分界线把土耳其分隔为两部分。首都安卡拉(Ankara)。官方语言为土耳其语。

土耳其是世界闻名的国度。早在公元前16世纪,小亚细亚半岛就出现了希腊化城邦。公元前13世纪,小亚细亚半岛沿海城邦发展为若干古国。公元前12世纪初,希腊各城邦组成联军,渡海远征达达尼尔海峡东南方向的特洛伊城,战争延续10年之久,最后希腊人用"木马计"破城。荷马史诗《伊里亚特》生动地叙述了"特洛伊战争"的事迹,19世纪的考古发掘也获得了大批古物珍品。公元11世纪下半叶,突厥族移入,逐渐开始在小亚细亚半岛建立若干封建公国。14世纪,奥斯曼在创建军事封建国家、夺取拜占庭帝国的安纳托利亚领地和兼并毗邻的土耳其众多封建公国后,形成了庞大的奥斯曼帝国。14世纪中叶,奥斯曼帝国登陆巴尔干半岛,向欧洲扩张。15世纪末,巴尔干半岛所有国家都陷于奥斯曼帝国的统治之下。16世纪,奥斯曼帝国又向外高加索和中东地区扩张,征服了从地中海东部沿岸地区至摩洛哥的整个北非。奥斯曼帝国全盛时期,疆域横跨欧、亚、非三大洲。16世纪下半叶,奥斯曼帝国的军事实力开始明显衰落。18世纪末,欧洲列强开始瓜分奥斯曼帝国在欧洲的领地。19世纪,奥斯曼帝国在与欧洲列强的争霸战争中加速解体。19世纪末,土耳其沦为欧洲列强的半殖民地。第一次世界大战期间,奥斯曼帝国瓦解。1919年,土耳其爆发资产阶级民族革命。1923年,土耳其成立共和国。

土耳其与欧洲大陆特别是与巴尔干半岛的关系

土耳其伊斯坦布尔市

紧密,土耳其的国土大部分在小亚细亚半岛,只有 3%左右的国土在巴尔干半岛东南角,就像一个挂钩一样钩挂在欧洲大陆。土耳其居民的民族构成也与欧洲有联系,土耳其人占绝大多数,其余是库尔德人、亚美尼亚人、阿拉伯人等亚洲人,还有一部分希腊人。土耳其与欧洲在地缘政治上关系甚为密切。第二次世界大战前夕,欧洲帝国主义国家对土耳其外交政策的影响加强,战争期间土耳其形式上中立,实际上是德国的不参战盟国,当战争胜负大局已定时,土耳其又对德宣战。第二次世界大战结束后,美国出于冷战的需要,加强了对土耳其的渗透和控制,美国与土耳其签订了一系列的军事、经济协定。作为交换条件,土耳其给予美国在其领土上建立军事基地的权力,并且把一大部分军队置于美国的控制之下。1952 年,土耳其加入由美国组织的北大西洋公约组织后,其政治脉搏一直伴随着美国和欧洲国家的心脏跳动。1999 年,土耳其参加了以美国为首的北约侵略南斯拉夫的战争。因此,无论是地理、民族构成上,还是地缘政治上,土耳其都是与欧洲大陆"挂钩"最紧的亚洲国家。

**阿塞拜疆:通往里海石油富源的"软木塞"**

阿塞拜疆(Azerbaijan),亚洲西部国家。位于外高加索南部,北与俄罗斯为邻,西接格鲁吉亚和亚美尼亚,南连伊朗,东濒里海。阿塞拜疆的"飞地"纳希切万,北部和东部与亚美尼亚接壤,南部和西部与伊朗为邻,西北角与土耳其为界。首都巴库(Baku)。官方语言为阿塞拜疆语,通用俄语。

阿塞拜疆历史悠久。公元前 9 世纪,在阿塞拜疆境内出现国家。公元 3 世纪~4 世纪,阿塞拜疆沦为萨珊王朝的属国。公元 7 世纪~8 世纪,阿拉伯哈里发帝国征服阿塞拜疆,推行伊斯兰教。11 世纪~13 世纪,阿塞拜疆部族基本形成。13 世纪~16 世纪,阿塞拜疆经历了塞尔柱突厥人、蒙古鞑靼人和帖木儿人的入侵。16 世纪~18 世纪,阿塞拜疆属萨非王朝。18 世纪中叶,阿塞拜疆分裂为若干封建国家。19 世纪

阿塞拜疆首都巴库

初,阿塞拜疆纳入沙俄版图。1917 年,阿塞拜疆建立苏维埃政权。1922 年,阿塞拜疆与亚美尼亚和格鲁吉亚组成外高加索苏维埃社会主义联邦共和国,并加入苏联。1936 年,阿塞拜疆直属苏联,称阿塞拜疆苏维埃社会主义共和国。1991 年,苏联解体后,改称阿塞拜疆共和国。

阿塞拜疆的国土一半为山地,东北部和西南部属高加索山脉,中部为库拉河河谷平原和低地。19 世纪中叶,阿塞拜疆的巴库发现石油。20 世纪初,巴库成为苏联最主要的石油基地,石油开采及炼制业发达。巴库是外高加索地区最大的城市,位于里海西岸,是外高加索地区的石油中心。巴库的油气管道通往全国各地,并为邻国亚美尼亚和格鲁吉亚输送油气。巴库的油气管道还通往巴统等黑海沿岸港口。因此,美国前总统的国家安全顾问布热津斯基在《大棋局》一书中把阿塞拜疆比作通往里海石油富源的"软木塞"。

## 二、欧洲政区:曾是世界诸多力量并存的中心舞台

### 地理概况

欧洲(Europe),欧罗巴洲的简称。欧洲位于东半球西北部,北临北冰洋,西濒大西洋,南隔地中海与非洲相望,东以达达尼尔海峡、马尔马拉海、博斯普鲁斯海峡、高加索山脉、乌拉尔河、乌拉尔山脉与亚洲分界。由于欧洲与亚洲毗连成一块巨大的地理单元,习惯上称欧亚大陆或亚欧大陆。

### 俄罗斯:横跨欧亚大陆"心脏地带"却一心想控制海洋

俄罗斯(Russia),欧洲东部国家。横跨欧亚大陆,北部濒北冰洋,西北角科拉半岛与挪威、芬兰为界,西部边境一线与爱沙尼亚、拉脱维亚、立陶宛、白俄罗斯、乌克兰接壤,西南角与格鲁吉亚、阿塞拜疆相连,南部边境一线与哈萨克斯坦、中国、蒙古毗邻,东南角与朝鲜接界,隔日本海、拉彼鲁兹海峡(宗谷海峡)与日本列岛相望,东北角隔白令海峡与美国的阿拉斯加相望。首都莫斯科(Moscow)。官方语言为俄语。

俄罗斯境内的斯拉夫东部各族来自斯堪的纳维亚半岛。公元 3 世纪,斯拉夫东部各族就活跃在波罗的海至黑海一线的广大地区。882 年,东部斯拉夫各族在注入黑海的第聂伯河中游基辅建立起第一个俄罗斯民族的国家,称之为"基辅罗斯"。12 世纪,基辅罗斯分裂成若干小公国。12 世纪末,莫斯科公国开始兼并周围的小公国,日益强大。15 世纪末,形成以莫斯科为中心的中央集权国家。1547 年,伊凡四世称"沙皇"。

17 世纪末 18 世纪初,彼得大帝奠定了俄罗斯帝国的疆域。1721 年,改国号为

俄罗斯帝国。

从 19 世纪 50 年代起,俄罗斯帝国在半个世纪中,先后掠夺并强迫中国清朝政府签订了一系列的不平等条约,割去了中国 150 多万平方千米的领土。

1917 年,十月社会主义革命,成立了俄罗斯苏维埃联邦社会主义共和国。1922 年,由俄罗斯联邦、白俄罗斯、乌克兰和外高加索联邦组成苏维埃社会主义共和国联盟,简称"苏联"。苏联包括俄罗斯联邦、爱沙尼亚、拉脱维亚、立陶宛、白俄罗斯、乌克兰、摩尔多瓦、格鲁吉亚、阿塞拜疆、亚美尼亚、哈萨克斯坦、乌兹别克斯坦、土库曼斯坦、吉尔吉斯斯坦、塔吉克斯坦 15 个加盟

俄罗斯沙皇彼得大帝

共和国。第二次世界大战中,苏联打败了法西斯德国,取得了卫国战争的伟大胜利。20 世纪 80 年代中期,在戈尔巴乔夫"改革与新思维"政策的主导下,苏联政治领域发生了剧烈变动。1991 年,苏联解体,俄罗斯苏维埃联邦社会主义共和国更名为"俄罗斯联邦",简称"俄罗斯"。

俄罗斯是一个典型的大陆国家,也是世界上块头最庞大的国家。帝国领土从小亚细亚半岛顶部毫不间断地由西向东延伸至日本列岛的上端,浑然一体地横亘欧亚大陆。俄罗斯既是一个君临欧亚大陆的陆权国家,也是一个面向海洋的海权国家,北部有绵延不断的巴伦支海、白海、喀拉海、拉普捷夫海、东西伯利亚海和楚科奇海,与北冰洋连成一片;东濒白令海、鄂霍次克海和日本海,融入太平洋水域;西南临亚速海与黑海,经地中海东向进入印度洋,西向进入大西洋;西北接波罗的海,经北海进入大西洋。

俄罗斯濒临 12 个海,而无法直接面向三大洋。北部诸海水浅,长期冰封,与寒冷的北极世界相接。东部诸海通向太平洋,白令海被阿留申群岛包围,鄂霍次克海被千岛群岛包围,日本海更是被日本列岛遏制。南部诸海走向大西洋更是曲折艰难,亚速海是内陆海,经刻赤海峡进入黑海;黑海是重要的航运水域,但只有经博斯普鲁斯海峡、达达尼尔海峡、爱琴海、地中海、直布罗陀海峡才能进入大西洋。西部波罗的海是重要的远洋航运要道,但必经狭窄的大贝尔特海峡、小贝尔特海峡,再经过卡特加特海峡和斯卡格拉克海峡,才能最终进入北海,而要通往大西洋则更受到强大海权国家英国的遏制。

因此,俄罗斯要打破这种地理上的限制,就必须解决出海口的问题。寻找出海口特别是寻找暖水港,成为俄罗斯走向海洋的最重要的地缘意识和战略选择。早在"基辅罗斯"大公国时代,俄罗斯人就不仅越过黑海与拜占庭帝国进行贸易,而且还

越过波罗的海与西北欧国家有广泛的交往。10 世纪初，基辅大公奥列格远征拜占庭，获得在黑海、爱琴海和地中海的自由通行权和海上贸易权。13 世纪，俄罗斯人远征波罗的海，与斯堪的纳维亚半岛的瑞典人、日耳曼人进行了长期的斗争，最后为由沿海贸易城市组成的"汉萨同盟"所接纳。在伊凡雷帝时代，俄罗斯把目光重新投向了波罗的海，组建了一支伊凡雷帝私掠船队，以破坏波罗的海沿岸国家的海上贸易。在彼得大帝时代，俄罗斯先后夺取亚速海、黑海和波罗的海的出海口，多次对外发动战争。为了表示对世界海洋的雄心壮志，1712 年，彼得大帝毅然将首都从莫斯科迁至圣彼得堡。俄罗斯的视野也从未离开过遥远的东方，先后在鄂霍次克海北岸的鄂霍次克、堪察加半岛东南的彼得罗巴甫洛夫斯克建立了海港，把触角伸向了太平洋。在女皇叶卡捷琳娜二世时代，俄罗斯吞并了临亚速海与黑海之间的克里米亚岛，夺取了黑海的出海口，获得了由黑海进入爱琴海和地中海的自由贸易权，夺取了从拉脱维亚经立陶宛、白俄罗斯、乌克兰至克里米亚广大地区，巩固了波罗的海与黑海两个出海口和海上自由贸易权。

进入 19 世纪以来，俄罗斯逐渐向军事封建帝国主义转化，俄罗斯争夺出海口的政策受到了英国、法国、德国、美国和日本等海军强国的挑战。19 世纪初，俄罗斯已经占领大部分高加索以及顿河和多瑙河下游之间的整个黑海北岸地区。1854 年，英法两国发动克里米亚半岛战争，几乎将俄罗斯黑海舰队全部歼灭，消去了俄罗斯在黑海拥有舰队和建立要塞的权力。在远东，俄罗斯在甲午战争后取代了日本在辽东半岛的地位，并控制了大连湾，将旅顺口作为俄罗斯太平洋舰队基地。1904 年，在英美的公然支持下，日本发动了对俄战争，歼灭了驻旅顺口的太平洋舰队，又在对马海峡歼灭了由波罗的海舰队抽调组成的增援舰队，将俄罗斯残存的舰船封闭在符拉迪沃斯托克。从此，俄罗斯通往太平洋的一切出海口又重新被日本封锁起来。第二次世界大战后，苏联开始大力发展海军，至 20 世纪 70 年代，苏联已经组建了一支以核潜艇为骨干的远洋攻击型海军。

冷战后期，苏联海军逐渐从世界海洋向本土附近收缩。苏联解体后，俄罗斯海军基本上失去了在世界海洋的霸权地位。不过，从俄罗斯的历史传统和地缘战略角度来看，俄罗斯总有一天还会重返世界海洋。

**南斯拉夫："多灾多难"的斯拉夫国家**

南斯拉夫(Yugoslavia)，欧洲东南部国家。南斯拉夫位于欧洲巴尔干半岛中部，西北角(包括斯洛文尼亚、克罗地亚、波斯尼亚—黑塞哥维那)与意大利、奥地利接界，北部与匈牙利、罗马尼亚接壤，东部与保加利亚毗邻，南部(包括马其顿)与希腊、阿尔巴尼亚相连，西部濒亚得里亚海与意大利半岛相望。首都贝尔格莱德(Belgrade)。官方语言为塞尔维亚语，部分地区用斯洛文尼亚语和马其顿语。

南斯拉夫居民主要有属斯拉夫系的塞尔维亚人、克罗地亚人、斯洛文尼亚人、马其顿人、黑山人等,还有阿尔巴尼亚人、匈牙利人、罗马尼亚人和土耳其人等。

南斯拉夫境内大多数民族的祖先都是斯拉夫南部各族,原居住在波罗的海至黑海之间辽阔的土地上。公元 6 世纪,南部斯拉夫各部落开始越过喀尔巴阡山移居巴尔干半岛。9 世纪~10 世纪,南斯拉夫境内陆续形成了塞尔维亚国、克罗地亚国、斯洛文尼亚国和马其顿国等早期封建国家。11 世纪初,南斯拉夫境内被拜占庭帝国征服。从 12 世纪末起,斯洛文尼亚在哈布斯堡王朝的统治之下,克罗地亚在匈牙利王国的版图内。14 世纪上半叶,南斯拉夫境内被土耳其人征服,奥斯曼帝国统治长达 4 个世纪。1908 年,奥匈帝国吞并了波斯尼亚—黑塞哥维那。1914 年,奥匈帝国在巴尔干半岛的继续扩张,引发了第一次世界大战。1918 年,南斯拉夫历史上第一个统一的国家塞尔维亚—克罗地亚—斯洛文尼亚王国成立。1929 年, 改称南斯拉夫王国。1941 年,南斯拉夫被德国和意大利法西斯占领。1945 年,在以铁托为首的共产党的领导下,南斯拉夫人民解放军和游击队解放了全境,南斯拉夫联邦人民共和国成立。南斯拉夫联邦制共和国,由斯洛文尼亚、克罗地亚、波斯尼亚—黑塞哥维那、塞尔维亚(包括伏伊伏丁那、科索沃)、马其顿、黑山六个共和国组成。1991 年,斯洛文尼亚、克罗地亚、波黑(波斯尼亚—黑塞哥维那)和马其顿脱离南斯拉夫。1992 年,塞尔维亚和黑山两个共和国组成南斯拉夫联盟共和国。2006 年, 黑山经由公民投票独立。南斯拉夫的领土分成 6 个主权独立国家,南斯拉夫也随之成为历史名词。

南斯拉夫处于巴尔干半岛的中心位置,地处西欧通往近东和欧洲腹地通往亚得

南斯拉夫首都贝尔格莱德

里亚海的要道,有重要的多瑙河国际水运干线经过,因而是历史上帝国称霸的必争之地。公元 6 世纪,南斯拉夫各部落迁移巴尔干半岛时,被东西罗马分而治之,斯洛文尼亚族和克罗地亚族定居于西罗马统治范围的西北部地域,接受罗马文化,皈依了天主教,后来又成为神圣罗马帝国和奥匈帝国的臣民。塞尔维亚族和黑山族定居于拜占庭帝国统辖的东南部地域,信仰东正教,并借鉴拜占庭文化,后来塞尔维亚王国就成了拜占庭 "双头鹰" 徽章继承者俄罗斯帝国东正教在巴尔干半岛的堡垒。14 世纪上半叶,奥斯曼帝国横扫欧洲,南斯拉夫被奥斯曼帝国占领,信奉东正教的塞尔维亚族不堪忍受异族迫害,逐渐北移,而信奉伊斯兰教的阿尔巴尼亚族乘机涌入塞尔维亚王国的中心科索沃地区,从那时起就埋下了阿族与塞族间矛盾的种子。在反对奥斯曼帝国压迫的第一次巴尔干战争后,1913 年伦敦外长会议确定的欧洲政治版图,将科索沃重新划归塞尔维亚。1999 年,美国及其北约发动对南斯拉夫联盟的侵略战争,为科索沃的阿尔巴尼亚分裂势力最终从南联盟分裂出去创造了条件。

南斯拉夫地区诸族的矛盾冲突,随着帝国主义列强在巴尔干争霸而凸显。1914 年,奥匈帝国皇太子斐迪南在萨拉热窝被塞尔维亚青年普林西波击毙,这成了爆发第一次世界大战的导火索。大战中,斯洛文尼亚和克罗地亚两族站在德国和奥匈帝国一边,塞尔维亚和黑山等族站在俄、英、法一边,相互残杀。直到 1918 年,塞尔维亚军队在巴尔干的胜利使南斯拉夫各族为之一振,共同的利益导致在信仰不同宗教的民族之间出现了相互联合的局面,南斯拉夫才组成了统一的国家。第二次世界大战期间,希特勒发动巴尔干战争,企图将南斯拉夫拉入法西斯阵营的阴谋破产后,悍然发动摧毁南斯拉夫王国的战争,希特勒和墨索里尼及其帮凶瓜分南斯拉夫,建立包括克罗地亚、波黑地区在内的 "克罗地亚独立国",推行 "克罗地亚化",对塞尔维亚人实行 "种族灭绝" 政策。逃亡英国的塞尔维亚王室派出 "切特尼克" 恐怖主义组织,在南斯拉夫境内血洗克罗地亚族聚居区。克塞两族自相残杀,积怨其深。

南斯拉夫诸族的内战和流血冲突是两极格局解体造成的震荡和北约东扩的直接产物。第二次世界大战后,丘吉尔应杜鲁门邀请在美国的富尔敦发表演说:"从波罗的海之斯德丁(什切青)到亚得里亚海之的里雅斯特,一幅横贯欧洲的铁幕已经降落下来。在这条线的后面,坐落着中欧和中欧古国的都城。"南斯拉夫正是坐落在的里雅斯特 "铁幕" 边缘后的第一个中欧国家。继北约集团成立后,华约集团不久也诞生了。南斯拉夫与北约的意大利、奥地利、希腊三国为邻,与华约的匈牙利、罗马尼亚、保加利亚、阿尔巴尼亚接壤。由于南斯拉夫奉行不结盟政策,因而其处于北约和华约两大政治军事集团的夹缝之中和对抗的边缘地带,因而也就成了美苏两个超级大国既打击又拉拢的对象。苏联对南斯拉夫实行社会主义制度而不加入 "华约社会主义大家庭" 而感到恼火;美国因南斯拉夫起初接受军事援助而不接受北约的

"保护伞"而变色。美苏两个超级大国在欧亚大陆上争霸的地缘战略格局,一直对南斯拉夫内部的民族矛盾和宗教矛盾起着深刻的影响。

冷战结束,苏联解体、华约解散,催化了南联邦内部民族和宗教矛盾,造成南联邦的迅速解体,进而酿成了波黑内战。

南联邦解体后,南联盟(塞尔维亚—黑山联盟共和国)科索沃自治省的阿尔巴尼亚民族分裂组织非法成立"科索沃共和国临时政府",并呼吁美国等西方大国承认其独立。北约在波黑打击塞尔维亚族,使科索沃的阿尔巴尼亚民族分裂主义分子大受鼓舞。1998年北约启动东扩进程后,科索沃分裂主义分子认为搞独立的客观条件已成熟,于是开始变本加厉地进行恐怖和武装分裂活动。美国打着保护阿尔巴尼亚族分裂主义和恐怖主义的"人权"和反对南联盟"民族屠杀"的幌子,对南联盟实行"焦土式"狂轰滥炸,实际上在南斯拉夫制造了更大范围的"种族屠杀"。无独有偶,北约对南联盟空袭的时间表,与希特勒发动空袭南斯拉夫的时间表完全吻合。第二次世界大战期间,希特勒把南斯拉夫拖入战火之中,在德军机械化闪电战的冲击下,南斯拉夫王室慑于德国大兵压境而签署加入轴心国同盟国,德军遭到了以铁托为首的南斯拉夫游击队的顽强抵抗。希特勒由此在1941年3月27日发布命令对贝尔格莱德实施昼夜不停的空中轰炸,企图从肉体和心理上征服南斯拉夫人民。而58年后的3月27日,美国F-117"夜鹰"隐形战斗机对贝尔格莱德实施空袭时被击落。这种时间表上的完全吻合,又一次印证了之前的南斯拉夫的确是一个多灾多难的地区。

### 希腊:西方文明的发祥地

希腊(Greece),欧洲东南部国家。希腊位于巴尔干半岛南端以及附近一百余个岛屿上,其中位于希腊本土附近的主要有北斯波拉泽斯群岛、埃维亚岛、基克拉泽斯群岛、克里特岛、爱奥尼亚群岛等,近小亚细亚半岛的主要有萨莫色雷斯岛、利姆诺斯岛、莱斯沃斯岛、希俄斯岛、南斯波拉泽斯群岛、罗得岛等。希腊北部与阿尔巴尼亚、南斯拉夫(马其顿)、保加利亚、土耳其(在巴尔干半岛东南角的领土)毗连,东濒爱琴海与小亚细亚半岛的土耳其大陆相望,南濒地中海,西临爱奥尼亚海与意大利相望。首都雅典(Athens)。国语为希腊语。

希腊是世界文明古国之一。希腊大陆从旧时器时代就有人类居住,是西方文明的摇篮。从公元前3000年起,就出现了克里特的米诺斯文明。公元前2000年,希腊中后期出现了迈锡尼文明。公元前5世纪,希腊进入城邦

古希腊雅典卫城

时期,著名的城邦有雅典、斯巴达、科林斯等。公元前 334 年,希腊被马其顿国王亚历山大征服。公元前 168 年,希腊被罗马帝国征服。公元 376 年,希腊又受拜占庭统治。1460 年,土耳其人征服希腊全境,奥斯曼人统治希腊直到 19 世纪早期,1821 年,希腊人发动了希腊独立战争,并宣称独立,直到 1829 年才获得最终的胜利。1940 年 10 月 28 日,意大利入侵,遭到了希腊军队的顽强抵抗,希腊军队将入侵者逐回,这标志着盟国在战场上的第一次胜利。希特勒为了自己的南翼做考虑,而不得已介入了这一地区,德国、匈牙利、保加利亚和意大利的军队击败了希腊、英国、澳大利亚和新西兰的军队,占领希腊。德国人试图进一步通过伞兵的大规模作战推进克里特岛,以便消除同盟国从埃及进攻南翼的后顾之忧。然而他们受到了协约军和克里特当地居民的强烈抵抗,最终克里特岛陷落。1944 年,希腊解放,恢复独立。1973 年,废除君主制,改为希腊共和国。

**马耳他:"地中海的心脏"**

马耳他(Malta),欧洲中南部国家。马耳他位于地中海中央,由主岛马耳他岛和其余 4 个附岛组成。首都瓦莱塔(Valletta)。官方语言为马耳他语和英语。

公元前 13 世纪,马耳他群岛为腓尼基人的殖民地。公元前 6 世纪,成为腓尼基人所建立的迦太基城的属地。公元前 218 年,马耳他属罗马帝国的领地。公元 6 世纪,马耳他被拜占庭帝国占领。9 世纪,马耳他被阿拉伯人占领。1091 年,马耳他被诺曼人

马耳他港口

征服。从 1530 年起,圣约翰骑士团在这里盘踞,称马耳他骑士团。1798 年,马耳他被拿破仑军队占领。1800 年,马耳他被英国占领。1815 年的巴黎条约,将马耳他划归英国所有,从此,马耳他成为大英帝国通往印度的地中海要塞。马耳他为珊瑚石灰岩高地,西部和西南海岸陡峭,东部和北部海岸低平,海岸线曲折,港湾水深隐蔽,有马尔萨什洛克湾、圣保罗湾、梅利哈湾,重要港口有格兰德港、马尔萨姆谢特港。1869 年,苏伊士运河通航后,马耳他更具战略意义。第一次世界大战,英国及其盟国的海军在马耳他港口驻泊。第二次世界大战,马耳他是英美联军登陆西西里岛的跳板。从 1953 年起,北约南欧战区司令部驻扎在马耳他。1964 年,马耳他宣布独立,保留在英联邦内,同时英国仍在马耳他驻扎海军舰艇,直至 1979 年英国海军才

从马耳他撤走。1974年,马耳他宣布为共和国,仍为英联邦成员国。根据1980年同意大利签订的双边防务协定,意负责为马提供安全保障。

### 梵蒂冈:意大利半岛的"肚脐眼"

梵蒂冈圣彼得大教堂

梵蒂冈(Vatican),位于意大利首都罗马西北角的梵蒂冈高地上,东部有圣彼得广场,其余三面被城墙环绕,面积仅有0.44平方千米,人口不过千人,可谓是蛰居于意大利罗马城的"国中之国"。官方语言为意大利语和拉丁语。

梵蒂冈原为中世纪教皇国的中心。公元756年,法兰克国国王丕平把罗马城及其四周区域送给教皇,从此教皇权势日益扩张,教皇邸宅成为西欧教会和政治活动的中心。1870年,意大利完成统一后,只允许教皇保留了罗马城西北角的梵蒂冈的特兰宫和一些寺院,其余区域收回意大利国家所有。

梵蒂冈是以教皇为首的罗马教廷的所在地。教皇是梵蒂冈的首脑,有最高的立法、司法、行政权。教皇自称"基督在世上的代表",对所有天主教会的管理拥有最高权力。教皇终身任职,死后由红衣主教团以2/3的多数票选出新教皇。红衣主教是教皇的咨询机构,另外还有主教会议,当教皇有重大决定时,召开主教会议。国务秘书处和教会公共事务圣理事会是行政机构,国务秘书处由国务卿负责,国务卿由教皇任命。梵蒂冈还有自己的警卫部队、邮政电信机构、公用事业机构。另外,梵蒂冈在全世界数十个信奉天主教的国家和地区设有"圣使""代理圣使"或"宗教代表",教皇通过这些驻外代表,控制所在国天主教的活动,并参与国际政治、文化活动。

梵蒂冈一贯与国际反动势力勾结,在宗教自由外衣下进行介入和干涉所在国的主权。爱尔兰著名女作家伏尼契的小说《牛虻》,描绘了一个十足典型的反面角色蒙泰尼里,就是对所谓"圣使"形象的生动刻画。蒙泰尼里不但不守教规,寻情淫乱,而且披着宗教外衣,帮助世俗政权镇压革命,暴露了天主教教会内部的黑暗面。梵蒂冈就是披着宗教外衣干涉世俗的一个典型。自从罗马教廷失去世俗权力后一直蛰居于梵蒂冈,被称之为"梵蒂冈囚徒"。

1929年,意大利独裁者墨索里尼为了使自己的法西斯统治得到教皇的支持,与教皇签订了《拉特兰条约》,正式承认了梵蒂冈为一个国家,梵蒂冈的主权属于教皇,此后,梵蒂冈才在国际上作为一个国家出现。梵蒂冈的教皇和大主教们对墨索里尼顶礼膜拜。在第二次世界大战中,梵蒂冈积极支持德、日、意法西斯政权的侵略行径。日本法西斯发动侵华战争,教皇不准中国的天主教教徒参加抗日活动。日本在中国领土建立伪满洲国,梵蒂冈予以承认。日本偷袭珍珠港,教皇派圣使马列拉主教为驻东京圣使,与日本建立外交关系。历史上和现实中,梵蒂冈假借传播天主信仰名义,在亚非拉到处插手别国内部事务,把当地一些破坏国家统一、进行民族分裂和颠覆国家政权的为非作歹之徒封为"圣人",无非是通过向殖民主义、帝国主义、霸权主义国家献媚取宠,而在国际政治舞台上扩张其生存空间。

### 圣马力诺:比"母亲"意大利年龄还大的"胎儿"

圣马力诺(San Marino),欧洲中南部国家。圣马力诺位于亚平宁半岛东北部,坐落在亚平宁山脉上,被意大利的领土所包围,国土面积61.2平方千米,人口近3.3万。首都圣马力诺。官方语言为意大利语。

圣马力诺是西欧最古老的国家之一。公元301年,圣马力诺境内建立国家。1263年,圣马力诺制定共和法规,是欧洲最古老的

圣马力诺

共和国。1861年,圣马力诺镶嵌附着的"母体"才成立意大利王国,1870年,意大利才实现全境统一,圣马力诺比其"母亲"年龄整整大1560岁。1862年,圣马力诺与意大利缔结了一项条约,规定了两国的经济和金融的相互关系。第一次世界大战中,圣马力诺站在协约国一方参战,派出15名士兵。第二次世界大战期间,圣马力诺宣布中立,但在战争将近结束之时最终难以逃脱法西斯德国的蹂躏,两周后被登陆意大利半岛的美英联军解放。

### 奥地利:历史上屡屡成为战争策源地的"中欧花园"

奥地利(Austria),欧洲中部国家。奥地利北部与德国、捷克、斯洛伐克接壤,东部与匈牙利毗邻,南部与斯洛文尼亚(原属南斯拉夫)、意大利相连,西部与瑞士、列支敦士登为界。首都维也纳(Vienna)。官方语言为德语,上层通用英语。

奥地利是欧洲古国之一。公元前2世纪,奥地利境内建立诺里孔王朝。公元前15年,奥地利被罗马人征服,成为罗马帝国的一部分。公元8世纪,奥地利处于法兰克王国的统治之下。1156年,奥地利形成公国。从13世纪起,为哈布斯堡王朝统治时期,奥

奥地利风光

地利领土不断扩大，并在欧洲起着重要作用。1866年，奥地利在与普鲁士的战争中失败，丧失了大国地位。1867年，哈布斯堡帝国变成了二元帝国，即奥匈帝国。第一次世界大战，奥地利战败，奥匈帝国瓦解。1918年，奥地利成立共和国。1938年，奥地利被法西斯德军占领，并入德国。

第二次世界大战结束时，奥地利全境被苏、美、英、法四国分别占领。1955年，四国与奥地利签署了《重建独立和民主的奥地利国家条约》，规定奥地利不得与德国结成任何形式的同盟，同意恢复奥地利的主权和独立。

奥地利多山川之秀，湖泊众多，全境大部属多瑙河流域，西部为莱茵河流域，属温带阔叶林气候，冬暖夏凉，水力资源丰富，花卉业和旅游业发达，有"中欧花园"之称。但是，由于奥地利位于欧洲心脏地带，为连接东西欧的重要陆上枢纽，因而成为欧洲大陆帝国争夺之地。1914年，奥匈帝国皇太子斐迪南检阅吞并斯洛文尼亚的帝国军队时，在萨拉热窝被塞尔维亚青年击毙，成了爆发第一次世界大战的导火索。鉴于历史的教训，在1955年10月英、美、法、苏四国占领军全部撤离的第二天，奥地利议会就以法律形式宣布永久中立，不参加任何军事同盟，也不允许在其国土上建立外国军事基地。

**瑞士：因"永久中立"而成为"国际中心"**

瑞士（Switzerland），欧洲中部国家。瑞士是典型的内陆国家，国境四周的山脉、河流和湖泊形成自然边界。瑞士北部与德国毗连，西部与法国接壤，南部与意大利为界，东部与奥地利为邻，并有列支敦士登镶嵌其间。瑞士居民中日耳曼人占绝大多数，其余为法兰西人、意大利人，居民多数信奉基督教新教或天主教。首都伯尔尼（Berne）。德语、法语、意大利语、罗曼什语均为其正式语言。

瑞士全境为山地和高原，西北有侏罗山脉，中部、南部、东南部有阿尔卑斯山脉，山脉之间是不高的波状起伏的高原带。有众多湖泊，主要有日内瓦湖、博登湖、纳沙泰尔湖、苏黎世湖等。河流众多，主要河流莱茵河、罗讷河、波河支流提契诺河、多瑙河支流因河都发源于瑞士，并从不同方向流往国外。境内有140条现代冰川，水力资源丰富。森林和牧场各占全国面积的1/4。

公元前 2 世纪,瑞士境内大部分地区由克尔特人居住,东部有拉丁人居住。公元前 58 年,瑞士被罗马征服,臣服于罗马帝国长达 4 个世纪。公元 5 世纪,瑞士被日耳曼人征服,西部和东南分别被勃艮第人和东哥特人占领。6 世纪前期,勃艮第人和日耳曼人占据的地区并入法兰克版图。9 世纪

瑞士日内瓦湖

中叶,法兰克解体后,东部并入东法兰克王国(后来的神圣罗马帝国核心区)。11 世纪前期,西部和南部也并入神圣罗马帝国版图。13 世纪中叶,施维茨、乌里、下瓦尔登等三个州获得独立,结成反对奥地利哈布斯堡王朝的"永久同盟",奠定了瑞士作为独立国家的基础。在此后的 4 个世纪中,瑞士经过若干次战争,才最终摆脱了神圣罗马帝国的统治。1648 年,根据《威斯特伐利亚和约》,瑞士成为独立国家。18 世纪末,在法国大革命的影响下,瑞士建立了共和国,并与法国结盟进行反对欧洲神圣同盟的战争。

1815 年,欧洲神圣同盟为了防止瑞士与法国再次结盟,在维也纳会议上确认瑞士为"永久中立国",从此瑞士远离了战争。1848 年,瑞士通过联邦宪法,奉行永久的中立政策。瑞士在历次国际性战争和两次世界大战中都保持中立。瑞士奉行中立政策,不参加任何政治军事同盟,也没有参加联合国。正因为瑞士奉行"永久中立"的对外政策,在国际社会中拥有特殊的地位,并成了许多重要的国际会议和国际组织的中心。尤其是瑞士的日内瓦,不仅常召开各种国际会议,而且也是各种重要的国际组织机构的驻地。第一次世界大战后,国际联盟建有"国联大厦",称"万国宫",是联合国驻欧洲办事处。日内瓦还是国际劳工组织、世界卫生组织、国际电信联盟、世界气象组织和国际红十字会等的驻地。

### 德国:执欧洲大陆"牛耳"却难擒大不列颠"海狮"

德国(Germany),欧洲中部国家。德国东部与波兰、捷克接壤,南部与奥地利、瑞士毗邻,西部与法国、卢森堡、比利时、荷兰为界,西北濒北海,北部日德兰半岛与丹麦相连,东北临波罗的海。首都柏林(Berlin)。官方语言为德语。

德意志是欧洲最古老的国家之一。公元前 1 世纪,德意志境内居住的日耳曼各部

族,挫败了古罗马帝国的军事占领企图。公元4世纪~7世纪,德意志境内民族向南大迁徙,仍在本地定居的日耳曼部族有阿勒曼人、巴伐利亚人、东法兰克人、萨克森人、图林根人和弗里西亚人。6世纪~8世纪,法兰克人征服德意志全境,并入法兰克王国。9世纪中期,法兰克王国解体,德意志成为东法兰克王国的一部分,日耳曼人的居住地区开始形成四个公国:萨克森、弗兰克尼亚、阿勒曼尼亚(施瓦本)和巴伐利亚。10世纪中叶,德意志封建国家开始向外扩张,征服了意大利北部,占领了罗马。962年,德意志国王由罗马教皇加冕,取得皇帝称号,奠基了"神圣罗马帝国"。11世纪中期起,德国国内政治上的分裂活动加剧。12世纪,德意志诸侯以反对异教徒为借口,侵占了斯拉夫人和其他民族的土地。13世纪,宝剑骑士团侵占了爱沙尼亚人和立维人的领地,条顿骑士团则侵占了普鲁士人的土地,德意志移民迁入这些地区定居。15世纪末16世纪初,德国封建社会的解体进入最后阶段,导致了涉及全欧洲的"30年战争"。1648年,《威斯特伐利亚和约》从法律上固定了德意志诸侯割据的局面,共有300多个独立的诸侯领地和1000多处骑士领地。1815年,维也纳会议通过组成德意志邦联的决议,其中以普鲁士和奥地利两国最强大,但仍保持着封建割据局面。1866年,普鲁士与奥地利发生战争,奥地利退出邦联。1871年,普鲁士与法国发生战争,以普鲁士为中心建立了德意志帝国,并走上军国主义道路。1914年,德意志帝国发动第一次世界大战。1919年,德意志成立魏玛共和国。1939年,德国发动第二次世界大战。1945年,根据《雅尔塔协定》和《波茨坦协定》,战败的德国领土及其首都柏林被美、英、法、苏四国分区占领。1949年,美、英、法三国占领区合并成立德意志联邦共和国(联邦德国),苏联占领区成立德意志民主共和国(民主德国)。1990年,两德合并,实现统一。

德意志在历史上是一个邦国林立的国度,1871年,德意志联邦内部实现了统一,成立德意志帝国。德意志帝国崛起于中欧,打破了"维也纳会议"确定的欧洲均势格局,由于德国处于英国、法国、意大利、奥地利、俄罗斯列强之中心位置,就形成

德国柏林统一的象征
勃兰登堡门

了德国执欧洲大陆之"牛耳"的新结构,同时德国的地缘环境又使其易受列强的围攻,特别是易受俄罗斯和法国的两面夹击。从军事观点来看,德国地缘环境极为不利,无论是陆地还是海上,均被列强所包围。陆地有俄罗斯、奥匈帝国、法国环绕,海上有波罗的海和北海限制,德国去大西洋的出口分别被瑞典和英国所封锁,在日德兰半岛还被丹麦所阻断。于是,德意志帝国的统治者竭力摆脱这种

不利的地理环境限制。1864 年，俾斯麦对丹麦发动战争，吞并了丹麦的石勒苏益格—荷尔斯泰因地区，掌握了日德兰半岛南部从易北河口的布龙斯比特尔科克至基尔湾的战略要地。1887 年~1895 年，德国在这两个战略要地之间开凿了基尔运河，而后德国又进一步扩建，从而沟通了北海与波罗的海，缩短了由波罗的海出入大西洋的航程，但是仍然无法摆脱英国对北海的封锁。因此，统一后的德国，要想在这种地缘环境中站稳脚跟，就必须建立以德国为中心的大陆联盟体系。

德国首相俾斯麦确定的"大陆政策"，其外交布局是：亲英、联奥、拉俄、反法。反法，以利用欧洲"神圣同盟"旧势力，阻止法国在欧洲大陆坐大；亲英，以利用英国与宿敌法国抗衡，同时牵制俄罗斯；联奥，以阻止俄奥联盟；拉俄，以阻止法俄联盟，避免德国腹背受敌。俾斯麦玩弄"大国均衡"策略，通过双边、多边国际条约，维护了德国在欧洲大陆的霸权地位。

但是，在后来的两次世界大战中，德国当权者却不顾地理位置的局限性，企图通过建立强大的海军舰队，争夺世界海洋霸权。德国面对的英国不仅仅是一个传统的世界海洋霸主，更重要的是，英国凭借本土及其附近岛屿的地理优势，能够轻而易举地进入世界大洋，控制着世界航运必不可少的海上咽喉要道。德国经北海进入大西洋的海上通道被英国的奥克尼群岛和设得兰群岛的海上防线所阻挡，德国南下进入大西洋所必须经过的英吉利海峡更是被英国牢牢扼控。所以，德国宰相俾斯麦主张，德国必须优先发展陆军和优先争夺欧洲大陆。两次世界大战的结果都证明，俾斯麦的战略分析是正确的，德国虽然可执欧洲大陆之"牛耳"，但却无法擒获大不列颠"海狮"。

**波兰：国运随着欧洲大事变波澜起伏**

波兰(Poland)，欧洲中部国家。波兰北临波罗的海，东北与俄罗斯的"飞地"加里宁格勒为界，东部与立陶宛、白俄罗斯、乌克兰接壤，南部与斯洛伐克、捷克毗邻，西部与德国相连。首都华沙(Warsaw)。官方语言为波兰语。

公元前 1 世纪，西斯拉夫部族的波兰人、马佐夫舍人、维斯瓦人、西里西亚人等，在奥德河、维斯瓦河和瓦尔塔河流域居住。公元 8 世纪~9 世纪，波兰境内形成一些部族公国，为封建国家奠定了基础。10 世纪中叶，境内建立波兰大公国。1025年，形成统一的波兰王国。12 世纪，波兰分裂为许多独立的公国。1569 年，波兰与立陶宛大公国合并成为波兰国，成为从波罗的海到黑海的广阔王国。17 世纪，波兰逐渐衰落。18 世纪末，波兰因遭普鲁士、奥地利和俄罗斯三次瓜分而灭亡。1918 年，苏联十月革命后，波兰复国。第二次世界大战初期，波兰被法西斯德国占领。1944 年，波兰获得解放，建立波兰人民共和国。1989 年，改称波兰共和国。

波兰地处中欧要冲，是联系东欧国家的纽带。波兰地势北低南高，中部低凹，地

波兰首都华沙

面低于欧洲平均高度,平均海平面仅为173米,全境大致分为沿海平原区、中央平原区、南部山地区。波兰东西两个方向与邻国毗连的地带均无天然屏障可依托,因而成为强大的邻国相互间征伐的通道。早在13世纪前期,波罗的海沿岸出现了条顿骑士团后,处于四分五裂状态的波兰,既不能抵御德意志封建主的侵略,也无法抗击蒙古鞑靼的袭击。

16世纪末17世纪初,波兰境内多次发生战争。18世纪末期,波兰先后三次被强大的邻国所瓜分:1772年,普鲁士、奥地利和俄罗斯第一次瓜分波兰领土;1793年,普鲁士和俄罗斯第二次瓜分部分波兰领土;1795年,俄罗斯、普鲁士和奥地利第三次瓜分波兰领土。1807年,拿破仑粉碎普鲁士之后,在普属波兰地区建立了依附于法国的华沙公国。1815年,维也纳会议对拿破仑失败后的波兰重新进行瓜分,大部分领土划归沙俄统治,其余部分由奥地利和普鲁士瓜分。1918年,苏维埃政府废除了沙皇政府有关瓜分波兰的所有条约,波兰成立资产阶级共和国。1939年,波兰被西方盟国出卖,遭法西斯德国占领,苏联出兵占领波兰东部地区(白俄罗斯、乌克兰),这部分领土在战后根据《波茨坦协定》被并入苏联。冷战时期,波兰的首都华沙成为以苏联为首的东方集团的象征,波兰成为东西方两大阵营对抗的前哨。1956年,波兰在"民主化"思潮的影响下,突发了"波兹南事件",出现不法分子袭击波兹南政府、军事检查署、广播电台和监狱的混乱现象,从监狱逃出的罪犯也参加了骚乱。冷战后期,波兰与东欧其他国家发生了激烈的历史变故,导致东欧社会主义国家纷纷垮台。1999年,波兰、捷克和匈牙利又参加了北约组织。

**丹麦:手握"岛王"格陵兰权杖的"半岛之国"**

丹麦(Denmark),欧洲北部国家。包括欧洲大陆的日德兰半岛及其附近的菲英岛、西兰岛、洛兰岛、博恩岛等。丹麦西濒北海,北隔斯卡格拉克海峡、卡特加特海峡、厄勒海峡与斯堪的纳维亚半岛的挪威、瑞典相望,东临波罗的海,南与德国接壤。丹麦领土主权还包括大西洋的法罗群岛和北美洲的格陵兰岛。首都哥本哈根(Kobenhavn)。官方语言为丹麦语,法罗群岛还通用法罗语。

公元5世纪~6世纪,丹麦部族开始在日德兰半岛定居。9世纪,丹麦开始成为北欧强大的王国,并逐渐成为著名的"海盗帝国",控制了英格兰、斯堪的纳维亚半岛和西欧沿海广大地区,并形成了包括日德兰半岛、丹麦群岛和斯堪的纳维亚半岛南部的统一的丹麦王国。12 世纪~13 世纪初，丹麦占领波罗的海东部的沿岸地区。1397 年，丹麦在与瑞典、挪威结成卡尔马联盟中占主导地位，致使整个斯堪的纳维亚半岛都处于丹麦国王的统治之下。15 世纪初，丹麦疆域包括日德兰半岛、斯堪的纳维亚半岛、冰岛和格陵兰岛等地。16 世纪，由丹麦领导的卡尔马联盟解体。17 世纪~18 世

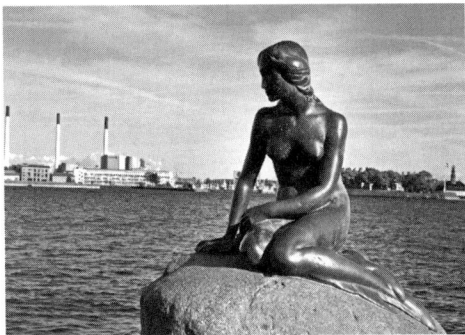
丹麦美人鱼

纪，丹麦在与瑞典争夺波罗的海的战争中连连失败，丧失了大片领地。19 世纪，在拿破仑战争中，丹麦最后缩小为单一民族的国家。第一次世界大战中，丹麦保持中立。第二次世界大战后，丹麦加入北大西洋公约组织。

丹麦地处北欧、西欧与中欧之间，扼波罗的海出入北海和通往大西洋的海上要冲，战略地位重要，北约在其境内配置大量空军，以保障北约对波罗的海的制空权，同时，丹麦与挪威、德国在日德兰半岛的石勒苏益格—荷尔斯泰因地区一起构成北约体系的北欧战区。

丹麦的格陵兰岛位于北冰洋与大西洋之间，扼欧洲和北美洲之间海上航线的战略要冲。公元前 3000 年，因纽特人首先到达格陵兰岛，现岛上大约 90% 的居民是因纽特人。公元 10 世纪末，丹麦曾派遣航海家到格陵兰岛。982 年，挪威人登上格陵兰岛，建立殖民点。1380 年，挪威与丹麦结盟，格陵兰岛转交丹麦、挪威共同管辖。1418 年，挪威—丹麦联盟解散，丹麦独占格陵兰岛。1721 年，格陵兰岛沦为丹麦的殖民地。1933 年，海牙国际法庭就挪威与丹麦争夺格陵兰岛主权问题做出仲裁，最后以实际控制权为由将格陵兰岛判归丹麦。第二次世界大战初，德国占领丹麦期间，美国占领格陵兰岛，从此在岛上建立起军事基地。1951 年，美国与丹麦签订协议，格陵兰岛列入北约的"北美大陆安全区"，正式成为美国在北极的大型军事基地。

**瑞典：现代百年无战事的传统"海盗国"**

瑞典（Sweden），欧洲北部国家。瑞典位于北欧斯堪的纳维亚半岛东部，并拥有哥德兰岛、厄兰岛等岛屿。瑞典西部、北部与挪威接壤，东北与芬兰为界，东部濒临波的尼亚湾、波罗的海，西南隔厄勒海峡、卡特加特海峡、斯卡格拉克海峡与丹麦相望。首都斯德哥尔摩（Stockholm）。官方语言为瑞典语。

公元初几个世纪，瑞典境内已有北日耳曼族的苏维汇人和哥特人居住。6 世纪~7 世纪，瑞典境内各部落开始形成统一的瑞典民族。8 世纪~11 世纪上半叶，瑞典的维金人（北欧海盗，罗斯称"瓦兰人"，西欧称"诺曼人"），驾船东征西伐，不断

瑞典首都斯德哥尔摩

对斯堪的纳维亚半岛、波罗的海的邻国实行海盗式侵袭,远及基辅罗斯、拜占庭、伏尔加河流域和阿拉伯世界。11 世纪,建立起了统一的瑞典封建王国。12 世纪初,瑞典征服芬兰。1397 年,瑞典与挪威、丹麦结成卡尔马联盟。1523 年,瑞典退出联盟,开始向外进行领土扩张,逐渐占领波罗的海沿岸国家的大片领土,建立"瑞典波罗的海帝国",称雄于北欧。17 世纪~18 世纪初,瑞典多次发动和参加一系列的对外战争,其中包括与丹麦争夺波罗的海,与波兰一起对俄罗斯进行武装干涉,参加争夺德意志中欧地区力量均势力的"30 年战争",对波兰、丹麦、俄罗斯的北方战争,最后被迫割让了芬兰,帝国领土大为缩小。19 世纪初,瑞典又被卷入反法联盟的战争,并与从丹麦分割得来的挪威结成了瑞挪联盟。1905 年,挪威脱离联盟而独立。

瑞典历史上连绵不断的对外战争,使瑞典人民饱尝战争的苦难,导致经济萧条,人口下降,帝国版图萎缩,尤其是在 1618 年~1648 年的"30 年战争"、1805 年~1810 年和1813 年~1814 年的反法联盟战争中,瑞典基本上被卷入了这些域外大国争霸的战争,成了霸权国家利用的工具。瑞典人民吸取历史经验教训,采取了不结盟、不参战、坚持中立的"基本国策"。第一次世界大战中,瑞典持"武装中立"立场,既不参加协约国,又不参加同盟国。1918 年底,以英国为首的帝国主义国家组成反苏同盟,对新生的苏维埃政权进行武装干涉,瑞典虽然迫于协约国的压力而停止了与苏俄的贸易,但拒绝参加对苏俄的武装侵略。第二次世界大战中,瑞典仍坚持"不参战"的立场,迫于德国的压力,只准许德国假道瑞典向芬兰运送军队和武器装备,但不参加法西斯同盟,当德国在斯大林格勒战役和库尔斯克战役中败北后,瑞典禁止德国军事物资过境,而后又中止了对德国的贸易。第二次世界大战后,瑞典仍然坚持不参加任何军事政治集团的"中立"政策,在国际社会中具有特殊的地位。

**冰岛:"冰与火"的国家**

冰岛(Iceland),欧洲北部岛国。冰岛位于大西洋北部同名岛上,北濒格陵兰海,西北隔丹麦海峡与格陵兰岛相望,东南与大不列颠岛遥对,东临挪威海。冰岛地处西欧和北美海上交通要冲,战略位置重要。首都雷克雅未克(Reykjavik)。官方语言为冰岛语。

公元8世纪末,挪威人和爱尔兰人开始在冰岛定居。13世纪中叶,冰岛臣属挪威。14世纪末,冰岛随挪威改属丹麦。1918年,冰岛和丹麦签订《联邦法》,名义上为独立国家,但外交事务仍由丹麦控制。1944年,冰岛完全脱离丹麦,成立冰岛共和国。

冰岛近北极圈,境内多冰川,冰原覆盖面积占1/8,是名副其实的冰极世界。冰岛又是火山耸立的国家,境内大约有200座火山,多为活火山,地震频繁,冰岛的最高峰华纳达尔斯努克火山高为2119米。所以,人称冰岛为"冰与火"的国家。

冰岛的战略地位极其重要,特别是凯夫拉维克地处北冰洋至大西洋海上的交通线上,为格陵兰冰岛—英国之间的海上咽喉要道。1941年,美国与冰岛缔结了关于在战争期间防御的协定,凯夫拉维克成为美国海军航空兵的重要基地。冰岛1949年加入北大西洋公约组织,1951年同美国签订防务协

冰岛火山

定,由美负责其防务,并在冰岛设有军事基地。美军2006年9月完全撤出冰岛。2007年4月,冰岛与挪威和丹麦达成防务合作协议,由挪威、丹麦两国负责在和平时期对冰岛的防务安全提供军事保护。

**英国:曾经的"日不落帝国"**

英国(United Kingdom),欧洲西部国家。英国全称"大不列颠及北爱尔兰联合王国"(The United Kingdom of Great Britain and Northern Ireland)。英国主要由大不列颠岛和爱尔兰岛的东北部组成,大不列颠岛周围还有设得兰群岛、奥克尼群岛、外赫布里底群岛、内赫布里底群岛、安格尔西岛、马恩岛、怀特岛以及英吉利海峡以南靠近法国的海峡群岛(诺曼底群岛)。英国北濒挪威海,其设得兰群岛与丹麦

的法罗群岛相望,西濒大西洋,南隔英吉利海峡(拉芒什海峡)、多佛尔海峡(加来海峡)与欧洲大陆上的法国相望,东临北海与斯堪的纳维亚半岛的挪威、日德兰半岛的丹麦、欧洲大陆上的德国、荷兰、比利时相望。首都伦敦(London)。通用英语,北爱尔兰通用爱尔兰语。

旧石器时代,英伦三岛就有人类活动的遗迹。公元前 8 世纪,从欧洲大陆开始迁入克尔特人,带来了铁器时代的文化。克尔特和克尔特化的居民一般被称为"不列颠人",其居住地则被称为"不列颠"。公元 43 年~60 年,不列颠被罗马人征服,为罗马帝国的边缘省份之一,罗马人在不列颠建筑了"罗马营垒",并沿北部边界修筑了"罗马壁垒"。5 世纪初,罗马统治瓦解,不列颠分裂为许多独立的克尔特地区。5 世纪中叶,居住在易北河、莱茵河和威悉河下游的盎格鲁人和撒克逊人等,先后渡海侵入不列颠,并逐步形成若干个小王国。8 世纪末,诺曼人(主要是来自丹麦的斯堪的纳维亚人)开始不断进行侵袭,促使不列颠岛上的各封建王国趋于联合,实现国家统一。9 世纪,艾尔弗雷德大帝在领导不列颠各王国反抗丹麦人海上入侵的斗争中促成了不列颠的统一,形成了"英格兰"民族。11 世纪,英格兰被诺曼人征服,建立诺曼王朝。12 世纪~13 世纪,诺曼王朝巩固了中央集权君主制。1455 年~1485 年, 不列颠岛出现著名的王朝争雄的红白玫瑰战争,结果促进了新兴的都峰王朝的诞生。15 世纪~16 世纪,英国封建主义开始瓦解,进入资本主义原始积累时期。1640 年,英国资产阶级革命开始,并先后征服了爱尔兰,兼并了苏格兰。

英国伦敦大本钟

英国的海外殖民侵略活动开始于 16 世纪末。1584 年,英国在北美弗吉尼亚建立殖民地,其后,英国在加勒比海地区的牙买加、巴巴多斯和巴哈马群岛建立殖民地。1600 年,英国成立东印度公司,后又在印度建立了四个据点:东海岸的加尔各答和马德拉斯,西海岸的苏拉特和孟买。18 世纪初,英国在非洲西海岸的冈比亚和黄金海岸扎根。

英国的岛国位置和特征,决定了英国的历史与海洋、海上贸易、海上力量和海洋霸权存在着天然的联系。在伊丽莎白女王时代,英国海盗式的劫掠成为对外扩张的重要手段。女王重用著名的海盗霍金斯和德雷克表兄弟,指挥英国私掠船不断袭击西班牙的海上航线,拦截西班牙来往于美洲新大陆的运宝船只,打击西班牙的海外殖民地,从而激起了西班牙"无敌舰队"远征英国本土的战争。

西班牙"无敌舰队"覆灭后,荷兰成为英国争霸海洋的劲敌。克伦威尔执政期间,英国颁布了针对"海上马车夫"荷兰的《航海条例》,引起了英荷三次海上战争。第一次战争,荷兰承认英国在东印度群岛享有进行同等贸易的条件;第二次战争,荷兰承认英国在西印度群岛的势力范围,并把新阿姆斯特丹割让给英国,并更名为纽约;第三次战争,荷兰彻底失去了海上霸主的地位。

法国历来是英国的对手。1337 年~1453 年,英国为争夺法国的王权和领土进行了一个世纪有余的"百年战争"。在其后一个多世纪内,英法两国展开了占领殖民地和控制海外贸易的激烈竞争。1689 年~1763 年,英法两国又进行了近一个世纪的争霸斗争。期间,英法两国进行了三次席卷欧洲诸国的战争。

通过奥格斯堡联盟战争(1680~1697),英国在地中海站稳了脚跟;通过西班牙王位继承战争(1701~1713),英国奠定了海外贸易和殖民地的基础;通过"七年战争"(1756~1763),英国夺取了法国在印度、北美和西印度群岛的殖民地,占领了法属加拿大,为进一步侵占阿巴拉契亚山脉与密西西比河之间的广阔地盘奠定了基础,还占据了西班牙在北美的佛罗里达半岛。同时,英国占领了西地中海巴利阿里群岛的梅诺卡岛,在印度也将法国的势力几乎排尽。

英国确立了海上霸权后,又经历了美国独立战争、法国革命和拿破仑战争以及英美 1812 年战争的考验。1775 年爆发了英属北美殖民地独立战争,法国于 1778 年承认美国独立并给予军事援助,1780 年又派远征军到北美参战,西班牙、荷兰也相继与英国进行海战,美国的独立解放使英国在北美的殖民统治受到重创。1789 年,法国爆发资产阶级革命,对欧洲封建旧秩序构成威胁,英国纠集欧洲反动势力对法国进行围剿,1793 年~1815 年间组织了七次反法联盟,从而确立了以英国为主导的"维也纳体系"。英国从法国手中夺取了西印度群岛中的托贝戈岛和印度洋西部的塞舌尔群岛、马斯克林群岛中的毛里求斯岛,从荷兰手中夺取了南美的圭亚那和南亚的斯里兰卡岛,从而控制了欧美经非洲到亚洲的航路;占领了地中海的马耳他岛和爱奥尼亚群岛,从而控制了整个地中海。英法战争期间,美国积极推行领土扩张政策,并与法国及法属西印度群岛进行火热的海上贸易。英国为了打击美国,孤立法国,发动了1812年战争,结果英国并未得到半寸土地。这次战争,被美国人称为"第二次独立战争",为美国而后推行不允许欧洲国家干涉美洲事务的"门罗主义"奠定了基础。

19世纪20年代开始,英国基本上是运用强大的海权对亚洲大陆的边缘地带进行围剿。英国自失去北美殖民地后,开始营造以印度为中心的在亚洲的殖民体系。在东亚,1819年英国占领了新加坡,1824年占领了马六甲,进而控制了通往东亚的海上通道;1840年~1842年英国发动了侵略中国的鸦片战争,并在清政府签订的《南京条约》中,迫使中国割让香港;1856年~1860年英国与法国合谋发动了第二次侵华战争,通过《天津条约》获得了外国商船可在长江各埠自由通行的权利,通过《北京条约》迫使中国割让九龙。在中东,1831年英国利用埃及与土耳其的矛盾,控制了红海通往印度洋的出海口;1841年英国利用解决土埃战争的《伦敦协定》,排除了俄罗斯独霸黑海海峡的可能,确立其在黑海海峡自由通行的权利;1856年在结束克里米亚战争的《巴黎和约》中,英法获得对盟国土耳其的军事占领权,关闭了俄罗斯通向中亚和北非的出路。在中亚,英国通过1856年~1857年对伊朗战争、1878年对阿富汗战争,在中亚站住了脚跟。至此,英国基本上掌握了从东亚至东南亚、南亚、中东、小亚细亚和地中海一线的战略要地,实现了对亚洲大陆边缘的控制。

19世纪晚叶,英国凭借岛国位置、殖民帝国和强大海军的优势战略地位,奉行一种所谓"光荣孤立"的政策,不参加欧陆的事务,以集中力量在海外殖民地进行掠夺。在世界主要航线上的战略要地,英国建立起了军事据点体系。地中海航线,从地中海出口处的直布罗陀,扼西地中海的梅诺卡岛,过地中海东西结合部的马耳他岛,至北非沿岸的亚历山大港口,达东地中海的塞浦路斯岛;从西欧至亚洲航线,经西非尼日利亚的拉各斯岛,南非好望角,东非肯尼亚的蒙巴萨,扼红海出口的亚丁港、斯里兰卡岛的亭可马里港,控马六甲海峡,至香港,达威海卫;北大西洋航线,从本土海岸至北美新斯科舍半岛的哈利法克斯港,或经百慕大,至西印度群岛牙买加的罗耶尔港;南太平洋航线,从南美福兰克群岛,经麦哲伦海峡,至新西兰、澳大利亚,达东印度群岛。英国成为名副其实的"日不落海洋帝国"。

英国为了维持"海洋帝国"的地位,在两次世界大战中与敌国海军进行了殊死的搏斗。特别是第二次世界大战中,英国难以对付德国与日本在世界海洋范围内的攻击,在集中力量对付德国海军大西洋生命线绞杀战的同时,基本上失去了对印度洋和太平洋殖民地的控制。第二次世界大战后，英国的殖民体系开始出现全面崩溃。至 20 世纪 80 年代，从亚洲到非洲，从地中海至印度洋，从太平洋到加勒比海，在英国殖民统治下的国家基本上都走上了独立的道路。

**爱尔兰：被大不列颠之剑劈成两半的"绿宝石"**

爱尔兰（Ireland），欧洲西部岛国。爱尔兰位于大西洋不列颠群岛同名岛上，东隔爱尔兰海与英格兰相望，北、西、南三面濒临大西洋。爱尔兰岛遍布草地和牧场，有"绿宝石"之称。但爱尔兰只占该岛面积的 5/6，而位于该岛 1/6 的东北角的北爱尔兰却长期被英国所割占，成为大不列颠及北爱尔兰联合王国的一部分。首都都柏林（Dublin）。官方语言为爱尔兰语和英语。

公元前 4 世纪，克尔特部族开始在爱尔兰岛定居。公元 5 世纪~6 世纪，爱尔兰岛上先后形成若干封建王国。12 世纪中叶，盎格鲁—诺曼封建主开始侵入爱尔兰东南部，并逐渐向爱尔兰岛其余地区扩展。1541年，英国国王成为爱尔兰国王。1801 年，英国正式吞并爱尔兰，成立大不列颠及爱尔兰联合王国，从此，爱尔兰人民不断进行反对英国吞并的斗争。1916 年 4 月，都柏林爆发了"复活节起义"。第一次世界大战末，爱尔兰民族独立运动高涨，并于 1919

*爱尔兰牧场*

年 1 月宣告爱尔兰为独立共和国。1921 年，英国被迫同爱尔兰签订《英爱条约》，允许爱尔兰南部 26 郡为"自由邦"并享有自治权，而工业最为发达的东北隅的 6 郡仍置于"大不列颠及北爱尔兰联合王国"之下。1937 年 12 月，爱尔兰通过新宪法，宣布"自由邦"成为"主权国"，但仍保留在英联邦之内。第二次世界大战初，爱尔兰宣布中立，不与仍然统治北爱尔兰的英国结成军事同盟。1948 年 12 月，爱尔兰宣布脱离英联邦。1949 年 4 月，英国被迫承认爱尔兰完全独立，但仍拒绝归还爱尔兰岛北方 6 郡。爱尔兰一贯谴责英国的殖民主义政策，同时建议对北爱尔兰政治地位问题通过和平谈判方式解决。

**荷兰：曾驰骋世界的"海上马车夫"**

荷兰（Netherlands），欧洲西部国家。荷兰南与比利时为邻，东连德国，北、西濒北海,与英格兰隔海相望。荷兰是西欧的北大门。首都阿姆斯特丹(Amsterdam)。官方语言为荷兰语。

荷兰历史上的地理范围属于尼德兰。"尼德兰"一词,意为低地,指莱茵河、马斯河、斯海尔德河下游及北海沿岸一带,主要包括荷兰,还包括比利时、卢森堡和法国北部。早在新石器时期,就有人类在尼德兰定居。公元前1世纪,尼德兰部分领土被罗马人侵占。纪元初期,尼德兰又被日耳曼人取而代之。中世纪,尼德兰属于法兰克王国;11世纪后,尼德兰分裂为众多封建领地。13世纪~15世纪,尼德兰工商业发展迅速,有300多个城市,称为"多城之邦"。

尼德兰濒海,航海业发达,并与波罗的海沿岸各国、英国以及俄罗斯有着频繁的海上贸易,但与西班牙则较少贸易联系。16世纪中叶,西班牙在尼德兰实行专制统治后,尼德兰不断掀起反抗西班牙统治的斗争。1579年,北方7省和南方部分城市成立"乌特勒支同盟";1581年,成立"尼德兰联合省共和国"。1806年,成立荷兰王国。

17世纪前期,荷兰商船吨位数占欧洲总数的3/4,荷兰为西班牙制造大型船只,向英国供应平底船、渔船和运煤船,造船业居世界首位。港埠阿姆斯特丹发展成为国际贸易中心,每天停泊船只达2000艘以上。荷兰在世界各地航行的商船多达1万多艘,替许多国家转运货物,甚至英国殖民地的货物也由荷兰商船来运送。在波罗的海,荷兰人几乎控制了德国的对外贸易,排挤了英国对俄罗斯贸易的首要地位,波罗的海70%的贸易为荷兰所控制。荷兰船舶超过英国10倍,海外投资比英国多15倍。荷兰不仅封闭了英国同波罗的海沿岸的贸易,在地中海和西非海岸也到处排挤英国的势力,甚至在英国的殖民地范围内,荷兰船舶和海运总量也远远超过英国。所以,荷兰在历史上有"海上马车夫"之称。

荷兰首都阿姆斯特丹

早在16世纪末,荷兰就开始了对海外的殖民侵略。在亚洲,1597年,荷兰商业远征队首次到达印度,并东进到爪哇和马鲁古群岛;1602年,荷兰成立荷属东印度公司,荷属东印度公司先后占领了斯里兰卡岛、爪哇岛、马鲁古群岛,并在马来西亚、澳大利亚建立殖民点;1624年,荷兰开始侵入中国台湾,建立殖民点。荷兰通过建立东印度公司以及若干重要殖民点,排挤了葡萄牙、西班牙在东方的势力,享有印度洋和太平洋贸易的独占权。在美洲,荷兰于1621年创办西印度公司,从西班牙手中夺取了西印度的一些重要岛屿;1622年,占领北美东岸,建立新阿姆斯特丹城。在非洲,荷兰占领了印度洋马斯克林群岛的毛里求斯等战略要地,并于1648年建立"海角殖民地",把葡萄牙从南非排挤出去。17世纪,荷兰继西班牙之后,成为世界上最大的殖民国家。18世纪后,由于与新兴崛起的英国进行海上争霸,荷兰殖民体系逐渐瓦解。

**比利时:两次世界大战德国西进的"过境通道"**

比利时(Belgium),欧洲西部国家。比利时位于欧洲西北部,西北临北海,北与荷兰为邻,东接德国、卢森堡,南与法国为邻,隔多佛尔海峡与英国遥相对应。首都布鲁塞尔(Bruxelles)。官方语言为荷兰语、法语和德语。

比利时在长期的历史进程中,被外来民族占领和统治。早期被罗马人、高卢人、日耳曼人所分割。15世纪,比利时境内逐渐趋于统一后,又分别被西班牙、奥地利、法国、荷兰等国划入版图。1830年,比利时最终脱离荷兰独立,建立比利时王国。19世纪末20世纪初,比利时开始对外扩张,掠夺非洲扎伊尔、布隆迪等殖民地,步入帝国主义国家的行列。

比利时是著名的低地国家,全境地势从东南向西北逐渐降低,临近德国的东南部阿登高原,最高山峰也不过700米;中部为丘陵平原和低高原,濒临北海的滨海地带,地势低洼,便于大兵团机动作战,特别适宜机械化陆军行动。比利时境内河网密布,河流冬季不冻,最大河流马斯河与各支流及运河形成统一的航运网,并同德国和法国的内河水系沟通,便于交通运输。第一次世界大战期间,比利时被德国占领。第二次世界大战期间,比利时又被法西斯德国侵占,成为德国入侵法国及西欧海岸的重要通道。1944年,英美盟军实现诺曼底登陆后,比利时成为同盟军开辟的第二战场的重要组成部分。1949年,比利时成为北大西洋公约组织成员国。北约的高级政治、军事机构集中设在

比利时首都布鲁塞尔尿童

比利时境内的布鲁塞尔和蒙斯。

### 法国:"跨骑"海洋的大陆国家

法国(France),欧洲西部国家。法国东北与比利时、卢森堡、德国接壤,东部与瑞士、意大利毗邻,东南角附着摩纳哥王国,南临地中海,西南与西班牙、安道尔接界,西濒大西洋,北隔拉芒什海峡(英吉利海峡)、加来海峡(多佛尔海峡)与英国相望,还拥有利古里亚海的科西嘉岛。法国还有一些海外省,如南印度洋的留尼汪岛,北太平洋近北美洲海岸的圣皮埃尔岛和密克隆岛,安的列斯群岛

法国巴黎埃菲尔铁塔

的瓜德罗普岛、马提尼克岛,南太平洋的法属波利尼西亚、新喀里多尼亚岛、瓦利斯群岛和富图纳群岛等。首都巴黎(Paris)。通用法语。

法国境内最早的定居者是克尔特人(罗马人称为"高卢人")。公元 5 世纪,法兰克人移居于此,后来成为法兰克王国的一个组成部分。公元 843 年,根据《凡尔登条约》正式分封划界,西法兰克地区与现代法国的地理相合。公元 983 年,法兰克王国改名为法兰西王国。12 世纪以前,西欧封建化时期,法国是一个典型的封建称雄割据和大小公国林立的国度。15 世纪末,法国完成了艰难曲折的统一历程。16 世纪初,法国形成中央集权国家,工场手工业发展迅速,成为欧洲大陆强国。1789 年,法国爆发资产阶级革命,发表著名的《人权宣言》,废除了封建君主制。1792 年,建立法兰西共和国。1804 年,拿破仑称帝,建立法兰西帝国。拿破仑执政时期,与欧洲反法同盟多次进行战争,横扫欧洲各君主国家,涤荡顽固的封建势力。1812 年,拿破仑远征俄罗斯失败,使帝国由鼎盛转为衰败。1815 年,滑铁卢战役的失败使拿破仑帝国最终覆灭。1871 年,法国在与普鲁士的战争中失败,激发了世界上第一个无产阶级政权"巴黎公社"的诞生,不久,巴黎公社被强大的国内外反动势力扑灭。第一次世界大战,法国是协约国的主要成员国。第二次世界大战中,法国曾被德国占领,首都巴黎沦陷,戴高乐组织起抗德救亡的"自由法国运动"。1944 年,德国占领军被驱逐后,法国恢复国家主权。

法国本土地势东南高西北低,向大西洋敞开。东部是阿尔卑斯山地和侏罗山地;中南部为中央高原;西南边境有比利牛斯山脉,中央高原和比利牛斯山地间的西南地区为阿基坦盆地;北部是巴黎盆地;西北部为阿摩里康丘陵。法国虽然东部临地中海、西部濒大西洋,但由于东西两个海洋方向被伊比利亚半岛所阻隔,只能

通过直布罗陀海峡联系起来，因而法国必须付出更大的努力才可能与英国的海军力量相抗衡。又由于法国陆地边界历史上长期受到德国的重大威胁，法国还必须集中大量财力建设强大的陆军力量。因此，这种地理位置使法国长期以来一直面临着究竟是把战略重点放在发展"陆权"还是发展"海权"的"两难选择"上。

17世纪，法国在西欧海上贸易浪潮的推动下，加入到海外殖民竞争的行列。1604年，法国成立东印度公司和加拿大商业公司。1608年，法国在北美新斯科舍半岛、魁北克建城。1642年，法国在蒙特利尔建城。1682年，法国人命名密西西比河流域为路易斯安那，期间法国还占领西印度群岛的马提尼克岛、瓜德罗普岛。18世纪初，法国在非洲西海岸的塞内加尔、东部马达加斯加岛等地建立殖民点。19世纪末20世纪初，法国在海外的殖民地面积等于本土面积的20倍，建立起仅次于英国的殖民帝国。

法国面临大西洋和地中海，有着远远长于西班牙和荷兰的海岸线，但法国一直追求的目标是在欧洲大陆建立霸权。为此，法国长期的对外政策以打击哈布斯堡王朝在欧陆的统治势力为目标，直至"三十年战争"(1618~1648)扩大了法国在意大利、德意志、尼德兰和瑞典的影响，为法国建立欧洲霸权奠定了基础。17世纪末，法国不仅建立起欧洲最强大的陆军，而且拥有数量规模上远强于英国的海军。但法国海军在军费上受到强大陆军需求的限制，在地理上受到将舰队分割在大西洋和地中海两个方向的限制。英国的战略，一方面不断在欧陆组织反法同盟，以耗费法国陆军；另一方面控制地中海通往大西洋的直布罗陀海峡，成功地阻止法国地中海舰队与大西洋舰队的有效联合。因而，法国不得不在维持欧陆霸权或者是与英国争夺海洋霸权中进行选择。在与英国进行海上较量的长期斗争中，法国海军不乏有辉煌的战绩，但由于从路易十四到拿破仑的法国统治者都基本上遵循了欧陆霸权的总政策，所以失去了争夺世界海洋霸主地位的机遇。

**摩纳哥：著名的游览胜地"袖珍公国"**

摩纳哥(Monaco)，欧洲西部国家。摩纳哥公国位于法国的东南角，南濒地中海，东、北、西三面为法国国土所环绕。摩纳哥由三个彼此连成一片的城市组成，长约3.5千米，最窄处不足200米，面积不足2平方千米。摩纳哥人口3万多，居民主要为原籍法国人和意大利人，摩纳哥人仅占1/10左右。首都摩纳哥城(Monaco Ville)。官方语言为法语。

摩纳哥国土虽小，但历史悠久。公元前10世纪，腓尼基人在摩纳哥境内建立了第一个村落。公元前1世纪后，摩纳哥境内先后由罗马和阿拉伯人统治。公元11世纪后半期，摩纳哥被热那亚人占领。1215年，热那亚人修筑了要塞。1419年，热那亚人格里马尔迪世族在摩纳哥最终确立了政权。从1524年起，摩纳哥处于西班牙的

摩纳哥一瞥

庇护之下。从 1641 年起，摩纳哥受法国庇护。法国大革命期间，摩纳哥并入法国。1814 年，摩纳哥恢复了亲王政权。1815 年，根据维也纳会议决定，摩纳哥接受撒丁王国保护。1848 年，摩纳哥爆发起义，遭到皮埃蒙特军队的镇压。1861 年，摩纳哥名义上保持公国"主权"，但实际上处于法国的"保护"之下，只有经法国政府允许，摩纳哥才可在许多国家设立外交和领事代表机构，但实际上摩纳哥在大多数国家的权利都由法国代表。1911 年，摩纳哥宣布为独立的君主立宪国。1919 年，摩纳哥与法国签订条约，规定一旦国家元首逝世而没有后裔，摩纳哥就并入法国。

摩纳哥背山面海，风景优美，港湾内游艇密集，为欧洲著名的游览胜地，有驰名的海洋博物馆，以旅游业、邮票业和赌场收入为主要的经济来源。摩纳哥公国的首都摩纳哥城，在港湾的右岸，始建于中世纪，筑于滨海阿尔卑斯山脉伸入海中的崖顶。

### 西班牙：最早的"全球性"海洋大国

西班牙（Spain），欧洲西南部国家。西班牙位于欧洲西南部伊比利亚半岛，西南、西北临大西洋，西部与葡萄牙接壤，北濒比斯开湾，东北与法国、安道尔毗邻，东滨地中海，南部隔直布罗陀海峡与北非大陆的摩洛哥相望。另拥有地中海的巴利阿里群岛和大西洋近摩洛哥海岸的加那利群岛的主权。西班牙扼大西洋通往地中海的咽喉要道。首都马德里（Madrid）。官方语言为西班牙语。

西班牙历史悠久，古代为伊比利亚人居住地。从公元前 9 世纪起，克尔特人从中欧迁移西班牙境内，并在地中海沿岸定居。腓尼基人、迦太基人曾创造了灿烂的古文明。公元前 237 年，迦太基统帅哈密尔卡带着 9 岁的儿子汉尼拔，渡海来到西班牙，并在西班牙东南沿海建新迦太基城。公元前218 年，年方 25 岁的迦太基统帅汉尼拔，率领大约 5 万步兵和 9000 名骑兵以及数十头大象，发动了历史上著名的翻越阿尔卑斯山向罗马帝国的大进军。公元前 201 年，迦太基与罗马签订和约，西班牙复由罗马统治。公元 5 世纪下半叶，西班牙被西哥特人侵占。公元 718 年，伊比利亚半岛几乎全部落入阿拉伯人手中。15 世纪末，通过与阿拉伯征服者的长期斗争，西班牙才成为统一的王朝。1492 年，自哥伦布发现美洲"新大陆"后，西班牙迅速发展为海上强国，并建立了庞大的海外殖民帝国。1588 年，西班牙"无敌舰队"被英国击败后开始走向衰落。18 世纪，西班牙成为法国的附庸。1873 年，西班牙爆发资产阶级革命，建立第一共和国。1898 年，西班牙在美西战争中失败，失去了在中美洲的古巴、波多黎各和西太平洋的菲律宾殖民地。1923 年，西班牙开始实行君主专制

西班牙巴塞罗那米拉之家

统治。1931 年，西班牙王朝被推翻，成立第二共和国。

　　西班牙成为世界上第一个全球性海洋大国始于哥伦布的远洋航行。1492 年，哥伦布得到西班牙女王伊莎贝拉的允准（女王授哥伦布以"海军大将"军衔，预封"新发现土地"的世袭总督），到达巴哈马群岛中的瓦特林岛。此后，哥伦布又四次横渡大西洋，相继到过古巴、海地、牙买加、波多黎各、多米尼加等岛屿，并探查了中美洲的洪都拉斯和巴拿马的沿海陆地。哥伦布一踏上"新大陆"，西班牙就在海地北部建立了第一个殖民地。到麦哲伦环球航行开始，西班牙已在西印度群岛的各大岛屿及古巴和巴拿马地峡建立起据点和定居区，并探索了墨西哥湾东西两翼的佛罗里达半岛和尤卡坦半岛。

　　1494 年，在罗马教皇亚历山大六世的仲裁下，西班牙与葡萄牙签订了《托尔德西拉斯条约》，协议以亚速尔群岛至佛得角一线以西 370 里格为界（此"教皇子午线"，约相当于西经 46 度），以东的"发现地"归葡萄牙，以西的"发现地"归西班牙。1529 年，根据麦哲伦环球航行的新发现，西班牙又与葡萄牙签订了《萨拉哥撒条约》，以香料群岛（即马鲁古群岛）东 15 度为分界线，以东属西班牙，以西属葡萄牙。根据这两个协议，西班牙几乎独占美洲。

　　16 世纪 20 年代，西班牙以古巴为基地，以侵占墨西哥为重点，占领了墨西哥和中美洲的危地马拉、洪都拉斯、尼加拉瓜、萨尔瓦多诸国。16 世纪 30 年代、40 年代，西班牙以侵占秘鲁为重点，陆续征服了厄瓜多尔、玻利维亚、智利、哥伦比亚、委内瑞拉、乌拉圭、巴拉圭和阿根廷诸国。至 16 世纪中叶，西班牙在中、南美洲的广大地区（除葡属巴西外），均被划入西班牙在美洲的庞大殖民帝国的版图之中。

　　西班牙王室恐怕海外出现封建倾向，把管理美洲殖民地的最高机构西印度事

务院设在本土,并受君主严密监督。18世纪时,西班牙人将拉丁美洲划分为四大总督行政区:新西班牙总督区,辖墨西哥、中美洲、西印度群岛和美国西南部地区;新格拉纳达总督区,辖哥伦比亚、巴拿马、委内瑞拉、厄瓜多尔;秘鲁总督区,辖秘鲁、智利;拉普拉塔总督区,辖玻利维亚、巴拉圭、乌拉圭和阿根廷。西班牙通过海外总督制度维持着一个最庞大的海外殖民帝国。

西班牙过分的扩张,激起了因工业发展而崛起的英国、法国和荷兰的不甘。在大西洋,西班牙的海上交通线不断受到英国和荷兰海盗式的袭击,并最终导致了西班牙与英国争夺海上霸权的决斗。1588年,西班牙组成"无敌舰队",远征英国,经过半个月左右的海战,西班牙"无敌舰队"基本被击溃。"无敌舰队"的溃败,使海上霸权落入英国的手中,西班牙从此走向衰落。到17世纪中叶,西班牙在欧洲的霸权地位也完全丧失。1898年,美国发动了夺取西班牙在古巴和菲律宾殖民地的战争,西班牙又失去了在中美洲和太平洋的殖民地,西班牙的全球性海洋帝国最后崩溃。

**葡萄牙:欧洲走向世界大洋的"起点"**

葡萄牙(Portugal),欧洲西南部国家。葡萄牙位于欧洲西南部伊比利亚半岛的西部,北部、东部与西班牙毗邻,南部、西部濒临大西洋。另外,拥有大西洋中部的亚速尔群岛和近摩洛哥海岸的马德拉群岛的主权。首都里斯本(Lisboa)。官方语言为葡萄牙语。

葡萄牙境内自远古时代就有人居住。公元前4世纪,葡萄牙境内大部分居住着卢西塔尼亚人(古伊比利亚人部族)。公元前2世纪,葡萄牙并入罗马帝国。公元5世纪,葡萄牙并入日耳曼王国,而后归属西哥特人统治。公元8世纪,葡萄牙被阿拉伯人征服。公元11世纪,葡萄牙境内建立了伯爵领土。1143年,葡萄牙成为独立王国。15世纪末,葡萄牙开始向海外进行殖民扩张。16世纪前半叶,葡萄牙的殖民帝国达到鼎盛时期。16世纪后半叶,葡萄牙开始衰退。1581年,葡萄牙为西班牙所占,成为西班牙帝国的属国。1640年,葡萄牙脱离西班牙。1654年,葡萄牙沦为英国的附

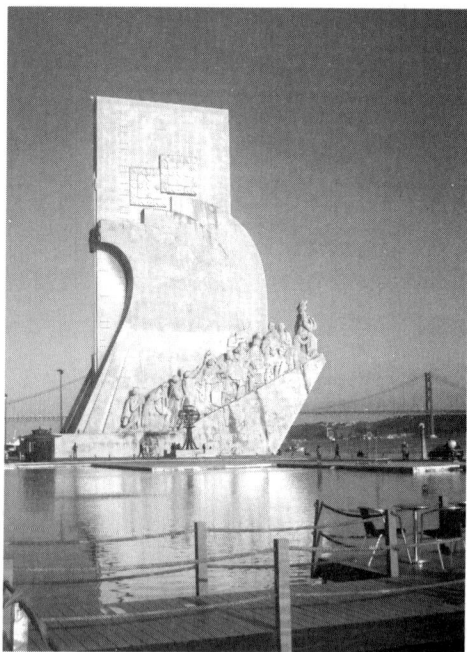
葡萄牙航海纪念塔

属国。18世纪初,在西班牙王位继承权战争之后,葡萄牙更加削弱,依附于英国。1807年年底,葡萄牙被法国军队占领。1808年,葡萄牙在英军援助下驱走法国人,但又沦于英国人统治之下。1820年,葡萄牙结束了英国的占领,建立君主立宪制。1910年,葡萄牙成立共和国。

葡萄牙首都里斯本被称为"温暖的港口",里斯本西北处的罗卡角,是欧洲大陆的最西点,在海角的悬崖上耸立着一座石碑,雕刻着葡萄牙著名诗人卡蒙斯的诗句:"大地止于此,大海始于斯。"意即:欧洲的极西处在脚下,大海的起点也在脚下。葡萄牙有利的地理位置,使之成为率先进行海外殖民侵略的国家。

葡萄牙人在探寻直通东方航路的过程中,沿非洲海岸建立了许多殖民点和商站。葡萄牙人在控制东非海岸的莫桑比克海峡后继续东进。1506年,葡萄牙占领亚丁湾入口处的索科特拉岛。1508年,又占领波斯湾出口处的霍尔木兹海峡,控制了亚丁湾与波斯湾,阻挠阿拉伯人与印度人的商业联系。1510年,葡萄牙占领印度西海岸果阿(帕纳吉港),作为在东方活动的中心。1511年,葡萄牙占领马六甲,控制了去远东和太平洋的商路。与此同时,葡萄牙从印度洋上的据点出发,先后占领了斯里兰卡岛、苏门答腊岛、爪哇岛、加里曼丹岛、苏拉威西岛、马鲁古群岛等,从而攫占了向往已久的"香料之国"。1533年,葡萄牙人贿赂明朝官吏而入居澳门。1557年,葡萄牙人在澳门自设官府,建城垣,修炮台,窃澳门为殖民地。1999年12月20日,葡萄牙结束了对澳门的殖民统治,中国对澳门恢复行使主权。

葡萄牙的亚非帝国大本营设在果阿,由印度殖民地总督统治,下辖莫桑比克、奥马兹、马斯喀特、斯里兰卡、马六甲五省督,以控制莫桑比克海峡、亚丁湾、阿曼湾和马六甲海峡之交通要道。通过据有和控制亚非大陆边缘的这些岛屿和沿海据点,葡萄牙人控制了跨越半个地球的商船航线。

大约在一个世纪内,葡萄牙的东方帝国未受到任何威胁。但葡萄牙毕竟是一个不足150万人口的小国,对人口稠密的亚洲国家,不可能占有大片领土,只能以侵占交通要道和军事据点为主,同时采取垄断商路和欺诈性贸易,来维持商业贸易利益。到16世纪末,荷兰人和英国人开始渗入到东方,葡萄牙在亚非的势力逐渐被排挤了出去。葡萄牙人只好越过传统分界线,在美洲的巴西建立了自己的殖民地。

### 三、非洲政区:曾是殖民主义和帝国主义进行全球征服的重要战略枢纽

#### 地理概况

非洲(Africa),阿非利加洲的简称。非洲位于东半球西南部,西北部分伸入西半

球,赤道横贯中部,北隔地中海与欧洲相望,东北以苏伊士运河、红海与亚洲相连,东濒印度洋与澳洲相望,西濒大西洋与南美洲相望。非洲在地理位置上是殖民主义和帝国主义进行全球征服的重要战略枢纽,谁控制了非洲沿海的战略要地,谁就能继续向美洲、亚洲和澳洲进行扩张。

## 埃及:尼罗河滋养的文明大地

埃及(Egypt),非洲北部国家。埃及地跨亚、非两洲,国土大部分位于非洲东北部,国土的小部分在苏伊士运河以东、亚洲西南角的西奈半岛上。埃及北濒地中海,西部沿利比亚沙漠中部与利比亚呈切割式画线,南部沿利比亚沙漠南缘与苏丹呈切割式分界,东临红海。埃及的西奈半岛北濒地中海,东连巴勒斯坦,东南临亚喀巴湾,西南濒红海,像一块楔子卡住了地中海通向红海的水流。首都开罗(Cairo)。官方语言为阿拉伯语。

埃及是世界著名的文明发祥地之一。约公元前4000年,开始在上、下埃及形成两个王国。公元前3200年,建立美尼斯王朝,实现上、下埃及的统一。而后,埃及历经古王国时期(前2700~前2200)、中王国时期(前2000~前1780)和新王国时期(前1567~前1085)。古埃及疆域广阔,北达黎巴嫩,南及尼罗河第四大瀑布(苏丹北方省境内)。约公元前10世纪80年代后,称后期王国,埃及陷于分裂。公元前7世纪下半叶,埃及被亚述帝国征服。公元前6世纪前期,埃及被波斯帝国所灭。公元前4世纪初,埃及受托勒密王朝统治。公元前30年,埃及并入罗马帝国。公元4世纪~7世纪,埃及并入拜占庭帝国。7世纪,阿拉伯人迁入埃及,建立阿拉伯国家。8世纪~9世纪,阿拉伯哈里发王国解体,埃及成为真正的独立国家。16世纪前期,埃及被土耳其征服,成为奥斯曼帝国的一个行省。18世纪末,埃及成为西欧殖民主义者追逐的目标。1798年,拿破仑指挥的"东路军"在埃及登陆并占领埃及。1858年~1869年,埃及人民经过10年的辛勤劳动,开凿了苏伊士运河。1882年,埃及被英国侵占。1914年,埃及沦为英国的"保护国"。1922年,英国被迫承认埃

埃及金字塔

及为独立王国。1953 年,废除君主制,建立埃及共和国。1956 年 7 月,埃及将苏伊士运河收归国有,同年,英法两国为争夺苏伊士运河的控制权,唆使以色列发动侵埃战争,并随即以控制苏伊士运河的通航自由为名,共同发兵侵略埃及。1958 年,埃及与叙利亚组成阿拉伯联合共和国(简称阿联)。1961 年,叙利亚退出阿联。1971年,埃及更名为阿拉伯埃及共和国。

埃及全境大部属低高原,沙漠广布,西部利比亚沙漠,占全国面积的 2/3,大部分为流沙,其间有哈里杰、锡瓦等绿洲;红海沿岸和西奈半岛有丘陵山地。气候干热,大部分地区终年少雨。

古埃及文明是尼罗河的赠礼。尼罗河是世界上最长的河流,纵贯古埃及全境,注入地中海。河谷两岸和三角洲土地肥沃,灌溉便利,素称"沙漠中的绿色走廊"。古埃及有这样一首诗赞颂道:"啊!尼罗河,我们称赞你。你从大地涌流而出,养活着埃及。一旦你的水流减少,人们就停止了呼吸。"

古埃及西面是利比亚沙漠,南面是努比亚沙漠,东面是阿拉伯沙漠,北面是少有港湾的海岸,与美索不达米亚不同的是,它处于一个不易受外敌入侵相对封闭的自然环境之中。由于大自然的屏护作用,埃及文明的发展具有可靠的稳定性和连续性。尼罗河就像一条天然的纽带,把整个流域地区联结成一个完整的体系。古埃及遗留下的古代世界奇观,是古王国第四王朝时期(前 2650~前 2500)的大金字塔。

古埃及是农业文明根深蒂固的国家,虽然与尼罗河的出海口相联系,地中海和红海也为古埃及提供了航海的通道,埃及人也曾进行过一定规模的航海活动,但对埃及的历史发展影响不大,因而埃及人虽面临着掌握地中海和红海命脉的机遇,但从未成为地中海的海上强国,更未通过苏伊士运河把地中海与红海连接起来,掌握世界海上交通要道的枢纽。

埃及的战略地位重要,不仅是因其处于欧、亚、非三大洲的交界地带,更重要的是苏伊士运河扼欧、亚、非三大洲海上交通要冲。苏伊士运河沟通地中海与红海,全长 173 千米,轮船通过时间平均为 15 小时。苏伊士运河沟通了大西洋、地中海与印度洋之间的航线,从而使西欧抵达印度洋的航程比绕道非洲好望角缩短了 8000 千米~10000 千米。苏伊士运河通过船舶数量及其货运量在各个国际运河中居于首位,成为世界上最繁忙的战略水道。

**摩洛哥:阿拉伯世界的"极西圣土"**

摩洛哥(Morocco),非洲北部国家。阿拉伯语"马格里布",意即"西部日落之乡"。摩洛哥西临大西洋,南接西撒哈拉,东与阿尔及利亚为邻,北濒地中海,隔直布罗陀海峡与西南欧的伊比利亚半岛相望,扼地中海出入大西洋的咽喉要道。首都拉巴特(Rabat)。官方语言为阿拉伯语和柏柏尔语。

摩洛哥首都拉巴特

摩洛哥最早的居民是柏柏尔人。公元前5世纪，腓尼基人开始在摩洛哥沿海地带建立殖民地，后转归迦太基统治。公元前2世纪，摩洛哥受罗马帝国统治。公元6世纪，摩洛哥被拜占庭帝国占领。7世纪，阿拉伯人征服北非时，大军进至摩洛哥西部边陲，极目远望，大西洋碧浪滔天，便认为是"极西圣土"，是到了世界上最西方之日落处，摩洛哥国名由此而来。8世纪，摩洛哥并入阿拉伯哈里发国版图。11世纪~13世纪，摩洛哥境内出现柏柏尔人建立的王朝。从15世纪起，葡萄牙人、西班牙人、法国人等相继入侵摩洛哥。1912年，摩洛哥沦为法国的"保护国"，同时，法国将北部的狭长地带和南部的一部分划为西班牙的"保护地"。1923年，法国、英国、西班牙三国签订《巴黎公约》，将丹吉尔划为"国际共管区"。1952年，丹吉尔又被划为美国、英国、法国、西班牙、葡萄牙、荷兰、比利时、意大利八国"共管区"。1956年，法国承认摩洛哥独立，同时废除西班牙对摩洛哥的"保护"。1957年，定名为摩洛哥王国，丹吉尔回归摩洛哥，但至今仍有地中海沿岸的休达、梅利利亚等几片地区被西班牙占据。

摩洛哥的最大城市为卡萨布兰卡(Casablanca)，是世界著名的人工港。1942年11月，美英联军在卡萨布兰卡地区登陆，成为美英联军在北非作战的主要基地。1943年1月，美英两国在著名的"卡萨布兰卡会议"上，确定了盟军对德、日、意法西斯军队作战的总方针。摩洛哥独立后，该城市改名为达尔贝达。

**利比里亚：由美国移民黑人建立的"自由国度"**

利比里亚(Liberia)，非洲西部国家，西北与塞拉利昂接壤，北部与几内亚为邻，东部与科特迪瓦毗连，西部、南部濒临大西洋，海岸线长约500千米，战略位置重要，可控制非洲西海岸的海上交通线。首都蒙罗维亚(Monrovia)。官方语言为英语。

据历史记载，公元9世纪~10世纪，最早的居民从靠近撒哈拉沙漠的中、西非地区迁移而来。15世纪下半叶，葡萄牙、荷兰、英国、法国、德国殖民者相继侵入利比里亚境内，掠夺和进行胡椒贸易，故利比里亚沿海有"胡椒海岸"之称。1817年，美国为了与西欧列强争夺西非地区，由"美国殖民协会"把一部分被释放的黑奴从美国移民到西非海岸，建立殖民据点。1822年，建立美国黑人移民区,以当时美国总统门罗的名字命名为"蒙罗维亚",后又在邻近地区陆续建立黑人移民区,不断向内陆扩张。1839 年,蒙罗维亚各移民区联合成移民共同体。1847 年,宣布独立,由美国遣返的美国黑人建立利比里亚共和国,成为非洲最早独立的共和国。

利比里亚首都蒙罗维亚

利比里亚,源自拉丁文"Liber",意即"自由之邦"。利比里亚境内的居民基本上是非洲部族,约有 1%的美国黑人移民后裔,在国内享有特权。

利比里亚铁矿资源丰富,其他矿藏还有金刚石、金、铝土、锰、铅、锡、铂等。全境森林茂密,森林覆盖率近 60%。由于外国商船在利比里亚登记收税低微等原因,世界上悬挂利比里亚国旗的商船吨位居首位。

**安哥拉:航空母舰"安身栖息"的好去处**

安哥拉(Angola),非洲西部国家。安哥拉西北角接刚果,北部与扎伊尔(刚果民主共和国)为邻,东南与赞比亚接壤,南接纳米比亚,西濒大西洋。首都罗安达(Luanda)。官方语言为葡萄牙语。

中世纪时,安哥拉境内曾分属刚果王国、恩东戈王国、马塔姆巴王国和隆达王国。1482 年,葡萄牙侵入安哥拉境内,开始在沿海一带搜刮黄金、象牙和贩卖奴隶。1576 年起,开始把罗安达建筑圣保罗城堡作为殖民点,并不断向南部和内地扩张。1885 年,在瓜分非洲的柏林会议上,安哥拉被划为葡属殖民地,称葡属西非洲。1922 年,葡萄牙占领安哥拉

安哥拉罗安达市街景

全境。1951 年,安哥拉被改为葡萄牙的"海外省"。1975 年,安哥拉获得独立,定名为安哥拉人民共和国。

安哥拉近海航运发达,沿海有若干重要海港,均可停靠万吨级货船。主要有:西北部海岸的卡宾达,是现代化人工港;安哥拉首都罗安达,是最大的港市,1575 年建港,是非洲最早的殖民据点之一;中部海岸的洛比托,是天然的良港;西南部海岸的木萨米迪什,是全国最大的渔港,有大型现代化的深水港,能接纳 10 万吨级海轮。1975 年,苏联在安哥拉的千里海岸线上获得了可以停泊航空母舰的罗安达、洛比托、本格拉三大深水港的使用权,苏联控制了这些重要海港,就可以在从古巴到安哥拉万里海洋航线上自由活动,便于向南大西洋西岸的拉丁美洲进行渗透,更为严重的是,可以对美国和西欧的南大西洋运输线构成威胁。

**南非:并非"黑人家园"的非洲国家**

南非(South Africa),非洲南部国家。非洲人称之为"阿扎尼亚"(Azania),因位于非洲大陆最南部,西方人称之为"南部非洲",简称"南非"。南非北部与纳米比亚、博茨瓦纳、津巴布韦相邻,东北部与莫桑比克接壤,东、南、西三面被印度洋和大西洋所环绕。斯威士兰附着在近莫桑比克西南角的南非国土之上,莱索托镶嵌在内陆东部。行政首都茨瓦内(Tshwane)。官方语言为英语和南非荷兰语。

南非原为霍屯督人、布须曼人的居住地。公元 100 年,班图族人开始向南非迁移。1488 年起,葡萄牙人经过好望角等沿海一带。1652 年,荷兰人在西南岸建立开普敦殖民地后继续向东扩张,并相继建立了一些小共和国。1806 年,英国殖民者开始侵入南非,并夺占开普敦殖民地。1843 年,英国吞并了在祖鲁人土地上建立的纳塔尔共和国。荷兰人后裔布尔人(意即从事农业的人)受到英国殖民者的挤压,被迫向北部转移,从黑人手中夺取了奥兰治河和瓦尔河之间的土地,分别成立奥兰治自由邦和德兰士瓦共和国,通称布尔共和国。1867 年奥兰治发现钻石,1886 年德兰士瓦发现大金矿。英国殖民者开始争夺布尔人的地盘,终于于 1899 年爆发了"英布战争"。战争初期,德兰士瓦共和国

南非港市开普敦海滨

与奥兰治自由邦结盟,分兵两路进攻英军,初期获胜,英军三次遭受严重挫折。1900年初,英军增兵,先后出动军队达50万人,转而反攻,相继攻占了两个共和国的首府。同年年底,布尔人转入游击战,骚扰英军基地和铁路线持续一年多。英国人无法控制布尔人的广大农村,采取沿铁路线拉铁丝网和建造碉堡的方法,也无效果。最后采取"焦土政策"来对付布尔人游击队,捣毁布尔人的村庄,把农民关入集中营,死者达两万人以上。在英军的镇压下,布尔人终于屈服,于1902年签订了《弗里尼欣和约》,德兰士瓦和奥兰治沦为英国的殖民地,而后英国占领南非全境。1910年,英国将北部的德兰士瓦、中部的奥兰治、东部的纳塔尔与南部的开普敦合并为南非联邦,作为英国的自治领地。第一次世界大战中,南非联邦站在英国一边,因而战后国际联盟委任南非统治德属西南非洲(纳米比亚)。1931年,英国国会宣布南非联邦在外交上独立。第二次世界大战开始,南非联邦对德宣战。第二次世界大战后,美国垄断组织利用英国衰败的机会,在南非联邦经济中占据重要地位。1961年,南非当局退出英联邦,改称南非共和国。

### 马达加斯加:"非洲航母"的"护卫舰"

马达加斯加(Madagascar),印度洋岛国。马达加斯加位于印度洋西部,隔莫桑比克海峡与非洲大陆相望。马达加斯加岛名列在格陵兰岛、新几内亚岛和加里曼丹岛之后,为世界第四大岛。马达加斯加面积近60万平方千米,南北长约1600千米,东西宽600余千米,海岸线总长约5000千米,像一个守卫着非洲大陆"航母"的"护卫舰"。首都塔那那利佛(Tananarive)。官方语言为法语和马达加斯加语。

公元16世纪,麦利那人建立了伊麦利那王国。从16世纪初开始,葡萄牙、荷兰、英国、法国等殖民者相继入侵,但均被马达加斯加人驱逐。16世纪~17世纪,萨卡拉瓦人在西部沿海,贝齐米萨拉卡人在东部沿海,贝齐莱乌人在中部各自建立若干小王国。19世纪初,伊梅里纳王国统一全岛,建立中央集权的马达加斯加王国。19世纪末,英国人和法国人多次侵入马达加斯加。1896年,马达加斯加全境沦为法国的殖民地。第一次世界大战期间,约有5万马

马达加斯加首都塔那那利佛

达加斯加人编入法军参加作战。第二次世界大战爆发后,马达加斯加成为同盟国与轴心国争夺的战略基地。1941 年, 英国以对印度洋德国法西斯潜艇作战为借口占领了马达加斯加,马达加斯加部队编入盟国军队在北非和近东作战。第二次世界大战结束后,英国军队从岛上撤出,马达加斯加又被法国占领。1958 年,马达加斯加成为法兰西共同体内的自治共和国。1960 年,宣告独立,称马尔加什共和国。1975年,更名为马达加斯加民主共和国。

马达加斯加是印度洋上最大的岛屿,有印度洋上的"小大陆"之称。马达加斯加的战略位置十分重要,地处太平洋、印度洋、大西洋上航道的要冲,是亚洲太平洋地区各国、印度洋沿岸各国同西欧、北美各国海上交通的中途站,特别是大型油轮从波斯湾地区通往西欧、北美各国的必经之地。

### 科摩罗:法国插在西印度洋的"定海神针"

科摩罗(Comoros),印度洋西部群岛国。科摩罗位于莫桑比克海峡北端的科摩罗群岛上, 由大科摩罗、昂儒昂、马约特、莫埃利四个主岛和一些小岛组成。主要有马达加斯加人、阿拉伯人和黑人的混血种人。首都莫罗尼(Moroni)。官方语言为法语和阿拉伯语。

科摩罗国旗

欧洲中世纪时,科摩罗群岛受阿拉伯文化影响。16 世纪起,阿拉伯人大批迁居科摩罗群岛,出现了若干苏丹王国。1598 年,科摩罗被荷兰航海家毫特曼发现。1841 年,法国侵占马约特岛。1886 年,科摩罗的主要岛屿均沦为法国的"保护地"。1912 年,法国宣布科摩罗群岛为殖民地,行政上由法国总督管辖。1914 年,法国将科摩罗划归法属马达加斯加管辖。1957 年,科摩罗成为法国的海外领地。1961 年, 科摩罗实行内部自治, 成为法国的 "海外自治领地"。1975 年,宣布独立。1978 年改称科摩罗伊斯兰联邦共和国。法国不予承认,并宣布科摩罗为法国海外省。

科摩罗是一群火山岛, 多死火山, 唯一的活火山卡尔塔拉山在大科摩罗岛南部,海拔 2560 米,是群岛最高峰。科摩罗全境无铁路,公路长约 750 千米。科摩罗居民多从事农牧业,群岛以盛产兰科植物著称,香精、香草和丁香名列世界前茅,有"香岛"之誉。

科摩罗虽然经济落后,资源匮乏,但地理位置特殊,科摩罗群岛位于莫桑比克海峡的北端,距马达加斯加岛约 500 千米。大科摩罗岛西部的莫罗尼港,是科摩罗的首都和香料的出口港,并设有国际航空港。马约特岛的属岛帕曼济岛上的藻德济港,为印度洋至欧洲、南美航线上燃料、食品补给站,并设有航空站。法国始终不愿意放弃对科摩罗的主权,不仅仅是因为科摩罗香料是法国香料的重要产地来源,更重要的是因为科摩罗位于波斯湾绕非洲好望角至欧洲的海上战略通道上，特别是在英国控制直布罗陀海峡和苏伊士运河的情况下，法国掌握了科摩罗就等于掌握了波斯湾通往欧洲的海上战略枢纽。马约特岛为法国在西印度洋的重要海军基地，帕曼济岛上建有大型军用油库。

**肯尼亚：曾受西方圣徒"保护"的"东非十字架"**

肯尼亚（Kenya），非洲东部国家。肯尼亚东与索马里为邻，北接埃塞俄比亚，东北毗邻苏丹，西与乌干达接壤，濒临维多利亚湖，南连坦桑尼亚，东南濒印度洋。首都内罗毕（Nairobi）。官方语言为斯瓦希里语和英语。

肯尼亚大部分为东非高原，高原中部地跨著名的东非大裂谷。大裂谷东支纵切东非高原南北，将东非高原分为东西两部分，裂谷线宽 50 千米~100 千米，深 450 米~1000 米，正好与赤道线相交，故称为"东非十字架"。

据历史考证，250 多万年前，就有远古人类在肯尼亚西北部的图尔卡纳湖地区生息。约公元前 10 世纪，班图语系的非洲人就来到肯尼亚境内。公元前 5世纪~6 世纪，先后有希腊、埃及、中国、印度和阿拉伯的航海者到过东非肯尼

肯尼亚独立纪念碑

亚沿海地区。公元7 世纪~8 世纪，肯尼亚出现阿拉伯人和非洲人的居民地。11 世纪~15 世纪，肯尼亚沿海及毗连内陆出现一些城邦。15 世纪末叶，葡萄牙和英国殖民者相继侵占东非大部分沿岸。19 世纪中叶，英国和德国殖民主义势力把葡萄牙人排挤出肯尼亚。1895 年，英国宣布肯尼亚为其"保护国"。1920 年，肯尼亚沦为英国的殖民地。1963 年，肯尼亚宣布成立自治政府，参加英联邦。1964 年，宣布成立肯尼亚共和国，仍留在英联邦内。

**吉布提：令法国人烫脚的"沸腾的蒸锅"**

吉布提（Djibouti），非洲东部国家。吉布提北部与厄立特里亚毗邻，西部、南部与埃塞俄比亚接壤，东南与索马里为邻，东临亚丁湾，东北濒曼德海峡。首都吉布提（Djibouti）。官方语言为法语。

公元 10 世纪，阿法尔人和伊萨人已在吉布提境内定居。19 世纪初，阿法尔人组成了三个苏丹国，伊萨人仍保持传统的部落社会。1850 年，法国人开始侵入吉布提。1882 年，法国人取得了在吉布提的居留权。1888 年，吉布提全境沦为法国殖民地，称

吉布提街景

法属索马里。1946 年起,吉布提为法国的海外领地。1967 年,吉布提实行内部自治,更名为 "法属阿法尔和伊萨领地"。1977 年,宣布独立,名为吉布提共和国。

吉布提面积 2.32 万平方千米,全境几乎都是沙漠、半沙漠地区。吉布提是地球上最炎热的地区之一,平均气温 1 月达 30℃,7、8 月达 35℃~46℃,最高温度曾超过 47℃,年降水量约 130 毫米,有 "沸腾的蒸锅" 之称。

法国人不怕炎热,把势力伸进吉布提,并不是因为吉布提有重要的资源,而是因为吉布提的地理位置极其重要。吉布提经济发展薄弱,经济基础是低产的畜牧业,50%以上居民过着游牧生活。沿海地区有渔业,采集珍珠和海绵。但由于吉布提位于红海与亚丁湾交界处,与英国掌握的亚丁港隔曼德海峡相望,掌握着 "泪之门" 的控制权,能有效地保证法国通往印度洋和东方殖民地的海上安全。首都吉布提,在红海南端西岸,临亚丁湾,曾长期是法国的殖民据点。1896 年开始建筑的人工港,为东非最大港口之一,可同时停泊 8 艘海轮,有燃料供应和船舶修理设备,1949 年宣布为自由港。法国印度洋舰队的舰艇以吉布提港为母港,驻泊有护卫舰、巡逻艇和支援舰,维护着法国由地中海通往印度洋的海上安全。

**塞舌尔:殖民者"大舌头"的垂涎之地**

塞舌尔(Seychelles),印度洋西部群岛国。塞舌尔位于马达加斯加岛东北面的一岛群上,包括塞舌尔群岛、阿米兰特群岛、科斯莫莱多群岛等。首都维多利亚(Victoria)。官方语言为英语和法语。

公元 16 世纪初,葡萄牙人最早到达塞舌尔群岛。18 世纪中叶,法国人占领该群岛后,为纪念法国财政总监摩罗·德·塞舌尔(More de seychelle)子爵而命名为塞舌尔,法国开始大批运入黑人种植的香料作物。18 世纪末,英国取代了法国在塞舌尔的统治地位。1810 年,英国宣布塞舌尔群岛为其领地。1814 年,英国将塞舌尔群岛与其占领的毛里求斯合并。1903 年,塞舌尔改为英国直辖殖民地。第二次世界大战后,塞舌尔人民反对英国殖民统治的斗争日益高涨。1976 年,宣布独立,名为塞舌尔共和国,仍留在英联邦内。

塞舌尔群岛的大岛为结晶岩岛,小岛为珊瑚岛。塞舌尔为落后的农业国,种植椰子、肉桂、梵尼兰、香精植物和茶。渔业和国际旅游业发达,塞舌尔人口只有 9 万多,但每年国外游客超过本土居民人数的 2 倍,有时甚至接近 10 倍。

塞舌尔首都维多利亚港

　　塞舌尔并不是富庶之地，但葡萄牙、法国、英国等国的殖民者纷纷侵入塞舌尔，主要因为塞舌尔在苏伊士运河开通之前，是亚非之间海上交通的中转站，是西印度洋的燃料供应站，为西印度洋海上交通枢纽。其位于马埃岛东北岸的维多利亚，有深水港可供大型舰船停泊。马埃岛设有国际航空港，供往来飞机停留。维多利亚港也是印度洋海底通信的中心枢纽，海底电缆连通近非洲大陆的桑给巴尔岛、阿拉伯半岛南端的亚丁港和斯里兰卡的科伦坡等地。塞舌尔国家的主权命运从来就被外来势力所掌握，美国在马埃岛上还设有卫星跟踪和遥测基地。

**毛里求斯：“五色土”染成的“蝙蝠岛”**

　　毛里求斯（Mauritius），印度洋西部岛国。主岛毛里求斯位于马斯克林群岛东部的毛里求斯岛，与西部的留尼旺岛相望，另有属岛罗德里格斯岛、阿加莱加群岛、卡加多斯群岛。毛里求斯岛距马达加斯加岛800千米，扼欧洲到亚非各国的海上交通之要冲。首都路易港（Port Louis）。官方语言为英语，亦通用法语。

　　公元10世纪，毛里求斯岛被阿拉伯航海者发现。15世纪时，毛里求斯岛以阿拉伯名见诸记载。16世纪前，毛里求斯还是荒无人烟，但由于具有通往印度航路的有利位置，引起了西方殖民主义者的觊觎。16世纪初，葡萄牙人登陆毛里求斯，取名蝙蝠岛。16世纪末，荷兰殖民者到达，并用荷兰王子毛里求斯的名字为该岛命名，随后岛上逐渐有印度人、黑人、华人定居。18世纪初，荷兰人因常受

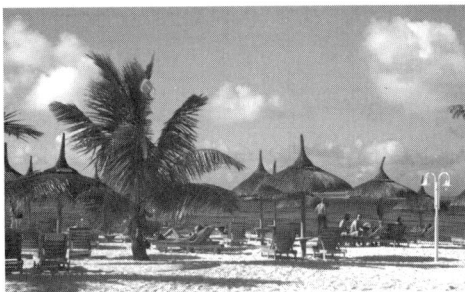

毛里求斯海滩

65

英国的海盗袭击而被迫离开毛里求斯。随后,法国人侵占全岛,易名法兰西岛,开始了近百年的统治。1810年,英国打败法国后占领毛里求斯,开始大批运入印度人和华人劳工,发展种植园经济。1814年,毛里求斯正式沦为英国的殖民地。1842年,殖民当局从印度运入大批移民。1961年,英国殖民主义者被迫允许毛里求斯内部自治。1968年,毛里求斯宣布独立,为英联邦内的君主立宪国家,英国女王为国家元首,由女王任命的总督代表执政。

马斯克林群岛及其毛里求斯岛的地理位置重要,是因为其扼东南亚通往非洲及欧洲的海上战略枢纽。毛里求斯首都路易港为优良的深水港,建于1735年,在苏伊士运河通航前,曾是来往欧亚之间船只的必经之路,现仍为印度洋西南部重要的海底电缆站和国际航运停泊站。

## 四、大洋洲政区:曾是英、法、德、美等列强瓜分的"大洋中的陆地"

### 地理概况

大洋洲(Oceania),澳洲大陆及太平洋岛屿的通称。大洋洲位于太平洋西南部和南部的赤道南北广大海域中,介于亚洲和南极洲之间,西临印度洋,东临太平洋,并与南北美洲遥对。

### 澳大利亚:"岛大陆"

澳大利亚(Australia),大洋洲国家。澳大利亚位于大洋洲西南部,由澳洲大陆和塔斯马尼亚岛以及一些大陆沿岸的小岛组成,有诺福克岛、圣诞岛、科科斯岛、赫德岛、麦夸里岛等。澳大利亚四面环海,北部隔帝汶海、阿拉弗拉海、托雷斯海峡与印度尼西亚、巴布亚新几内亚相望,东南隔塔斯曼海与新西兰的北南两岛相望,南部濒印度洋与南极洲相望,西部临印度洋与非洲大陆遥对。首都堪培拉(Canberra)。官方语言为英语。

澳大利亚居民白种人占绝大多数,主要为不列颠移民的后裔组成的澳大利亚民族,还有一小部分为土著居民。居民多信奉基督教和天主教,少数信奉犹太教、伊斯兰教和佛教。

澳大利亚原为土著人居住。17世纪,土著居民分布在澳洲大陆约有30万人。1770年,英国航海家第一次探测澳大利亚东海岸,宣布为英国殖民地,并命名为"新南威尔士"。1788年,英国遣送1530人到澳大利亚,其中有736名囚犯,在悉尼始建殖民区,从此,澳大利亚成了英国的海外监狱。19世纪初,英国大批招募雇佣工人到澳大利亚发展牧业。1851年,维多利亚发现金矿后,英国矿工和移民激增。19世纪末,英国在澳大利亚已建立了6个殖民区。1901年,英国将各殖民区改为州,组成澳大利亚联邦,成为英国的自治领。1931年,澳大利亚成为独立国家,仍留在英联邦内。第二次世界大战期间,澳大利亚成为英美在太平洋地区的军火生产基地。1950年,澳大利亚发现铀矿后,美国成了最大的开采户。1971年,英国组织澳大利亚、新西兰、马来西亚、新加坡组成"五国联防"。

悉尼歌剧院

### 所罗门群岛:历史上屡遭不幸的"幸运之门"

所罗门群岛(Solomon Islands),大洋洲群岛国。所罗门群岛国位于大洋洲第二道岛弧美拉尼西亚岛群北部,由舒瓦瑟尔岛、新乔治亚群岛、圣伊莎贝尔岛、马莱塔岛、瓜达尔卡纳尔岛、圣克里斯巴尔岛、圣克鲁斯群岛等900多个岛屿、环礁组成。所罗门群岛西部与巴布亚新几内亚隔水相望,西南隔珊瑚海与澳大利亚遥对,南部隔水与新赫布里底群岛相望,东部与北部濒临太平洋。首都霍尼亚拉(Honiara)。官方语言为英语。

所罗门群岛原为美拉尼西亚人居住地。1568年,西班牙人到此,并命名为"所罗门群岛",意即"幸运之门"。16世纪末,所罗门群岛成为占领澳大利亚东北部昆士兰、新喀里多尼亚岛、斐济岛、萨摩亚群岛上的欧洲殖民者种植园劳动力供应基地。18世纪下半叶,荷兰、英国、法国、德国殖民者相继进入所罗门群岛。1853年,北所罗门群岛的布卡岛、布干维尔岛归德国势力范围,南所罗门沦为英国的"保护地"。1899年,整个所罗门群岛成为英国的殖民地,称英属所罗门群岛。第二次世界大战期间,所罗门群岛被日本军队占领。1942年5月上旬,美国太平洋舰队与日本帝国海军联合舰队在所罗门群岛附近的珊瑚海进行了一场空前绝后的航空母舰大战。1945年,日本在舒瓦瑟尔岛的军队投降后,所罗门群岛继续由英国统治。1975年,取消英国保护地的"英属"标志,直称"所罗门群岛"。1976年,所罗门群岛实行内部自治。1978年,所罗门群

所罗门群岛国旗

岛宣布独立,仍为英联邦成员国。

## 马绍尔群岛:"日出"和"日落"之地

马绍尔群岛风光

马绍尔群岛(Marshall Islands),大洋洲群岛国。马绍尔群岛位于大洋洲第三道岛弧密克罗尼西亚岛群的东部,西部与马里亚纳群岛相望,南部与吉尔伯特群岛相望,东北与夏威夷群岛相望。首都马朱罗(Majuro)。官方语言为马绍尔语和英语。

马绍尔群岛由拉塔克群岛和拉利克群岛两个小群岛组成,大约1200个珊瑚礁。南北纵向排列的两列链状岛群,东列名"拉塔克",意即"日出";西列名"拉利克",意即"日落",所以马绍尔群岛号称"日出""日落"之地。

马绍尔群岛原为密克罗尼西人的居住地。1529年,西班牙航海家发现此群岛。1788年,英国商船"斯卡马勒"号船长约翰·马绍尔来此勘察,将群岛命名为"马绍尔群岛"。19世纪末以前,马绍尔群岛属于西班牙。1886年,马绍尔群岛被德国占领。第一次世界大战期间,被日本占领。1920年,国际联盟协议,马绍尔群岛为日本的"委任地"。第二次世界大战中,美国海军登陆马绍尔群岛,把它作为向西太平洋进攻的基地。第二次世界大战后,联合国协议马绍尔群岛由美国实行"托管"。1979年,马绍尔群岛成立立宪政府。1986年,马绍尔群岛独立,成立马绍尔群岛共和国。

马绍尔群岛距日本、夏威夷分别为3500千米和3700千米,并构成三角形战略态势,是横跨太平洋的重要海上中转站,战略地位极其重要。马绍尔群岛中的比基尼环礁和埃尼威托克环礁,为美国的核试验基地。1946年~1958年,美国在马绍尔群岛上进行过数十次原子弹和氢弹的爆炸试验。马绍尔群岛中的夸贾林环礁,还是美国战略核武器试验中心在太平洋上的弹道导弹和潜射巡航导弹的靶场。

### 瑙鲁:"恼愁"多多的"快乐岛"

瑙鲁(Nauru),大洋洲袖珍岛国。瑙鲁位于大洋洲第三道岛弧密克罗尼西亚中部,北部接近赤道,东部近吉尔伯特群岛,西南与所罗门群岛相望,西北与加罗林群岛相望。行政管理中心在亚伦(Yaren)。官方语言为英语和瑙鲁语。

瑙鲁是全球最小的岛国。整个岛被一个椭圆形珊瑚礁环绕,海岸高而陡峭,中部为高地,面积24平方千米。岛上居民共有一万人左右,瑙鲁人占一半以上,其余为吉尔伯特人、华人和欧洲白人。

1888年，瑙鲁沦为德国的殖民地，德国人没有发现岛上的经济价值，只把瑙鲁岛作为在太平洋航行的船队的中转休息地。1914年，第一次世界大战爆发，澳大利亚乘机抢占瑙鲁。1919年，根据国际联盟委任统治制度，将瑙鲁岛划归澳大利亚、英国和新西兰共管，并由澳大利亚代表三国行使职权。第二次世

瑙鲁

界大战期间，日本占领瑙鲁，在岛上修建空军基地，美国太平洋舰队对瑙鲁岛进行了轰炸，并攻占瑙鲁岛。1947年，瑙鲁又重新归英国、澳大利亚、新西兰三国共同实施"托管"。1961年，澳大利亚、英国、新西兰三个"托管国"强迫瑙鲁岛上的居民分别移居到上述三国，遭到岛上居民的坚决抵制。1964年，联合国也曾提出将瑙鲁岛上的居民迁移到澳大利亚北面的克蒂斯岛定居，但也遭到岛民的强烈反对。1968年1月，瑙鲁终于取得了独立，成为英联邦的特殊成员国，不参加首脑会议，只参加部长级会议和其他官方会议。

**斐济：多元文化的"微缩景观"**

斐济（Fiji），大洋洲岛国。斐济由瓦努瓦岛、维提岛、坎达伍岛等大岛以及300多个小岛屿组成。斐济位于大洋洲第二道岛弧美拉尼西亚岛群的最南端，地处瓦努阿图（西北方向）、萨摩亚（东北方向）、汤加（东南方向）、新喀里多尼亚（西南方向）的中心位置。首都苏瓦（Suva）。官方语言为英语，通用斐济语和印度语。

斐济早期由美拉尼西亚人和波利尼西亚人居住，历史上形成酋长制的部落。1643年，荷兰航海家塔斯曼曾到过斐济群岛。1774年，英国航海家库克曾在其中的岛屿和沿海进行勘察。1791年，英国海军舰艇抵达斐济。1874年，斐济沦为英国的殖民地。1879年，英国殖民者开始从印度招募大批

斐济海滨

契约工到斐济种植甘蔗。第二次世界大战期间,美军曾把斐济作为进行热带丛林战训练基地,并作为对西南太平洋岛屿日本守军进行反攻的前进基地。1970年,斐济获得独立,仍留在英联邦内。1987年,斐济宣布为共和国。

**汤加:英国殖民者视为"圣石"的"神岛"**

汤加(Tonga),大洋洲岛国。汤加主要由汤加塔布岛、哈派岛、瓦瓦乌岛等组成。汤加位于大洋洲第四道岛弧波利尼西亚岛群西南方向,东部隔海与库克群岛相望,北部隔海与萨摩亚群岛相望,西部隔海与斐济相望,南部隔海与新西兰的北岛相望。首都努库阿洛法(Nukualo-fa)。官方语言为英语和汤加语。

汤加王宫

汤加为波利尼西亚人居住地。大约在公元950年,汤加建立第一个王朝。1854年,汤加为君主立宪国。1900年,汤加沦为英国的"保护国"。1970年,汤加宣布独立,仍为英联邦成员国。波利尼西亚语"汤加",意即"神岛"。英国之所以把汤加沦为"保护国",并不是因为有神圣的义务保护"神岛",而是把汤加作为从澳大利亚殖民地向波利尼西亚岛群进行扩张的重要前进基地,因而英国殖民者始终不愿放弃这块"圣石"。

# 五、美洲政区:哥伦布远洋探险而发现的"新大陆"

**地理概况**

美洲(America),亚美利加洲的简称。美洲北濒北冰洋,东临大西洋,西濒太平洋,南隔德雷克海峡与南极洲相望。美洲为南北两块相对独立的大陆相连,以巴拿马地峡为界,又可看作彼此分开的两个洲,人们习惯上又把美洲分为北美洲和南美洲。

**加拿大:不能在北美洲"坐大"的大国**

加拿大(Canada),北美洲国家。加拿大位于北美大陆北半部,北濒北冰洋,西北与美国的阿拉斯加相连,西濒太平洋,南部与美国本土接壤,东临大西洋,东北隔戴维斯海峡、巴芬湾、史密斯海峡、罗布森海峡与格陵兰岛相望。加拿大北极群岛是加拿大的一部分,主要包括埃尔斯米尔岛、帕里斯群岛、维多利亚岛、巴芬岛等岛屿,西海岸附近主要有夏洛特群岛、温哥华岛,东海岸附近主要有纽芬兰岛。首都渥太华(Ottawa)。官方语言为英语和法语。

加拿大居民主要是欧洲移民，包括盎格鲁—撒克逊人、法兰西人、德意志人、乌克兰人、意大利人等，土著印第安人和因纽特人占极少部分。加拿大居民大多数信奉天主教和基督教。

加拿大自古以来居住着因纽特人和印第安人部族。1496 年，意大利航海

渥太华国会大厦

家曾航海至加拿大。16 世纪上半叶，法国航海家多次到达加拿大，因而称之为"新法兰西"。17 世纪初，法国和英国开始移民，在殖民化的过程中，法国人与英国人在北美洲进行过激烈争夺。17 世纪 80 年代末 90 年代初，英、法在加拿大首次发生军事冲突。1701 年~1704 年，西班牙王位继承战争后，法国将哈得孙湾地带、纽芬兰岛法属部分和阿凯迪亚(新斯科舍)割让给英国。

1756 年~1763 年，英、法两国在"七年战争"后，英国获得法属加拿大(新法兰西)。1775 年~1783 年北美独立战争后，英国最终确定在北美的殖民地边界和体制。1867 年，英国通过《不列颠北美法案》，允许加拿大省、诺瓦斯科舍省、新不伦瑞克省合并成联邦，称"加拿大自治领"。1926 年，英国允许加拿大在外交上与英国享有平等地位。1931 年，加拿大成为独立国家，为英联邦成员国，英国女王是名义上的国家元首，国家元首的职权由女王任命的总督行使。

加拿大是发达的资本主义国家，虽然国土面积在北美最大，但却不能在北美"坐大"，不能与美国争雄，也是因为诸多的历史原因和地理限制。美国成为独立的国家早有两个多世纪，而加拿大独立时间不足美国的 1/3。从人口分布看，美国东西部、南北分布基本合理，而加拿大由于北部寒冷，冬季几乎被积雪覆盖，北半部遍布多年封冻岩层，沿岸海水结冰期为 9 至 10 个月以上，解冻期浮冰影响通航，北部主要居住着因纽特人和印第安人，欧洲移民后裔绝大多数居住在加拿大与美国边界宽 160 千米的狭长地带，并且主要集中在魁北克、蒙特利尔、渥太华、多伦多、温尼伯、温哥华等大城市。

加拿大虽然工业高度发达，但主要分布在与美国交界的五大湖区域，尤其是集中在安大略和魁北克两省，工业布局不合理，军事防护上有相当大的脆弱性。

加拿大的战略环境为美国所控制，东北方向有美国所掌握的格陵兰军事基地，

西北方向有美国的阿拉斯加,南部边界更是在美国的控制之下。加拿人的武装力量与其国土面积及国力相比更不相称,陆、海、空三军现役部队不足9万人。加拿大的武装力量在很大程度上受美国限制,不仅军官接受美国的训练,驻北约的部队受美国指挥,而且北美联合空防司令部使加拿大空军也归美国司令部指挥。美国还在加拿大建有军事基地。

**美国:年龄最小、力量最大的现代帝国**

美国(United States),北美洲国家。美国领土由三个不相连的部分组成:本土、阿拉斯加和夏威夷群岛。另外,波多黎各、维尔京群岛、关岛、东萨摩亚及一系列太平洋中的小岛为美国的领地,加罗林群岛、马里亚纳群岛和马绍尔群岛等太平洋岛屿为美国管辖下的托管地。美国本土北部与加拿大接壤,东部濒大西洋,东南濒墨西哥湾,西南与墨西哥毗连,西部临太平洋。美国所属阿拉斯加,东部与加拿大大陆相连,北濒北冰洋,西北隔白令海峡与俄罗斯楚科奇半岛相望,西临白令海,南濒太平洋。夏威夷群岛位于太平洋中部,距美国太平洋沿岸约4000千米。首都华盛顿(Washington)。官方语言为英语。

美国首届总统华盛顿

美国本土境内原为印第安人居住地,阿拉斯加主要为因纽特人居住地。16世纪起,西班牙、荷兰、法国和英国殖民者相继侵入北美大陆。17世纪初,英国在大西洋沿岸建立了若干殖民点,不久便开始从非洲贩运黑奴来开垦种植园,并且不断地掠夺印第安人居住地和屠杀土著居民。18世纪前半期,英国在北美共建成13个殖民地。1775年,北美殖民地人民开始反抗英国的殖民统治,发动了独立战争。1776年7月4日,北美殖民地人民宣布脱离英国的《独立宣言》,并成立了美利坚合众国。19世纪初,美国开始向西部扩张领土。1803年,美国从法国那里买下了路易斯安那。1812年,美国对英国宣战,并入侵加拿大,战后根据1814年《根特条约》确立了与加拿大的边界。1819年,美国从西班牙手里买下了佛罗里达。1846年~1848年,美国对墨西哥发动战争,兼并了墨西哥的得克萨斯、加利福尼亚、新墨西哥等地。1867年,美国从沙皇俄国手中买下阿拉斯加和阿留申群岛,占领中途岛。1861年~1865年,美国爆发南北战争,使南北方统一向现代资本主义方向发展。19世纪末叶,美国进入新兴帝国主义行列。1898年,美国发动美西战争,夺取了西班牙在中美洲、加勒比海和太平洋地区的殖民地古巴、波多黎各、关岛、菲律宾等地。1903年,美国出兵侵占巴拿马运河区,控制了沟通东西两大洋的战略枢纽。1917年,美国迫使丹麦转让西印度群岛的维尔京群岛。1959年,美国将吞并的夏威夷群岛列为第 50 州。在不到200 年的时间内,美国领土不仅从大西洋海岸扩张到了太平洋海岸,而且领土范围向北伸张到北冰洋,向西伸张到西太平洋,成了一个地地道道的世界海洋大国。

美国地处北美大陆,面向太平洋和大西洋,与亚洲大陆和欧洲大陆隔开,免遭了欧亚强国陆上攻击的威胁。1861 年~1865 年美国南北战争后,美国领土上从未发生过战争,因而没有受到任何战争的破坏,而美国却利用其在世界大洋上的地理优势,参与、发动和组织世界性的战争。比如,1900 年,美国海军陆战队从菲律宾基地出发,参加八国联军侵略中国的战争;1917 年,美国越过大西洋登陆欧洲大陆,加盟协约国,参加第一次世界大战;1918 年~1920 年,美国与英国、法国、日本一道,对苏维埃俄国进行武装干涉,并派远征军占领苏联北部和远东的一系列重要地区。第二次世界大战爆发前后,美国玩弄两面派手法,怂恿德、日、意法西斯国家对欧亚大陆国家发动战争,而在日本偷袭珍珠港和德国潜艇袭击其海上生命线时才被迫参加反法西斯战争。1945 年 8 月,美国在第二次世界大战接近尾声时,从在世界舞台占据核霸权的政治目的出发,对日本广岛和长崎投掷刚刚出世的原子弹。1950 年~1953 年,美国纠集所谓的“联合国军”,发动了朝鲜战争。1961 年~1975 年,美国进行了长达 14 年的越南战争。1991 年,美国组织“多国部队”,发动了海湾战争。1999 年,美国又纠集北约八国,发动了侵略南斯拉夫的战争。苏联解体后,美国成为“唯一全球性超级大国”。

**古巴:有着辛酸历史的“甜蜜之国”**

古巴(Cuba),美洲加勒比海地区岛国。古巴是西印度群岛中最大的岛国,由主岛古巴岛、青年岛以及主岛附近的 1600 多个岛屿组成。古巴北隔佛罗里达海峡与美国的佛罗里达半岛相望,东隔向风海峡与海地相望,东南隔海与牙买加相望,西隔尤卡坦海峡与尤卡坦半岛相望。古巴地处南北美洲海上交通要冲,扼墨西哥湾东部和南部出口,战略地位十分重要。首都哈瓦那(Havana)。官方语言为西班牙语。

古巴原始居民为印第安人。1492 年,哥伦布首次抵达古巴。1511 年,古巴沦为西班牙的殖民地。1898 年,美西战争中美国占领古巴。1902 年,美国军队撤离古巴,古巴获得独立。1959 年,古巴建立革命政府。古巴是美洲唯一的社会主义国家。

古巴是西班牙在美洲早期占领的殖民地。16 世纪 30 年代至 18 世纪中叶,西班牙在古巴推行单一产品制,古巴主要发展甘蔗和烟草,其他各业基本上受到抑制。古巴的甘蔗种植面积占耕地面积的一半以上,制糖厂有数百家,是世界上主要产糖的国家之一,被称为“甜蜜之国”。但是,古巴却遭受长期的殖民统治,有非常辛酸的历史。1762 年,古巴被英国军队短暂占领。由于古巴制糖业的发展,使美国日

益成为古巴糖的主要市场,古巴经济对美国的依赖性也日益增大,从而导致西班牙
对古巴的控制也日益加强。西班牙殖民统治的日益加重和对古巴人民的残酷镇压,
激起了古巴人民的反抗与斗争。其中,1868 年~1878 年,古巴爆发了第一次独立战
争;1895 年~1898 年,古巴又爆发了第二次独立战争。西班牙殖民统治者为了镇压
古巴革命,采用了"集中营政策",强迫所有的居民搬到设防的城市里去。集中营的
居民由于得不到食物和衣物,大部分死于疾病和饥饿。据统计,古巴岛上的居民因
之而死亡的竟达 1/3,古巴基本上陷于瘫痪状态。但是,古巴人民并没有对西班牙
的恐怖统治和血腥镇压屈服,相反,激起了更大的仇恨和越来越强烈的反抗,越来
越多的古巴人民加入到反抗西班牙殖民统治的革命军队行列。在古巴革命军队的
沉重打击下,古巴几近 2/3 的地区解放,西班牙在古巴的守军陷入重重的包围之
中。这时,对古巴觊觎已久的美国出兵夺取西班牙在古巴的殖民地,美国打着支持
古巴解放的旗号,占领了古巴。

在美国的军事占领下,古巴被迫接受了由美国议员普拉特提出的《普拉特修
正案》,并列入古巴宪法的附录。《普拉特修正案》规定,美国有出兵干涉古巴内政
和在古巴建立海军基地的权利;古巴承认美国在军事占领期间所获得的一切特
权;古巴不经美国许可,不得与任何国家订立条约。这样,古巴实际上又沦为美国
的"保护国",古巴在政治、军事、经济等方面又置于美国的殖民统治之下。1803
年,美国强租古巴两处海军基地,其中关塔那摩基地迄今仍被美国占领。1906 年,
美国再度出兵,镇压古巴人民的起义。1962 年,苏联把导弹运送到古巴,并建立军
事基地,美国以核战争相威胁,导致加勒比海危机。1940 年~1944 年及 1952 年~
1959 年,古巴曾两度军人执政,实行独裁统治。1953 年,卡斯特罗率领一批革命

青年反抗独裁统治,遭到
失败后流亡墨西哥。1956
年,卡斯特罗再次组织革
命青年返回古巴进行武
装革命,展开游击战争。
1959 年,卡斯特罗领导的
游击队终于推翻了独裁
政权,建立了革命政府。

古巴革命胜利后,在
卡斯特罗的领导下,对美
帝国主义的侵略和干涉
进行了最坚决的斗争。

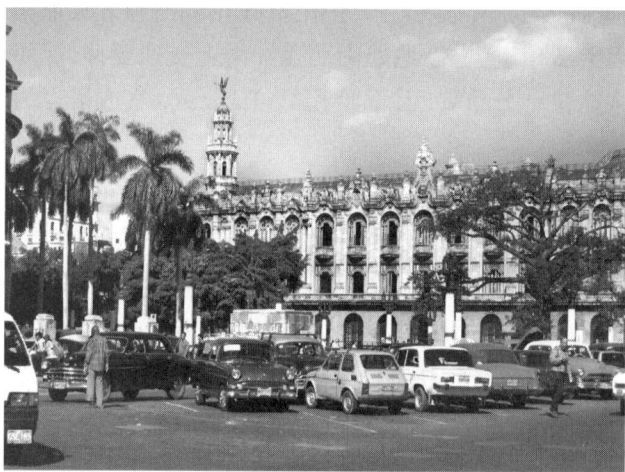

古巴首都哈瓦那街头

1960 年，古巴针对美国组织通过的美洲国家《圣约瑟宣言》，宣布了《哈瓦那宣言》，强烈谴责美帝国主义对拉丁美洲国家的干涉。1962 年，古巴又针对美国组织通过的第八次美洲国家外长会议将古巴排除在"泛美体系"之外的无理决议，宣布了《哈瓦那第二宣言》，谴责美国对拉丁美洲国家人民的奴役、掠夺和武装侵略。2000 年，古巴召开了第三世界国家全球化论坛，反对世界资本主义扩大南北差别和扩大贫富差距的全球化，主张实现有益于建立公正合理的国际政治、经济秩序的全球化。

**牙买加：西方殖民者的迷人"圣乐园"**

牙买加（Jamaica），加勒比海地区岛国。牙买加南濒加勒比海，东隔牙买加海峡与海地相望，北隔水与古巴相望，西隔海与尤卡坦半岛遥望。首都金斯敦（Kingston）。官方语言为英语。

牙买加原为印第安人的居住地。1494 年，哥伦布远洋航行到达牙买加岛。1509 年，牙买加沦为

牙买加海滩

西班牙的殖民地。1655 年，英国占领牙买加。1670 年，牙买加沦为英国的殖民地。1958 年，牙买加参加了由英国拼凑的由加勒比海地区殖民地组成的西印度联邦。1959 年，牙买加实行自治。1961 年，牙买加退出西印度联邦。1962 年，牙买加宣布独立，仍为英联邦成员国。

**海地："黑人革命"的发源地**

海地（Haiti），美洲加勒比海地区岛国。海地位于大安的列斯群岛中伊斯帕尼奥拉岛的西部，包括由海地两条类似"蟹臂"半岛所包围的戈纳夫岛等。海地与位于伊斯帕尼奥拉岛东部的多米尼加毗连，北部濒大西洋，西隔向风海峡与古巴相望，西南隔牙买加海峡与牙买加相望，南临加勒比海。海地地处南北美洲海上交通要冲，扼加勒比海通往大西洋的航线。首都太子港（Port Au Prince）。官方语言为法语。

海地原为印第安人居住地。1492 年，哥伦布第一次远洋航行到达美洲时，命名为伊斯帕尼奥拉岛，并建立了一个很小的殖民地，但很快就被当地印第安人奋起反

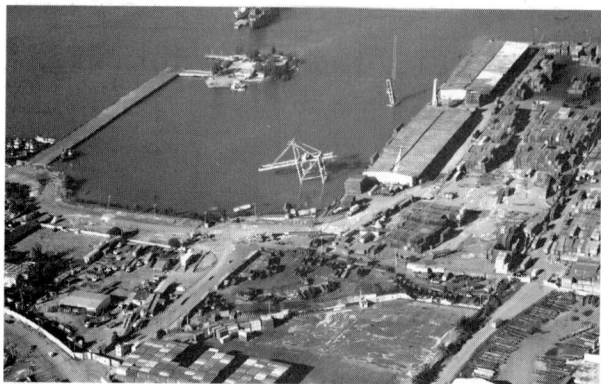

海地太子港

抗摧毁了。1496 年，西班牙殖民者建圣多明各城，把伊斯帕尼奥拉岛作为西班牙在美洲的"第一个永久殖民地"。1502 年，伊斯帕尼奥拉岛沦为西班牙的殖民地，哥伦布的长子迪埃戈·哥伦布曾任伊斯帕尼奥拉岛总督。1630 年，法国殖民者入侵伊斯帕尼奥拉岛，占领岛上一些港口。1679 年，西班牙将伊斯帕尼奥拉岛西部割让给法国，命名为法属圣多明各。1790 年，伊斯帕尼奥拉岛爆发黑人大起义，并发展为独立战争。1804 年，黑人革命宣布独立，成立海地共和国。1844 年，伊斯帕尼奥拉岛东部宣布独立，成立多米尼加共和国。1915 年，美国军队占领海地后，岛上黑人多次爆发反美武装斗争。1934 年，美军被迫撤离海地后，海地一直处于美国的控制之下和干涉之中。

海地是西方殖民者在美洲建立的第一个殖民地。海地之所以爆发革命，有着深刻的政治、经济原因。海地在法国殖民统治时期，大力发展蔗糖业、咖啡和蓝靛等种植园经济，但由于海地的印第安人几乎被殖民者屠杀光了，法国殖民者就从非洲运来了大量的黑人奴隶。

1789 年，法国爆发资产阶级革命，触发了海地的革命。根据法国革命国民议会的宣言，海地的混血人种和自由黑人拥有完全的公民权。1789 年，在混血人种领袖奥赫本的领导下，海地人民为了实现这一原则，举行了殖民地会议和武装起义，但被法国殖民统治者镇压了下去。1791 年，在著名黑人领袖杜桑的领导下，海地又发生了大规模的革命暴动，受压迫的黑人奴隶、混血种人和自由黑人武装起来，在两个月内捣毁了 1400 多个种植园，大片土地得到了解放。当时盘踞在圣多明各岛东部的西班牙殖民者利用海地的动乱形势，派兵侵入西部，梦想重建西班牙殖民统治。英国深怕海地革命烈火蔓延到邻近的英属西印度群岛，也派兵侵入海地，妄图扑灭海地革命。但是，起义军很快就打败了装备精良的法国、西班牙、英国的殖民军队。1801 年，起义队伍攻占了西班牙殖民者长期盘踞的圣多明各城，统一全岛，建立了人民政权。海地革命的胜利，不仅是海地人民的第一次胜利，也是拉丁美洲人民的第一次胜利。海地是世界上第一个黑人共和国，海地革命是被压迫奴隶的伟大创举，不但给拉丁美洲人民以极大的鼓舞，而且给全世界被奴役被压迫的民族和人民树立了光辉的榜样。

海地宣告独立，对当时刚刚战胜欧洲列强的拿破仑是一个重大的打击。1802年，拿破仑派妹夫黎克勒率54艘战舰和近3万侵略军远征海地。经过近两年游击战争，海地人民终于打败了法国侵略军，黎克勒也死于黄热病，海地人民战胜了不可一世的拿破仑侵略军。1803年11月，海地起义队伍发表《独立宣言》。1804年1月1日，海地宣告正式成立独立国家，并用印第安语"海地"（即"多山之国"）为新生国家命名。

**委内瑞拉：拉丁美洲革命风暴的摇篮**

委内瑞拉（Venezuela），南美洲国家。委内瑞拉位于南美洲北端，北濒加勒比海，东北临大西洋，东部与圭亚那毗邻，南部与巴西接壤，西部与哥伦比亚为邻。首都加拉加斯（Caracas）。官方语言为西班牙语。

委内瑞拉原为印第安人的居住地。1523年，西班牙殖民者在委内瑞拉建立第一个殖民点。1567年，委内瑞拉沦为西班牙的殖民地。1806年，在海地革命的影响下，委

委内瑞拉首都加拉加斯街景

内瑞拉人民开始反抗西班牙殖民统治的革命斗争。1811年，委内瑞拉革命人民宣布国家独立。1819年，委内瑞拉与哥伦比亚、厄瓜多尔、巴拿马组成大哥伦比亚共和国。1830年，委内瑞拉脱离大哥伦比亚共和国，建立委内瑞拉联邦共和国。1864年，改名为委内瑞拉合众国。1953年，更名为委内瑞拉共和国。

**法属圭亚那：被法国人当作囚犯流放地的"森林之国"**

法属圭亚那（French Guiana），南美洲法国属地。法属圭亚那位于南美大陆东北部，北濒大西洋，西部与苏里南毗邻，南部、东部与巴西接壤。首都卡宴（Cayenne）。官方语言为法语。

圭亚那原为印第安人的居住地。15世纪末，自西班牙航海家奥赫达发现圭亚那后，西班牙、法国、荷兰、英国殖民者曾先后侵入圭亚那地区，并展开了激烈的争夺，最后圭亚那地区被英、荷、法三国分割，英国占领地称英属圭亚那（圭亚那），荷兰占领地称荷属圭亚那（苏里南），法国占领地称法属圭亚那。1616年，法国率先侵入圭亚那地区东部，英国、荷兰两国先后争夺。1676年后沦为法国的殖民地，称法

圭亚那德默拉拉河大浮桥

属圭亚那。1946 年，法国宣布所属圭亚那为法国的"海外省"。

印第安语"圭亚那"，意即"多水之乡"。圭亚那地区，包括圭亚那、苏里南和法属圭亚那，均河流密布，多瀑布和急流，森林覆盖，是著名的"森林世界"。拿破仑时期，在法属圭亚那的卡宴修筑监狱，当作释放政治犯和囚犯的流放地，卡宴因之被称为"囚城"。

### 厄瓜多尔：以"赤道"之意命名的国度

厄瓜多尔（Ecuador），南美洲国家。厄瓜多尔位于南美洲西北部，北部与哥伦比亚接壤，东部与南部与秘鲁毗邻，西部濒临太平洋。厄瓜多尔还领有东太平洋上的加拉帕戈斯群岛的主权。首都基多（Quito）。官方语言为西班牙语。

厄瓜多尔远古时为印第安人居住地。公元 10 世纪末，厄瓜多尔建立基图王国。15 世纪末，基图王国被印加人征服。1526 年，西班牙殖民者在厄瓜多尔沿海登陆。1532 年，厄瓜多尔沦为西班牙的殖民地。1809 年，厄瓜多尔宣布独立，遭到西班牙殖民统治者的镇压。1822 年，厄瓜多尔人民打败西班牙殖民者军队，获得独立，加入大哥伦比亚共和国。1830 年，退出大哥伦比亚，成立厄瓜多尔共和国。

厄瓜多尔地处北纬 1 度至南纬 5 度，赤道横贯北部。西班牙语"厄瓜多尔"，意即"赤道"。将地球分成南北两个半球的赤道线恰好从这个"赤道之国"厄瓜多尔的首都基多经过。早在 18 世纪，当巴黎的学者为弄清地球的形状，在世界各地进行实地测量时，就已经发现基多是各国首都中最接近赤道的一个，因此称它为

厄瓜多尔的赤道标志

"赤道的土地"。最精确的赤道标志是在基多西北郊 21 公里处的加拉加利。在加拉加利宽阔的大道两旁，竖立着法国、西班牙、厄瓜多尔的 13 位科学家的半身像，以纪念他们为测量赤道线做出的贡献。在大道尽头一个直径 100 米的圆形广场中心，高高耸立着赤道纪念碑。1982 年 8 月 1 日，在厄瓜多尔独立节前夕揭幕的花岗岩纪念碑呈方柱形，高 30 米，写着一行大字"这是地球的中

心",碑的四面分别刻着代表四方的字母。碑的两个塔座分别标明赤道纪念碑的坐标"纬度 0 度 0 分 0 秒,西经 70 度 27 分 8 秒"。厄瓜多尔是世界上最标准的"赤道之国"。

### 巴西:曾被葡萄牙人节制呼吸的"世界之肺"

巴西(Brazil),南美洲国家。巴西是南美洲最大的国家,国土面积几乎占整个南美大陆的一半。巴西北部与法属圭亚那、苏里南、圭亚那、委内瑞拉接壤,西部与哥伦比亚、秘鲁、玻利维亚毗邻,西南与巴拉圭、阿根廷、乌拉圭为邻,南部、东部濒临大西洋。首都巴西利亚(Brasilia)。官方语言为葡萄牙语。

巴西境内原为印第安人居住地。1500 年,葡萄牙航海家卡布拉尔登陆巴西海岸。16 世纪 30 年代,葡萄牙人多次派远征队深入内陆探险。1549 年,巴西沦为葡萄牙的殖民地,并设立殖民政府。1822 年,在拉丁美洲革命的浪潮下,巴西独立,并成立巴西帝国。1889 年,取消帝制,建立巴西合众国。1967 年,又改名为巴西联邦共和国。

葡萄牙语"Brazil",意即"红木"。巴西临海森林带纵深处有一种贵重树种,可提供红色染料,是当时欧洲纺织业难得的一种染色剂,红木是最初贩运到欧洲的唯一货物,因此得名"巴西"。巴西的国土形状像一个"肺",因而被称为"世界之肺"。

16 世纪初期,葡萄牙把主要力量用于对非洲和印度的侵略,因而在巴西进展缓慢。这时,法国、荷兰殖民者相继在巴西沿岸一带建立殖民据点,开始侵入巴西。1503 年,葡萄牙政府派出 5 艘大船和 400 人组成的远征队到达巴西,开始进行大规模的殖民扩张侵略,以防止其他列强占领巴西。为了镇压印第安人的反抗,葡萄牙殖民者在对印第安人大肆杀戮的同时,还用扩散天花、猩红热等传染性瘟疫的恶毒手段,消灭印第安人。这样,很快就把巴西征服并吞并了。

葡萄牙在巴西建立了封建专制主义的殖民统治。最初,在巴西设立了 13 个都督府,16 世纪中叶又分为南北巴西两个行政区,直到 17 世纪才设立一个总督府,在总督之下分设若干州,由国王任命的总督统辖整个巴西。

1807 年,拿破仑军队攻入葡萄牙本土。为了避免做拿破仑的阶下囚,葡萄牙摄政王在英国舰队的护送下,带领王室全部成员逃往巴西。从此,巴西事实上已成为葡萄牙帝国的中心。葡萄牙摄政王和王室迁入巴西,大兴土木,横征暴敛,民不聊生,激起了巴西人民的反抗和黑

巴西救世主耶稣纪念碑

奴起义。1815年,葡萄牙摄政王为了控制巴西局势,宣布成立"葡萄牙、巴西联合王国",并自任国王,称约安六世。巴西形式上是联合王国的独立部分,但实际上政权完全操纵在葡萄牙王室手中。1821年,葡萄牙本土爆发资产阶级革命后,在新议会的要求下,约安六世回国。约安六世回国前,预感到巴西有可能走上独立的道路,决定把儿子佩德罗留在巴西任摄政王,并面授机宜:一旦巴西革命形势无法遏止,就争先宣布独立,自立为帝。1822年,在拉丁美洲民族独立运动势不可当的局面下,佩德罗抢先发表独立宣言,并组成了以葡萄牙封建王室和巴西种植园主相勾结的贵族专制的帝国,佩德罗自立为皇帝。这样,巴西虽然从形式上摆脱了葡萄牙的殖民统治,但依然处于葡萄牙旧王室殖民地奴隶制度的桎梏之下。1889年,巴西人民经过几十年的艰苦斗争,才最终砸碎了黑人奴隶制度,推翻了君主专制制度,建立了巴西联邦共和国。

**智利:世界上最狭长的国家**

智利(Chile),南美洲国家。智利北部与秘鲁为界,东部与玻利维亚、阿根廷接壤,西部濒临太平洋。智利大陆南部的智利群岛,火地岛西部以及东南太平洋的圣安布罗岛、圣费利克斯岛、胡安—费尔南德群岛、萨拉—戈麦斯岛、复活节岛等也属于智利。智利扼南太平洋与南大西洋海上交通要冲。首都圣地亚哥(Santiago)。官方语言为西班牙语。

智利自古为印第安人的居住地。16世纪30年代,西班牙人开始侵入智利。1541年,智利沦为西班牙的殖民地。1810年,智利成立独立政府。1814年,智利再度沦为西班牙的殖民地。1817年,在西属拉丁美洲的民族解放战争中,智利革命军队与阿根廷革命军队联合打败了西班牙殖民军。1818年,智利宣告独立,成立智利共和国。

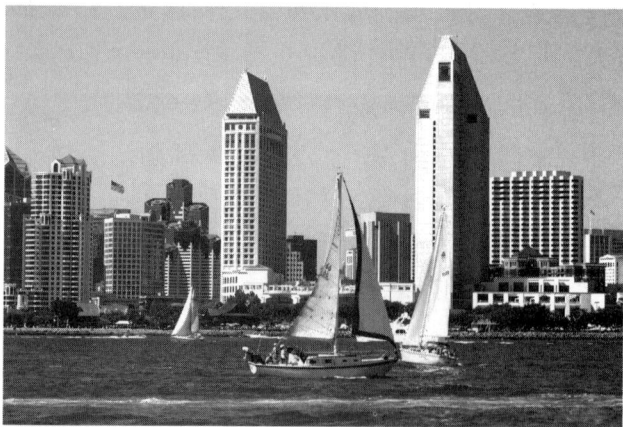

智利首都圣地亚哥

智利位于南美大陆安第斯山西麓,北部为沙漠,中部为狭长的谷地,西部为海岸山脉延伸,投入太平洋,形成众多岛屿和岛链,南部冰川舌直投洋面,形成相对封闭的自然地理环境,智利南北长4352千米,东西最宽处为362.3千米,最狭处为96.8千米,因此,智利被称为世界上最狭长的国家。

**阿根廷:近在冰极世界却"热情奔放"的国家**

阿根廷(Argentina),南美洲国家。阿根廷西部与智利接壤,北部与玻利维亚、巴拉圭毗邻,东北与巴西、乌拉圭交界,西南濒临大西洋。阿根廷大陆南部附近的火地岛东部及其以东的埃斯塔多斯岛属于阿根廷,另外对马尔维纳斯群岛的主权与英国有严重的争议。首都布宜诺斯艾利斯(Buenos Aires)。官方语言为西班牙语。

阿根廷自古为印第安人居住地。1535年,西班牙人在拉普拉塔建立殖民据点。1776年,设立以布宜诺斯艾利斯为统治中心的拉普拉塔总督区,辖区包括阿根廷、玻利维亚、巴拉圭和乌拉圭。1810年,拿破仑军队占领西班牙本土的消息传来,布宜诺斯艾利斯居民举行大规模的示威运动,阿根廷爱国力量逮捕了拉普拉塔总督,建立了临时政府。1816年,拉普拉塔联合省独立。1826年,成立阿根廷共和国。1853年,称阿根廷联邦。1860年,称阿根廷共和国。

阿根廷是离南极洲冰极世界最近的国家。阿根廷不仅有所属火地岛隔德雷克海峡与南极洲的南设得兰群岛相望,而且阿根廷与英国有争议的南奥克尼群岛,就位于南极圈内。然而,阿根廷人民却有着"热情奔放"的民族性格。1806年,英国乘西班牙衰落之机,曾两次侵占了布宜诺斯艾利斯,企图夺取拉普拉塔殖民地,西班牙殖民统治官吏望风而逃,布宜诺斯艾利斯居民自动组织起来,抗击英国海军,显示了阿根廷人民争取国家独立的伟大自信。1810年,阿根廷独立后,阿根廷人民还积极支援拉普拉塔殖民地乃至整个南美洲各国的民族解放战争。在阿根廷民族英雄圣马丁的领导下,他们热情帮助兄弟国家人民解放事业的革命青年组织起革命远征军,为彻底消灭西班牙在拉普拉塔区的殖民军做出了最杰出的贡献。1817年初春,圣马丁远征军翻过高达3962米、终年积雪的安第斯山两个最艰险的隘关,进入智利,与智利革命队伍会合,打败了西班牙在智利的殖民军,创造了军事史上的一个光辉奇迹。1821

布宜诺斯艾利斯圣马丁广场

年,圣马丁组织了一支"智利海军",攻下秘鲁首都利马,解放了秘鲁,圣马丁被授予"秘鲁保护者"的英雄称号。1822 年,圣马丁与委内瑞拉民族英雄玻利瓦尔会师后,阿根廷远征军与委内瑞拉远征军联合起来,在玻利瓦尔的统一指挥下,将西班牙殖民军残余势力彻底消灭,迎来了南美洲大陆的完全解放。

# 第二章
## 世界大陆——那些被镌刻在五色土上的战争印记

### 一、亚洲大陆：世界上最大的一个洲

亚洲大陆（Asian Continent），全称亚细亚洲大陆。亚洲大陆位于东半球的东北部，北濒北冰洋，东濒太平洋，南临印度洋，西靠大西洋的属海地中海和黑海。亚洲大陆东北仅隔宽 86 千米的白令海峡与北美洲相望；东南面有一系列群岛环绕大陆，与大洋洲接近；西南隔红海、苏伊士运河与非洲相邻；西北部以达达尼尔海峡、马尔马拉海、博斯普鲁斯海峡、高加索山脉、里海、乌拉尔河、乌拉尔山脉同欧洲分界。亚洲是世界上最大的一个洲，大陆与岛屿总面积大约为 4400 万平方千米，占全球陆地面积的近 30%。

**堪察加半岛：俄罗斯太平洋核武库的"挡风墙"**

堪察加半岛（Kamchatka Peninsula），俄罗斯最大的半岛。堪察加半岛位于亚洲东北部，东临白令海，南濒太平洋，西临鄂霍次克海。半岛从东北向西南延伸，长达 1200 千米，宽 100 千米~450 千米，面积 37 万平方千米。主要港市有右岸的彼得罗巴甫洛夫斯克、乌斯季堪察茨克。彼得罗巴甫洛夫斯克为堪察加州首府、渔船队基地和俄罗斯太平洋舰队的重要基地。

堪察加半岛原为因纽特人居住地。1648 年，哥萨克探险家杰日尼奥夫发现了楚科奇半岛和阿拉斯加之间的海峡。1697 年，俄罗斯人在堪察加半岛的上堪察茨克建立了第一个据点。1725 年~1730 年，沙皇彼得一世对西伯利亚及远东地区进行军事勘察，俄罗斯海军院院长阿普拉克辛海军元帅亲自任堪察加探险考察的总指挥，直接率领探险考察队的是丹麦航海家、俄罗斯海军军官白令上校。1725 年初，由 69 人组成的探险考察队从圣彼得堡出发，途经欧亚大陆北部，前往鄂霍次克海。1727 年冬，探险考察队到达堪察加半岛上的下堪察茨克城堡。1728 年，探险

考察队沿海考察了堪察加半岛东岸、楚科奇半岛南岸和东岸。1730 年 3 月,白令抵达圣彼得堡,带回了搜集到的所有考察资料,并绘制了堪察加半岛的地图。1733年~1743 年,俄罗斯第二次探险考察堪察加半岛。1737 年,白令用探险考察队的"圣彼得罗"号和"圣巴甫洛夫"号两只船的船名,将阿瓦恰湾附近的良港命名为"彼得罗巴甫洛夫斯克港"。1740 年,俄罗斯将彼得罗巴甫洛夫斯克辟为军港。堪察加半岛的光荣历史与俄罗斯著名的"阿芙乐尔"号巡洋舰有关。1854 年,英国和法国发动克里米亚战争期间,对堪察加半岛的彼得罗巴甫洛夫斯克港进行攻击,著名的"阿芙乐尔"号巡洋舰参加了防御作战,击退了英法联合舰队的进攻。第二次世界大战后,苏联在彼得罗巴甫洛夫斯克进行大量扩建,建成现代化海军基地,新建大型核潜艇基地和几座现代化港湾设施。太平洋舰队 3/4 的潜艇部队驻彼得罗巴甫洛夫斯克港。

俄罗斯太平洋舰队攻击性战略武器的主要储备基地在鄂霍次克,这些载有核弹头的导弹火箭,以备救亡图存进行战略反击时用。驻扎在堪察加半岛东南沿岸的俄罗斯太平洋舰队核潜艇部队的主要战略任务,是保护鄂霍次克海的导弹火箭储备基地。在可能发生战争前,许多攻击性核潜艇必须在鄂霍次克海以外 1900 千米~2800 千米一带进行防守,避免美国导弹巡洋舰或导弹核潜艇攻击鄂霍次克海的储备基地和太平洋舰队符拉迪沃斯托克总部。由此来看,堪察加半岛的确是俄罗斯在太平洋地区核武库的一道"挡风墙"。

**西伯利亚大铁路:第一座"欧亚大陆桥"**

西伯利亚大铁路(Trans-Siberian Railrway),横贯欧亚大陆的铁路。大铁路是俄罗斯横贯西伯利亚和远东地区直至太平洋西岸的铁路干线,西起车里雅宾斯克,经鄂木斯克、新西伯利亚、克拉斯诺尔亚斯克、伊尔库茨克、乌兰乌德、赤塔、哈巴罗夫

西伯利亚大铁路

斯克(伯力),东至符拉迪沃斯托克(海参崴),长 7416 千米。西伯利亚大铁路连同车里雅宾斯克至莫斯科段,全长 9332 千米,为世界最长的铁路干线,也是第一座亚欧大陆桥的主段。另外,从乌兰乌德有线路经蒙古首都乌兰巴托,抵达中国二连浩特;在赤塔以东有线路通往中国的满洲里。

　　西伯利亚大铁路沿线跨越山河湖沼、原始森林、永久冻土带,地形复杂,气候条件恶劣,工程艰巨,工期长达 15 年,耗资 10 多亿卢布。19 世纪中期,车里雅宾斯克以西线路建成。1891 年,车里雅宾斯克以东线路分别从东西两端施工,向中间合拢,1905 年,全线铺通。1916 年,莫斯科至符拉迪沃斯托克(海参崴)的直达快车方开始全线运行。20 世纪 30 年代,西伯利亚大铁路完成全部复线工程。第二次世界大战以后,个别区段铺设了三线。除赤塔以东的卡雷姆斯卡娅站至达利涅列钦斯克站区间外,全线基本实现电气化。西段运量大于东段,尤以车里雅宾斯克至新西伯利亚间最为繁忙。

　　西伯利亚大铁路的建成把俄罗斯的欧洲部分与西伯利亚和远东地区连接起来,使俄罗斯有了第一条直达太平洋的通道,加快了俄罗斯东部地区矿产资源的开发和工业的发展,特别是大幅度提高了军事运输能力,扩大了工业品的外销市场,同时还使沿线形成一条工农业比较发达、人口相对集中的走廊形开发地带。在日俄战争和卫国战争期间,这条铁路在运送兵员、武器装备和转移兵工厂机械设备等方面都曾发挥过重要作用。

**乌苏里江:中国的内河变成中俄的"界河"**

　　乌苏里江(Wusuli River),黑龙江右岸第二大支流。乌苏里江有东西两源,东出锡霍特山脉,西出兴凯湖,两源于中国泥口子处汇合,向东北流去,经中国虎林、饶河、抚远,在俄罗斯的哈巴罗夫斯克(伯力)附近注入黑龙江。乌苏里江分上、中、下游三段。上游为虎头以上江段,水面宽 250 米,可通行 300 吨以下的船只。中游为虎头至东安江段,水面宽 200 米~800 米,可通行 500 吨~1000 吨的船只。下游为东安至河口段,水面宽 500 米~1600 米,可通行千吨以上的船只。

乌苏里江中国一侧的珍宝岛

乌苏里江在历史上为中国内河,明代称亦速里河,清始称乌苏里江。16世纪下半叶,沙俄帝国的势力开始越过乌拉尔山向西伯利亚扩张。至17世纪40年代,西起乌拉尔山、东至太平洋沿岸的西伯利亚地区基本上被沙俄吞并,并顺势向中国的黑龙江流域发展。从1643年起,沙俄匪徒波雅科夫等侵入黑龙江流域进行屠杀掠抢后,沙俄匪徒屡次闯入黑龙江流域,并先后占领尼布楚和雅克萨地方。1658年,沙俄军队在尼布楚建筑了涅尔琴斯克堡,实行军事占领,从此开始了以沙俄国家军队方式出现的侵略活动。1689年,中俄两国派代表签署《尼布楚条约》,从国际法律上肯定了黑龙江和乌苏里江流域是中国的领土,黑龙江和乌苏里江是中国的内河,制止了沙俄的武装侵略,保证了中国东北边疆的安宁。

19世纪40年代,沙俄为了打开通往太平洋的出海口,开始大规模入侵中国东北地区。从第二次鸦片战争以后,沙俄趁火打劫,鲸吞了中国东北地区100多万平方千米的领土。1858年5月,当英法联军准备进攻天津大沽时,俄国东西伯利亚总督穆拉维约夫率军舰驶至黑龙江瑷珲,胁迫黑龙江将军奕山签订了《中俄瑷珲条约》,霸占了黑龙江以北、外兴安岭以南60万平方千米的大片领土,并把乌苏里江以东的中国领土划为中俄共管。1860年11月,沙俄公使伊格那提耶夫以"调停鸦片战争有功"为名,逼迫恭亲王签订了《中俄北京条约》,又把所谓"中俄共管"的乌苏里江以东40万平方千米的中国领土劫走。从此,乌苏里江才成为中俄两国的"界河"。

乌苏里江是中国东北地区东北部的天然屏障,江中有大小岛屿或沙洲近300个。1969年3月,苏联出动大批武装军人和坦克、装甲车,在飞机的掩护下,先后三次入侵珍宝岛。珍宝岛位于中国黑龙江省虎林境内、乌苏里江航道中心线中国一侧,是中国的神圣领土。中国边防部队进行了坚决的反击,捍卫了中国的领土主权。

**"三八线":朝鲜半岛的南北军事分界线**

"三八线"(The 38th Parallel),朝鲜半岛大体沿北纬38°线划定的南北军事分界线。第二次世界大战末期,美国和苏联商定,以朝鲜半岛北纬38°线作为对日本的军事行动和受降范围的临时分界线,以北为苏军出兵作战和受降区,以南为美军出兵作战和受降区,此线习称"三八线"。

1945年8月8日,苏军对日宣战,出兵朝鲜半岛。8月12日,苏军在雄基、罗津、清津登陆,进驻"三八线"以北地区。同年9月,美军在仁川登陆,进驻"三八线"以南地区。从此,"三八线"成为朝鲜半岛南北对峙的分界线。1948年8月,朝鲜半岛南部宣布成立"大韩民国"。同年9月,朝鲜半岛北部宣告成立朝鲜民主主义人民共和国。1948年底,苏军撤出朝鲜。1949年6月,美国被迫从朝鲜半岛撤军。

1950 年 6 月 25 日,朝鲜内战爆发,美国迫不及待地乘机重返朝鲜半岛。同年 9 月,美军再次在仁川登陆,并将战火烧到中国边境。同年 10 月,中国人民志愿军入朝参战,协同朝鲜军民抗击以美国为首的"联合国军"。1953 年 7 月 27 日,在开城东南 8000 米处的板门店签订《朝鲜停战协定》,确定"三八线"附近临时分界线两侧各两千米内为非军事区。此时的临时军事分界线已不与"三八线"重合,东部北偏,西部南移,呈现与"三八线"相交的"S 形",但仍称"三八线"。"三八线"向东西两方延伸,这条长 246 千米的军事分界线将沿线 8 个郡、122 个村庄一分为二,并切断了 200 多条大小道路的往来,成为朝鲜半岛分裂最具象征性的地方。1958 年 10 月,中国人民志愿军全部撤出朝鲜半岛北部,美军至今仍留驻朝鲜半岛南部。

**鸭绿江:屡受战火袭扰的中朝界河**

鸭绿江(Yalu River),中国与朝鲜两国的界河。鸭绿江是中国东北地区东南部和朝鲜半岛西北部的天然界河,源出长白山主峰南坡,至中国赵氏沟和朝鲜龙岩浦之间注入黄海,全长 795 千米,流域面积 6.19 万平方千米,中国境内约占一半。

因水绿如鸭头,故名鸭绿江。秦汉称马訾水,隋唐时称鸭绿江。历史上,鸭绿江流域多次发生帝国主义侵略中国的战争。甲午战争时,日本舰队在鸭绿江江口西南海面向中国北洋舰队进攻,击沉中国巡洋舰数艘。日俄战争中,日本军队在鸭绿江下游西岸击退俄罗斯军队,为日军在辽东半岛登陆、侵入中国东北腹地、封锁旅顺港创造了条件。1931 年,日本军队过鸭绿江入侵中国东北地区。

1950 年 6 月 25 日,朝鲜北南双方爆发战争。10 月 8 日,毛泽东发布命令:"将东北边防军改编为中国人民志愿军,迅即向朝鲜境内调动,协同朝鲜人民向侵略者作战并争取光荣的胜利。"彭德怀出任志愿军司令员兼政治委员。10 月 19 日,中国人民志愿军高唱"雄赳赳,气昂昂,跨过鸭绿江"的战歌,扛着"抗美援朝、保家卫国"的战旗浩浩荡荡开赴朝鲜战场。正是抗美援朝的伟大胜利,为中国赢得了和平的建设环境。

中朝两国界河鸭绿江

### 喜马拉雅山脉：全球"山脉之王"

喜马拉雅山脉（Himalayas），全球最高的山系。喜马拉雅山脉位于青藏高原南缘，分布在中国西藏、印度、巴基斯坦、尼泊尔、锡金、不丹境内，西起克什米尔印度河转折处，东至雅鲁藏布江转折处，东西长约 2500 千米，南北宽 150 千米~400 千米。喜马拉雅山脉由特提斯喜马拉雅、大喜马拉雅、小喜马拉雅、西瓦利克等山组成，平均海拔 6000 米左右，超过 7000 米的高峰有 40 多座，其中超过 8000 米的高峰有 10 座。中尼边界上的珠穆朗玛峰，海拔 8844.43 米，为全球第一高峰。

喜马拉雅山脉南北坡不对称，南坡地势陡峻，北坡地势较平缓且呈阶梯式下降。北坡有羊卓雍错、普莫雍错、佩枯错、玛旁雍错等 60 多个大小湖泊。许多源出北坡的河流横切山脉，造成了大峡谷，著名的有雅鲁藏布江大峡谷、年楚河谷地、印度河上游的象泉河谷地等。还有一些中小河流的上游南北纵切山脊，如朋曲、波曲、吉隆藏布、孔雀河等，成为中国西藏与印度、尼泊尔、锡金、不丹等国的天然通道。

大喜马拉雅山是整个山系的主脉，为中国西南边疆的天然屏障，边境地区交通不便，通往界外有简易公路的山口：棒拉、乃堆拉、则里拉、友谊桥、纳嘎栋、莫尔多等。其余山口多为季节性驮运道或人行小道，冬季积雪封山，夏季多山洪，通行困难。

然而，由于西藏是中国西南边陲的重要地区，殖民主义、帝国主义势力企图肢解、割裂和蚕食西藏。自从鸦片战争以来，帝国主义及其走狗多次越过喜马拉雅山脉武装入侵西藏。1888 年，英国侵略军越过中印边界，侵占中国亚东和朗热。1890 年，英国侵略军又侵占中国热纳、隆土、则里拉等地。1904 年，英国侵略军万余人从岗巴、亚东、帕里向西藏内地进攻，突破江孜，进犯拉萨。1914 年，英国在不丹以东的中国领土上非法划定一条"麦克马洪线"，作为所谓的"印藏边界线"，把中国 9 万多平方千米的土地划给英属印度。中国历届政府从未承认该线。印度继承英帝国主义的衣钵，不断用武力向"麦克马洪线"推进，并在中印边境制造武装冲突。1962 年，印度军队在中印边境东段和西段同时向中国西藏地区发动大规模武装进攻，中国人

喜马拉雅山脉主峰珠穆朗玛峰

民解放军边防部队奉命进行自卫反击作战。

**南昌：中国武装革命的历史新起点**

南昌（Nanchang），中国历史文化名城。南昌位于江西南部，是历史上的华中军事重镇。春秋战国时，南昌为诸侯国楚国之地。秦朝时，属九江郡。西汉时，属豫章郡。公元前203年，汉高祖时为南昌建城之始。唐朝时，属洪州。元朝时，为江西行中书省治所。明、清两朝，称南昌府。1926年，南昌设市，为江西省省会。

南昌地处鄱阳湖平原腹地，襟江带湖，水陆四通，历来为军事要地。元朝末年，朱元璋与陈友谅倾全力争夺洪州城，建立了反元根据地。1853年，太平天国西征，与湘军激战于南昌城外。1855年，太平天国领袖石达开曾率军围困曾国藩于南昌孤城。1927年8月1日，中国共产党在南昌打响了武装反抗国民党的第一枪。南昌起义是在周恩来、贺龙、叶挺、朱德、刘伯承等人的领导下，在国共合作时由中共党员掌握和影响下的驻南昌的部分国民革命军中举行的起义。起义军共两万余人。按照中共中央的原定计划，起义军全歼南昌守军后，南下广东，占领东江地区，再攻占广州。在沿途行军作战中，起义军在两个月内付出极大的牺牲，起义部队被迫分散转移，最后仅保存下约800人的部队。这支部队在朱德、陈毅两人的率领下，最后上了井冈山，与毛泽东领导的秋收起义部队胜利会师。南昌起义这一天，成为中国人民解放军的建军节纪念日。

**井冈山：开辟中国革命道路的"星星之火"**

井冈山（Jinggangshan），位于江西西部。井冈山根据地是毛泽东率秋收起义部队创建的第一个农村革命根据地。

井冈山地处湖南、江西交界的罗霄山脉中段，地势高峻，山峦叠嶂，沟壑纵横，山间盆地棋布，边缘多丘陵岗地。井冈山包括莲花、永新、宁冈、遂川、酃县、茶陵六县。1927年10月，毛泽东率领秋收起义部队上井冈山后，先后在宁冈、永新、茶陵、遂川等县建立和发展革命力量，打退了国民党军阀的几次进攻。1928年初，建立了茶陵、遂川、宁冈三个县的工农政权，开展土地革命，建立了井冈山革命根据地。

1928年4月，朱德、陈毅率领南昌起义中保留下来的一部分部队和湘南起义中组织的农军，到达井冈山与毛泽东领导的革命根据地部队会师，成立了中国工农红军第四军，毛泽东任党代表，朱德任军长，陈毅任政治部主任。

井冈山北面的黄洋界，东面的桐木岭，南面的朱砂冲，西面的八面山和双马石，为进出井冈山的五大哨口要隘。毛泽东、朱德根据井冈山革命根据地的地理特征，创造了"敌进我退，敌驻我扰，敌疲我打，敌退我进"的十六字诀，粉碎了国民党军队的多次"会剿"和"围剿"，根据地扩大到莲花、永新、宁冈、遂川、酃县、茶陵、吉安、安福等县,并成立了湘赣边界工农兵政府,领导农民进行土地革命。

1928 年底,彭德怀率领红五军从湘鄂赣边界转战来到井冈山,与红四军会师。1929 年初,毛泽东、朱德率领红军主力向赣南、闽西进军,开辟新的农村革命根据地,建立了中央革命根据地,亦即中央苏区。

### 瑞金:中华苏维埃的"红色故都"

瑞金(Ruijin),中国革命历史名城。瑞金位于江西东南边境,地处武夷山西南部,北距南昌 410 千米。

中国土地革命战争时期,瑞金是中华苏维埃共和国临时中央政府所在地,有"红色故都"之称。1929 年初,毛泽东、朱德率领中国工农红军第四军主力,由井冈山进军赣南、闽西,转战千里,解放 21 县,建立了中央革命根据地,亦称"中央苏区"。1930 年 10 月,蒋介石在结束同冯玉祥、阎锡山的大混战后,派江西总指挥鲁涤平任"陆海军总司令南昌行营"主任,调动 10 万大军对中央苏区进行第一次大规模的"围剿",结果被红军歼灭约 1.5 万人,缴获各种武器 1.2 万余件。1931 年 2 月,蒋介石组织了第二次大规模"围剿",派何应钦任"陆海军总司令南昌行营"主任,调动 20 万大军分四路围攻中央苏区,结果被红军歼灭 3 万多人,缴获枪支两万余件。1931 年 6 月,蒋介石组织了第三次大规模"围剿",并亲自担任"围剿"总司令,何应钦任前线总指挥,调动 30 万大军"围剿"中央苏区,结果被红军歼灭 3 万余人。在这三次反"围剿"作战中,中央红军不但打败了蒋介石军队的进攻,而且还扩大了以瑞金为中心的中央苏区的面积。

1931 年 11 月 7 日,在苏联"十月革命"纪念日这一天,中国共产党在瑞金成立了中华苏维埃共和国临时中央政府,毛泽东任主席,瑞金改名为"瑞京"。瑞金成为中国共产党人试行无产阶级政权的"试验田",进行土地革命和政治、经济、文化、军事建设。现仍保存有中华苏维埃共和国临时中央政府等革命遗址多处。

### 延安:中国革命胜利的"大本营"

延安(Yan'an),中国革命圣地。延安位于陕北黄土高原中部,南距西安 270 千米。延安地处延河与南川河交汇处,东近黄河,西界子午岭,南通关中平原,北望毛乌素沙地。延安为黄土丘陵河谷地带,梁峁起伏,沟壑纵横。城西南的凤凰山、东北的潘凉山、东南的宝塔山,环峙市区,扼控三条河谷川道。延河自西北向东南流贯市区,境内接纳西川河、汾川河、南川河等支流。

延安自古为西安北部门户,扼内蒙古至关中要冲。秦朝时,置高奴县。西魏时,设延州。公元 607 年,隋朝改延安郡,延安由此始名。唐朝初,复更为延州。宋、金、明、清四朝,仍为延安府治。1040 年,西夏王朝军队与宋朝军队在延安交战,史称"延州之战"。1221 年,蒙古军将领木华黎率军从内蒙古托克托渡黄河欲攻延安,与金帅完颜合达战于延安东,金军大败。

延安是中国共产党领导中国人民抗日战争的革命"大本营"。1928 年春,刘志丹等领导的渭华起义,组织西北工农革命军,在陕东一带开展游击战争,遭到失败。1931 年秋,河北阜平起义组织起的红 24 军,转战入陕,同当地零星的武装会合后,在刘

延安宝塔山

志丹等的领导下,组建中国工农红军第 26 军,开辟了陕甘革命根据地(陕西北部与甘肃东部地区)。1934 年秋冬,组建了中国工农红军第 27 军,开辟了陕北革命根据地。1935 年春,中国工农红军第 26 军和第 27 军配合作战,粉碎了国民党军队的"围剿",解放了延安等六县,使陕甘革命根据地和陕北革命根据地连成一片,建立了陕北工农民主政府。1935 年 9 月,中国工农红军第 25 军,从鄂豫皖革命根据地长征到达陕北,与第 26 军、第 27 军会合,合编为第 15 军团。同年 10 月,中央红军长征到达陕北。1936 年 10 月,红军实现红一方面军、红二方面军、红四方面军三大红军主力的胜利大会师后,陕北成为中国革命的中心根据地,延安成为中共中央所在地。

全面抗战时期,中国共产党倡导抗日民族统一战线,将陕北革命根据地改名为陕甘宁边区,林伯渠任边区政府主席。边区政府共辖 23 县,首府为延安。中国共产党在陕甘宁边区执行统一战线政策,实行精兵简政,减租减息,拥政爱民,开展大生产运动,发展武装斗争,战胜了国民党顽固派的军事包围和经济封锁,打退了日本侵略军的多次进攻。此后,延安成为全国抗战的中心,陕甘宁边区成为敌后抗日根据地的总后方。

解放战争中,延安成为中国人民解放军的总指挥部。抗日战争胜利后,国民党蒋介石集团一方面加紧准备打内战,另一方面伪装和平,曾三次电邀毛泽东赴重庆举行和平谈判。1945 年 8 月 28 日,毛泽东、周恩来、王若飞从延安飞往重庆,同国民党派出的代表王世杰、张群、张治中、邵力子谈判。经过 43 天的艰苦斗争,终于达成了《国共双方代表会谈纪要》,亦即《双十协定》(10 月 10 日签订)。不久,蒋介石便撕毁协定,撕下了伪装和平的假面具,向解放区发动军事进攻,发动了全面内战。

1947年秋天,国民党军队在全面进攻失败的情况下,把目标定为山东和陕甘宁两个解放区。当年3月,中国人民解放军撤出延安,国民党胡宗南部占领了延安,并大肆吹嘘所谓的"胜利"。实际上,我军主动撤出延安,毛泽东和中共中央仍在延安指挥全国的解放战争,从而巧妙地牵制了国民党军队的主力,促进了全国解放战争的胜利发展。1948年4月22日,我军撤出延安一年一个月零三天后,终于收复了这块革命圣地。1948年5月,当中国人民解放军战略进攻取得决定性胜利,进入同国民党军队进行战略决战的时刻,毛泽东、中共中央、中国人民解放军总部,由延安转移至晋察冀解放区的平山县,即太行山东麓的西柏坡。在西柏坡,毛泽东、中共中央指挥中国人民解放军,进行了辽沈战役、平津战役、淮海战役三大战役。

**西安:中国由"内战"走向"抗战"的转折点**

西安(Xi'an),中国著名古都。西安古称长安,西周在此建都,秦朝、西汉、隋朝、唐朝等12个封建王朝和黄巢、李自成农民起义军都以长安为都城。公元1368年,明朝设西安府,西安之称始于此。

西安地处渭河平原中部,北接黄土高原,西望陇山,南靠秦岭,东通中原,是西北连接西南和中原的咽喉。古城长安从秦始皇开始修建驰道起,就形成了"东穷燕齐,南极吴楚,江湖之上,濒海之观毕至"的局面,形成了一个扇形交通网,以保持长安的国家中心地位。西汉时,匈奴南距长安只有700里,轻骑一昼夜便可兵临城下,当时汉高祖仍建都长安,主要考虑到防御匈奴是国家政务的重心,只有稳坐长安才能控制全国。唐都长安时,李世民也是力排众议,反对东移迁都的消极逃跑政策,主张以长安为军事重心,进行积极反攻,以保持国家政权的稳定。

西安在现代历史上曾发生过重大的事变。1911年10月10日,革命党人在武昌发动武装起义,10月22日,西安率先在全国响应辛亥革命,新军起义占领西安。1936年12月12日,西安发生了震惊世界的"西安事变",对抗日战争产生了重大的影响。

1936年,日本帝国主义加紧了对中国的侵略,蒋介石不顾民族大义,坚持内战,把东北军和西北军调集到陕甘一带进攻革命根据地。在中国共产党坚持全民族统一战线主张的影响下,东北军的张学良将军和西北军的杨虎城将军逐步认识到"围剿"红军是没有前途的,先后与红军达成事实上停战的默契,并要求蒋介石联共抗日。蒋介石拒绝张、杨两位将军的要求,力迫张、杨继续进攻红军。2月4日,蒋介石亲自从南京飞到西安督战。12日,张、杨两位将军在临潼华清池扣留了蒋介石,还扣留了随行的陈诚等军政要员。张、杨两位将军通电全国,并邀请中共中央派代表团来西安,商讨抗日救国大计。当时,国民党中以汪精卫、何应钦为首的亲日派主张进攻西安,妄图取代蒋介石的统治权。宋子文、宋美龄等亲英美派,力主用和平方式营救蒋介石。中国共产党主张在有利于抗日的前提下,和平解决事变,委派周恩来、秦邦宪、叶剑英等赴西安谈判。中共代表团向各方面耐心做了和平解决事变的工作,并同蒋介石谈判,迫蒋停止内战、联共抗日。25 日,张学良将军护送蒋介石回南京。西安事变的和平解决,对推动国共合作和形成抗日民族统一战线起到了巨大的历史作用,是中国由国内战争走向抗日民族战争的转折点。

### 太行山:普照抗日战争胜利的曙光

太行山(Taihang Mountains),中国华北地区重要山脉。太行山位于黄土高原与华北平原之间,蜿蜒于北京、河北、山西、河南交界一线,南北长 740 千米,东西宽 120 千米~240 千米,海拔 1500 米~2000 米。太行山山脉主要由北部的西山、东部的太行山和西部的恒山、五台山、系舟山、太岳山、中条山等名山组成。

太行山山脉雄伟险峻,著名关隘众多,是长城的重要依托,历来烽火不息。西山是北京西部的天然屏障。太行山多关隘,主要有紫荆关、倒马关、龙泉关、娘子关、东阳关等,扼控晋冀的战略通道。北岳恒山陡壁峭崖,沟壑深谷,有著名的平型关、雁门关等关隘。五台山因北台、中台、东台、西台、南台五个平台状山峰组成而闻名,为中国四大佛教圣地之一。系舟山的石岭关,是山西首府太原与北部重镇大同的重要通道。太岳山位于大同—蒲州和太原—焦作铁路之间,战略地位重要。中条山的三门峡是山西南部重镇运城盆地通往河南的重要通道。

1937 年 8 月,国共两党达成协定,红军主力改编为国民革命军第八路军,南方红军和游击队改编为国民革命军新编第四军。同年 9 月,八路军所辖第 115 师、120 师、129 师陆续开赴太行山抗日前线。

太行山成为中国抗日战争的主要战场。在太行山区人民的大力支援下,八路军以太行山为依托,进行了著名的平型关歼灭战、雁门关伏击战、夜袭阳明堡、晋东南反围攻、晋察冀北岳区反围攻、百团大战等,给日本侵略军以沉重的打击。中国共产党领导的八路军进入太行山区作战以来,一扫国民党军队节节败退之颓势,打破了日本军队"不可战胜"的神话,沉重地打击了日本帝国主义的气焰,阻止了日本侵略军速战速决的势头,表现了中华民族不屈不挠的英勇气概,树立了中国共产党和八路军在全中国的声望,鼓舞了全国人民夺取抗战胜利的信心。

### 平型关:八路军首战告捷的"胜利关"

平型关(Pingxing Pass),中国明代长城重要关口。平型关位于山西繁峙东北,为雁门十八关隘之一。因其似瓶形,古时称瓶形寨,清朝时称平型岭关,后称平型关。平型关地理位置重要,西有雁门关,东有紫荆关,为古代出入晋北的东路门户。平型关的关城雄居两峰之间,分别与太行山、恒山上的长城相接。

1937年，日本侵略军在攻占北京、天津后，沿平汉、平绥、津浦铁路沿线长驱直入，企图围歼华北中国军队。同年9月，沿平绥铁路西进的日军占领晋北重镇大同，主力南下攻击雁门关、平型关，企图突破长城防线。八路军第115师在林彪、聂荣臻的率领下，东渡黄河后进入太行山平型关一带内的长城防线，利用平型关山势险要、关口狭窄、沟壑纵横、道路崎岖的特点，以伏击战一举歼灭日寇精锐部队板垣师团1000余人，击毁汽车百余辆，取得了全国抗战以来第一个歼灭战胜利。八路军首战告捷，打破了"日军不可战胜"的神话，鼓舞了全国人民抗战的士气，也为八路军在太行山地区创建根据地奠定了广泛的群众基础。

**大别山：中国人民解放战争大决战在这里拉开了序幕**

大别山（Dabie Mountains），中国中部主要山脉。大别山位于鄂豫皖交界处，东西长270千米，南北宽50千米~200千米，矗立于江汉、黄淮两大平原之间，北带江淮，西接桐柏山，南临长江，东至潜山，是淮河与长江流域的分水岭，可扼控河南信阳、湖北武汉、安徽合肥和安庆等重要城市以及周围大片的平原，战略位置重要。

土地革命战争期间，中国共产党就利用大别山的地理条件，于1927年11月领导了黄麻起义（黄安、麻城），成立了工农革命军鄂东军，并逐渐开辟了鄂豫边区革命根据地，为而后鄂豫皖地区武装斗争的发展奠定了基础。1930年冬、1931年春，工农红军第一军和第四军先后取得了反"围剿"的胜利，扩大和巩固了鄂豫皖苏区。1931年11月，组建了工农红军第四方面军。1932年上半年，红四方面军经过四次战役，取得了歼灭国民党军6万余人的重大胜利。根据地拥有6座县城，人口约350万，开创了鄂豫皖苏区最鼎盛的局面。1934年10月，红四方面军在第四次反"围剿"作战中失利，被迫撤离鄂豫皖苏区，向四川、陕西边界转移，建立川陕革命根据地。中国共产党及其红军部队在大别山地区转战长达7年之久，为而后中国人民解放军进军大别山奠定了良好的地方组织条件和群众基础。

解放战争初期，中国人民解放军经过一年的艰苦作战，基本上扼制住了国民党军队的战略进攻。毛泽东、党中央果断地制定了由战略防御转入战略进攻的策略，将战争引向国民党军队占领的区域，并决定将战略进攻的主要方向置于国民党军队力量薄弱的中原地区，由刘伯承、邓小平率领的晋冀鲁豫野战军，突破国民党军队黄河防线，千里挺进大别山。1947年9月，第二野战军主力跃进敌人兵力空虚的大别山，迅速展开豫东南、鄂皖、皖西、鄂东四个区域，布设了"逐鹿中原"的战略态势。毛泽东在大别山投入的这一着棋，直接威胁国民党首都南京和军事重镇武汉，牵制了国民党的主要注意力，为东北野战军迅速展开辽沈战役创造了战略条件,拉开了中国人民解放军战略进攻的序幕。

**西柏坡:"指挥世界上最大战役"的"最小的统帅部"**

西柏坡(Xibaipo Village),太行山东麓柏坡岭下的一个村庄。西柏坡距华北平原重镇石家庄90余里。

1948年5月,毛泽东、周恩来及中共中央直属机关从陕北延安东渡黄河,转战太行山,最后在太行山东麓的西柏坡定居。自此,西柏坡成为中国人民解放军进行大决战的统帅部和指挥中心。1948年9月,中共中央在西柏坡召开政治局会议,决定中国人民解放军在长江以北向国民党军队占领区发动战略进攻。

毛泽东在西柏坡这个小小的山村里,运筹帷幄,决胜千里,英明地指挥了辽沈、淮海、平津三大战役。辽沈战场,林彪、罗荣桓率领东北野战军兵力70万人,历时52天,迅速攻占锦州、长春、沈阳等军事重镇,歼灭国民党军卫立煌集团47.2万人,解放东北全境,入关进逼古都北京地区。淮海战场,刘伯承、陈毅、邓小平、粟裕、谭震林率领华东、中原野战军以及华东、中原、华北军区地方部队兵力60余万人,历时66天,歼灭国民党军刘峙集团55.5万人,解放了长江中下游以北广大地区,威逼国民党蒋介石统治中心南京。平津战场,林彪、罗荣桓、聂荣臻率领东北野战军、华北军区地方兵力100万人,历时64天,共歼灭和改编国民党军傅作义集团52万余人,华北地区基本解放。为配合三大战役,西北野战军歼灭国民党军6万人,华北部队歼灭国民党晋系部队12.4万人,结束了阎锡山在山西的统治。三大战役期间,中国人民解放军共歼灭国民党军兵力230万人,国民党蒋介石统治集团面临覆灭的绝境。

1949年3月25日,毛泽东和中共中央直属机关从西柏坡迁至古都北京。毛泽东在著名的香山别墅指挥了渡江作战,宣告了国民党反动统治的覆灭。

**中南半岛:列强侵略东亚的"登陆场"**

中南半岛(Indochina Peninsula),亚洲大陆东南部伸向太平洋和印度洋之间的半岛。中南半岛是亚洲大陆的三大半岛之一,因位于中国南面,地处中国与印度之间而称"中印半岛"或"印度支那半岛"。中南半岛上分布的国家有:越南、老挝、柬埔寨、缅甸、泰国、西马来西亚、新加坡。

**"十七度线":越南南北方对峙的分界线**

"十七度线"(17th Parallel),越南境内大体沿北纬17度线划定的军事分界线,即越南人民军与法国占领军之间的临时军事分界线。分界线具体位置在北纬17度线以南,从东海岸至老挝边界。由《日内瓦会议最后宣言》规定的这条临时性军事分界线,实际上成了越南20世纪南北分裂的政治分界线。

越南的历史悠久,古代曾建立若干封建王国。1471年,大越帝国统一越南境内。1803 年,始称越南。1858 年,法国与西班牙联合舰队炮轰岘港,挑起战端,越南阮氏王朝接连败退。1874 年,法国统治越南南方。1883 年,越南全境沦为法国的"保护国",法国将越南划分为东京(北圻)、安南(中圻)、交趾支那(南圻)三部分,组成法属印度支那联邦。1940 年,日本发动太平洋战争,在日本的进攻下,驻越法军逃跑,日本扶植保大傀儡政权。第二次世界大战结束时,英国军队在越南代替法国接受日本投降。1945 年 9 月 2 日,胡志明领导越南共产党举行革命起义,宣告成立越南民主共和国。9 月 23 日,法国殖民者卷土重来,并扶植保大帝在越南南方组成亲法的"越南帝国"。1946 年春,法国军队占领越南南方。1950 年,越南人民抗法战争迅速发展。1951 年,美国在西贡设立了"军事顾问团",取代了法国在印度支那的地位。1954 年初,美国已向法国侵略军和南越集团提供 100 艘军舰、500 架飞机,将印度支那战争进一步扩大,进犯北越,法国将大量伞兵部队空降到越南西北重镇奠边府。1954 年夏,法国侵略军陷入了越南人民军的包围之中,越南人民军经过 55 天的围攻,歼灭法军 1.6 万人,并俘虏了侵略军司令,最终取得奠边府大捷,这次大捷对 1954 年 7 月 21 日日内瓦会议做出恢复印度支那和平的决议具有决定性意义。

美国破坏日内瓦会议关于印度支那问题的协议,在越南南方扶植傀儡政权,实施了历经 4 个月的所谓"通向自由"行动,用军舰把成千台车辆、几万吨作战物资和 30 万人撤至南方,把南越变成美国的新型殖民地,阻挠越南南北统一。1961 年,美国派遣大批顾问,帮助南越组织和训练军队,进行所谓的"特种战争"。1964 年,美国制造"东京湾事件",正式发动越南战争。1973 年,越南人民在中国、苏联等国家的大力支援下,抗美救国战争取得决定性胜利,美国被迫在巴黎签署了《关于在越南结束战争、恢复和平的协定》,撤出美国及其盟国的全部武装力量。1975 年,越南人民军解放了越南南方,实现了国家的统一。"十七度线"遂成为历史地理概念。

**三塔道:第二次世界大战时成为一条"死亡铁路"**

三塔道(Three Pagodas Pass),泰国、缅甸边境古道。三塔道由泰国沿奎诺伊河谷,经三塔山口可进入缅甸。古代为湄南河平原与缅甸的主要通道。中国史籍称"三塔道"。第二次世界大战期间,日本把缅甸南部曼谷与新加坡铁路连接起来,以打通中南半岛向中国西南进攻的通道,并割断印度与中国战场的战略联系。参加这条铁路修建的劳役,是日军俘虏英国、荷兰、澳大利亚等国的战俘和从亚洲各国抓来的劳工。这是一条由白骨筑成的臭名昭著的"死亡铁路"。

**路骨岬:"路有无数落水甲骨"**

路骨岬(Cape Rachado),马来西亚森美兰海滨岬角,路骨岬亦称"丹戎端"(Tanjong Tuan)。路骨岬位于波德申港东南 15 千米,突出于马六甲海峡东岸。岬角为圆形崖丘,高118米。1847年,岬角建有灯塔与古堡。路骨岬为马六甲海峡最狭窄之处,仅宽32千米,天气晴朗时可望见对岸苏门答腊岛的鲁八岛。路骨岬的地理位置使其成为控制马六甲海峡的咽喉,历史上,殖民主义、帝国主义国家为控制马六甲海峡,经常从此处经过,因此,这里曾有无数船只栽倒在岬崖之下的峡底。

### 新德里:标志着印度独立的新都

新德里(New Delhi),印度首都。新德里东临恒河平原,西傍德里山脉,东距尼泊尔300千米,西北距巴基斯坦350千米。新德里为印度河流域和恒河流域之间的交通要冲,战略地位重要。

古印度的首都为德里。公元前1世纪,孔雀王朝国王拉贾·迪里(Raja Dilla)建都城,德里因而得名。公元1206年,德里苏丹王朝在德里扩建都城。1398

印度德里古塔

年,帖木儿入侵后,德里被废弃。1526年,莫卧儿帝国也以德里为都城。1803年起,德里被英国占领。1858年,英属印度以加尔各答为首府。1912年起,英属印度首府由加尔各答迁至德里,同时开始在德里西南面兴建新德里。1929年,新德里建成。1931年起,英属印度首府迁至新德里。1947年,印度独立后定新德里为首都,新德里成为印度的政治、经济、文化中心和交通枢纽。

新德里建成后,德里包括旧城和新城。旧城称老德里,街道纵横交错,弯曲狭窄,多寺院和古代建筑。新城称新德里,以拉姆斯广场为中心,街道呈辐射状和蛛网式,为既有民族传统色彩又有现代风格的新型城市。

### 克什米尔:失火的"天堂"

克什米尔(Kashmir),印度和巴基斯坦争议地区。克什米尔全称"查谟和克什米尔"(Jammu and Kashmir)。克什米尔位于印度半岛北部,全境多山,地势由北向南倾斜。北部地区有喀喇昆仑山脉,平均海拔6000米以上,8000米以上的山峰4座,7500米以上的山峰8座,其中中国与克什米尔之间的乔戈里峰海拔8611米,是世界第二大高峰。中部属喜马拉雅山西段,6000米以上的山峰13座,帕尔巴特峰海拔8126米。南部为查谟丘陵,一般海拔在1200米上下。克什米尔地区平均海拔4000米以上,因其地势居印度半岛最高处,而被视为印度半岛的"天堂"。

克什米尔地区有印度河上游及其支流杰赫姆河流贯境内,来往和运输多通过山口。克什米尔地区矿藏有煤,多矿泉与硫黄泉,森林面积占1/8。农作物有稻米、玉米、小麦、油菜等。畜牧业以养羊和牛为主,所产羊毛世界闻名。工业和手工业有丝织、地毯、坎肩和木雕等。

克什米尔地处印度半岛北端,南与印度为邻,西接巴基斯坦,北部与阿富汗相连,东部与中国相望,战略地位重要。当初,印巴实行分治时,印度总理尼赫鲁曾说:"没有克什米尔,印度就不能在南亚的政治舞台上占据重要位置。"巴基斯坦总理阿里·汉则说:"克什米尔就像巴基斯坦头上的一顶帽子,如果印度取走这顶帽子,我们就会永远受印度摆布。"克什米尔的重要性可见一斑。

长期以来,印度、巴基斯坦在克什米尔的归属问题上未取得任何实质性的进展和解决。1947年10月,印度、巴基斯坦在克什米尔地区发生武装冲突。1949年,两国划定停火线,巴基斯坦控制区域占克什米尔总面积的2/5,人口占总人口的1/4,目前为300万;印度控制区域占3/5,人口占3/4,目前为900万。但是,克什米尔居民信奉穆斯林的有78%,而信奉印度教的只有20%,这就与以宗教信仰为标准实行"印巴分治"的原则存在着矛盾,从而成为克什米尔地区印巴冲突的根源所在。

克什米尔问题是困扰印度和巴基斯坦两国关系的一大症结,双方围绕克什米尔的归属之争已持续了半个多世纪。1965年、1971年,克什米尔发生了两次印巴战争,停火线以西的一些地方被印度占领。1999年,印巴两国又在克什米尔发生严重武装冲突,双方几乎动用了除核武器以外的能在山区使用的所有常规武器,结果巴基斯坦不得不从印控克什米尔撤出渗透进去的穆斯林游击队。2000年伊始,巴基斯坦表示愿意就克什米尔问题与印度重新谈判,印度却以停止恐怖活动、不再支持向克什米尔渗透、帮助克什米尔恢复和平三个先决条件为谈判设置了障碍,因此双方在克什米尔的炮声时断时续,从未长期消失。

**中东:因水而纷争的"连接五海之地"**

中东(Middle East),一般指亚、非、欧三大洲连接的地区。历史上欧洲殖民主义者向东方扩张,以距欧洲远近,将东方各地分别称为"近东""中东"和"远东",但没有严格的地理区划,特别是"中东"和"近东"没有明确的地理界线。

习惯上,"大中东"国家包括伊朗、伊拉克、塞浦路斯、土耳其、叙利亚、黎巴嫩、巴勒斯坦、以色列、约旦、沙特阿拉伯、也

中东底格里斯河

门、阿曼、阿拉伯联合酋长国、卡塔尔、巴林、科威特等西亚16国以及北非的埃及。从亚洲大陆的角度看,"小中东"一般不包括地中海岛国塞浦路斯、波斯湾岛国巴林和埃及的非洲大陆部分。"小中东"地理范围以美索不达米亚平原为中心,东部为伊朗高原,西北为小亚细亚半岛,南部为阿拉伯高原半岛,"小中东"位于东半球的中央位置,地处亚、欧、非三大洲的陆上交通枢纽,濒临里海、黑海、地中海、红海、阿拉伯海,称"连接五海之地"。

中东是"富得流油"之地,石油是最主要的矿产资源,占世界陆地石油资源的近2/3。然而,中东又是"穷得缺水"之地,吃水贵于油。中东的气候干燥,高原内部由于干旱,有广泛的沙漠分布,大部分地处干旱和半干旱荒漠地区。中东普遍降水较少,内陆降水更为稀少,阿拉伯高原是全球10个降水最少的地区之一,年平均降水量低于100毫米~50毫米。

**西奈半岛:嵌入红海的"楔子"**

西奈半岛(Shibh Jazirat Sina',Sinai Peninsula),非洲国家埃及的亚洲领土。西奈半岛位于亚洲西部,面积约为6万平方千米。

西奈半岛的自然条件较差,大部分为多石的高原,北部为流沙,各种交通运输工具行驶困难。南部为山地高原,通行困难。地中海沿岸为低平潟湖海岸,舰船停泊靠岸困难。但是,苏伊士运河开通后,西奈半岛的战略地位上升。

第二次世界大战期间,法西斯德国"沙漠之狐"隆美尔率领德意联军组成的非洲坦克军团600多辆坦克和600架飞机,曾企图夺取由英国军队固守的埃及,并踏

西奈半岛俯视图

上西奈半岛,向中东进攻,准备与从苏联南下的德军会师。1956年10月29日,在英法两国的怂恿和支持下,以色列对西奈半岛进行了"闪电袭击",发动了第二次中东战争。1967年6月5日,以色列在美国的支持下发动第三次中东战争,占领了西奈半岛。1973年10月6日,埃及军队攻下以色列占领的西奈半岛,以色列在半岛上用3年时间耗资3亿美元构筑的长170千米、纵深10千米的"巴列夫防线"崩溃。第四次中东战争,埃及收回了以色列占领的西奈半岛。

**戈兰高地:以色列"割舍不下"的"心头肉"**

戈兰高地(Golan Heights),叙利亚西南边陲一块狭长的山地。戈兰高地位于约旦河谷地东侧,自北向南伸展,略呈长方形,长约71千米,大部分宽18千米~20千米,最宽处逾43千米,面积约1150平方千米,平均海拔500米,最高海拔2724米。戈兰高地居高临下,俯瞰约旦河谷地和太巴列湖,地形复杂,岗丘和河谷遍布,河谷

戈兰高地赫尔蒙山

一般呈东西走向,两岸多悬崖峭壁,成为南北交通的障碍,进可攻,退可守,是叙利亚西南的天然屏障。

1967年,第三次中东战争中被以色列侵占后,叙利亚及邻国受到以色列的直接威胁。1973年,第四次中东战争期间,叙以两国军队曾在高地进行大规模的坦克战。1974年,根据叙以双方达成的部队脱离接触的协议,虽然以色列交出了部分领土,但仍占据绝大部分土地。1981年,以色列单方面宣布所占土地为其领土,除增建军事设施外,还加紧向戈兰高地移民,建立犹太人定居点。

叙利亚为恢复戈兰高地的领土主权进行了不懈的斗争,并就以色列完全从戈兰高地撤军同以色列进行了积极的外交交涉,但是以色列在恢复两国关系和解与继续为敌的选择上,仍不愿意轻易放弃戈兰高地。这是因为叙利亚在中东阿拉伯国家中的地位重要,以色列认为,只有在军事上牵制住叙利亚,才能分散阿拉伯的力量。但是,以色列的算盘打错了。叙利亚在中东的地位举足轻重,如果把叙利亚排挤在中东的和平进程之外,中东就不可能实现真正的和平,以色列将仍然面临在中东孤立的地位。

**耶路撒冷:三大宗教的"圣城"和"战场"**

耶路撒冷(Jerusalem),世界闻名古城。耶路撒冷位于死海以西的半荒漠高原犹地亚山区顶部,海拔800米,城圈面积约1平方千米,是古代宗教活动中心之一。基

督教、犹太教、伊斯兰教分别根据宗教
传说,都奉耶路撒冷为"圣城"。圣城分
为四个区,南部为犹太教区。东部为穆
斯林区,包括著名的神庙区,神庙区的
圣地有摩哩山的岩顶及岩顶上的伊斯
兰教圣殿、阿克萨清真寺、犹太教"哭
墙"。西北部为基督教区,有基督教的圣
墓教堂。西南部为亚美尼亚区。城西南
的锡安山为犹太教又一重要圣地。城东
的橄榄山有基督教与犹太教圣地。圣城

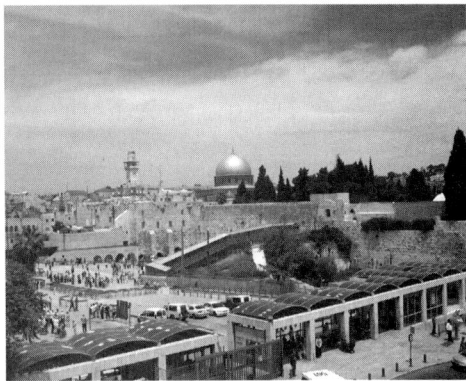
耶路撒冷圣殿山

的所有宗教圣地都是开放的,犹太人可以在"哭墙"下哭泣祈祷,基督徒也可以在殿
堂祈祷,穆斯林随时都可以进入清真寺祈祷。

耶路撒冷,希伯来语意即"和平之城"。传说,犹太人的祖先希伯来人,为逃
避宗教迫害从亚伯拉罕来到耶路撒冷,诞生了耶和华神教。耶和华把这块"流着
奶和蜜的地方"赐给了希伯来人。犹太人为躲避旱灾曾一度迁徙到埃及。后来,
犹太教创始人摩西为躲避埃及法老的迫害,在率部落返回耶路撒冷的途中去
世。公元前 10 世纪,相传以色列的大卫王曾筑城建都。犹太人所罗门王修建了
第一座神庙,希律王修建了第二座神庙,残存的墙壁("哭墙")已成为犹太教最
神圣的地方,现在犹太人准备修建第三座永久圣殿。公元前 586 年,耶路撒冷被
巴比伦皇帝尼布甲尼撒二世毁坏。半个世纪后,巴比伦所俘虏的犹太人返回城
市,重新在此定居。公元前 1 世纪,罗马帝国攻占耶路撒冷,屠杀犹太人百余万
人,犹太人被迫流散到西欧各地。19 世纪末叶,英国从争夺中东的战略利益出
发,积极支持犹太人返回巴勒斯坦的犹太复国主义运动。第一次世界大战后,巴
勒斯坦已沦为英国的"保护地",在英国人的支持下,犹太人纷纷从世界各地返
回耶路撒冷。1948 年,犹太人根据联合国通过关于巴勒斯坦地区的"分治"决议,
成立以色列国。1949 年,第一次中东战争后,根据停战协定,耶路撒冷城一分为
二,以色列占领西城,约旦占领东城。1950 年 1 月,以色列政府宣布西城为本国
首都,从此成为以色列政府和议会所在地。

1967 年,第三次中东战争,以色列侵占东城,并通过《东四城合并》的决议。
1980 年,以色列宣布耶路撒冷为永久的和不可分割的统一首都。

据伊斯兰教的《古兰经》传说,伊斯兰教创始人穆罕默德在创教后第九年的一
个晚上,随天使骑天马从麦加到耶路撒冷,踏着一块岩石,登上七重天,聆听天启,
黎明赶回麦加。伊斯兰教认为,穆罕默德是继摩西、耶稣等先知后,安拉派往人间的

最后一位使者。阿拉伯人曾与犹太人共同在耶路撒冷聚居。这个圣地曾先后被亚述、巴比伦、波斯、马其顿、罗马和拜占庭等帝国征服。从公元7世纪起，阿拉伯帝国征服耶路撒冷，阿拉伯人成为圣城的主要居民。从16世纪起，奥斯曼帝国攻占耶路撒冷城后，阿拉伯人仍然在圣城占绝大多数。第一次世界大战中，英国占领耶路撒冷后，怂恿大批犹太人进入耶路撒冷城，从而为犹太人和阿拉伯人之间争夺圣城种下了矛盾和冲突的祸根。第二次世界大战后，美国扶植犹太复国主义成立了"以色列国"。在以色列的统治下，耶路撒冷的犹太人猛增，目前犹太教徒已达到45万人，而穆斯林教徒只有18万人，基督教徒也只有1.4万人。1988年，巴勒斯坦宣布建国，并定都耶路撒冷。巴以双方都因定都耶路撒冷而难以达成和平协议，并且双方都为此付出了巨大的流血牺牲。

耶路撒冷也是基督教的圣地。在基督教的《圣经》传说中，耶稣出生在伯利恒，耶路撒冷是耶稣生活、传教、遇难的圣地。《圣经》中的人名、事件和地点，在耶路撒冷几乎都有相应的遗迹。圣墓教堂中的耶稣遇难地、洗尸石板、墓窟、客西马尼花园以及《圣经》古版本等，是基督教徒们终生仰慕的圣地、圣物。11世纪末，罗马教皇发动了"十字架反对弯月"的圣战，号召解放"主的坟墓"和"拯救圣地"，答应攻占耶路撒冷后，为远征参加者"赎罪"，在战斗中死亡的可"升天堂"。1099年，攻占了耶路撒冷，建立了耶路撒冷王国。1187年，埃及人阿尤布朝王萨拉丁攻占耶路撒冷，引发了军队的第三次东征，英王狮心理查无力重新攻下耶路撒冷，与萨拉丁签订了允许基督徒3年内可到耶路撒冷朝圣的协议。这几次东征虽然没能最后征服耶路撒冷，但部队在东征过程中的暴行，种下了基督教与伊斯兰教之间互相仇视的祸根，长期以来对中东地区的民族宗教矛盾产生了深刻的影响。至今，罗马教皇仍不甘心历史上的失败，不断插手耶路撒冷问题，并且企图凌驾于以色列与巴勒斯坦之上主导圣城的安排。

几千年来，耶路撒冷浸泡在血腥、象征、神秘之中。这里曾被各方群雄征服过37次，曾8次毁于战火，但每次都在废墟上再生。地球上没有任何一个地方能够像耶路撒冷一样，成为人类三大宗教的共同摇篮和圣地；也没有任何一个地方能够像耶路撒冷一样，成为人类三大宗教相互厮杀的战场和坟墓。如果真有一天，耶路撒冷实现了和平，人类三大宗教停止了矛盾与冲突，那么人类和平与发展的时代才会真正到来。

**特洛伊："木马计"使历史名城变成了"墓地"**

特洛伊(Troy)，古希腊殖民城市。特洛伊城，即土耳其希沙立克，位于小亚细亚半岛西端的达达尼尔海峡东南。

公元前16世纪，特洛伊由古希腊人建立殖民城市。公元前13世纪，特洛伊颇为繁荣。公元前 12 世纪初,希腊本土的斯巴达与特洛伊争夺对爱琴海的霸权,爆发了一场旷日持久的战争,史称"特洛伊战争"。《荷马史诗·伊里亚特》将这场战争的起因归结为特洛伊王子帕里斯抢夺斯巴达王后海伦。

希腊人各城邦组成联军,渡海远征特洛伊城,战争延续 10 年之久。最后,希腊人在智慧女神雅典娜的帮助下,让能工巧匠制造出一个巨大的空心木马。希腊人在攻克特洛伊城的作战中,故意在撤退时把这个藏有勇士的木马丢在特洛伊城外,特洛伊人在自己的城墙上凿了一个大缺口,把木马拖进城中,大摆宴席庆贺胜利。这时,希腊勇士从木马中冲出,里应外合,打败了特洛伊人,特洛伊城最后也变为废墟。19 世纪考古发掘时获得大批古物珍品,证明特洛伊城的确有过繁荣的历史。

**拜科努尔:震惊世界的"拜磕天门之口"**

拜科努尔(Baykonur),位于哈萨克斯坦境内的卡拉干达。1955 年初,拜科努尔建远程导弹发射试验场,后增建了宇航设施。宇航中心拥有导弹与火箭发射台(井)80 多个和 1 条供航天飞机着陆的跑道。宇航中心从事发射卫星、载人飞船、轨道站、月球探测器和行星探测器,以及进行各种导弹、运载火箭、拦截卫星和部分轨道轰炸系统的飞行试验。

宇航中心的范围包括咸海以东、拜科努尔西南、秋拉塔姆以北大片半沙漠、草原地区。秋拉塔姆地处锡尔河北岸,发射场在秋拉塔姆以北 30 千米,发射场中心距东北的拜科努尔镇 300 多千米。场区东西长约 137 千米,南北宽约 88 千米,主要由中心发射区、东发射区、西发射区三部分组成。宇航中心区内设有装配测试厂房、地下发射井、货物转运站、机场、推进剂贮存库、液氧工厂、通信和气象保障系统。东西两区有若干大型发射设施,可分别发射小倾角和大倾角卫星。保障区在秋拉塔姆东南的列宁斯克。宇航中心近场区附近有莫斯科——萨马拉(古比雪夫)——塔什干铁路干线。

拜科努尔宇航中心曾发生过许多震惊世界的巨大事件。1957 年,拜科努尔宇航中心发射了苏联第一枚洲际导弹和世界上第一颗人造地球卫星。1961 年 4 月 12 日,世界上第一个宇航员加加林从拜科努尔宇航中心升空做宇宙飞行。1963 年 6 月 16 日,世界上第一个女宇航员捷列什科娃也从宇航中心升空做宇宙飞行。1988 年,苏联第一架不载人的航天飞机"暴风雪"号也从这里发射升空。苏联拜科努尔宇航中心曾进行了大量运载火箭和航天器的发射,从 1957 年到 2000 年 4 月,拜科努尔共发射运载火箭 1140 次,航天器 1157 次。

苏联解体后,拜科努尔宇航中心划归哈萨克斯坦,俄罗斯每年向其支付租金,租用期至 2050 年。

## 二、欧洲大陆：飞离亚细亚的"欧罗巴"女神

欧洲大陆（European Continent），全称欧罗巴洲大陆。欧洲大陆位于东半球西北部，北濒北冰洋，西濒大西洋，南临地中海。欧洲大陆西北隔格陵兰海、丹麦海峡与北美大陆相对；南隔地中海与非洲大陆相望；东部以达达尼尔海峡、马尔马拉海、博斯普鲁斯海峡、里海、高加索山脉、乌拉尔河、乌拉尔山脉同亚洲分界。

**乌拉尔：亚欧大陆的"分界线"**

乌拉尔（Uralskiy），北起北冰洋，南至里海，蜿蜒长达4400多千米。乌拉尔山全长2000多千米，宽40千米~150千米。按地貌及其自然特点，从北至南分为极地、亚极地、北段、中段、南段。极地乌拉尔，北起康斯坦丁诺夫山，南至伏尔加河上游。亚极地乌拉尔，位于伏尔加河上游与休戈尔河东西走向的河段之间。北乌拉尔山在亚极地乌拉尔之南，从休戈尔河延伸至奥斯良卡山。中乌拉尔山从奥斯良卡山至下乌法列伊地区乌法河东西走向河段的低山地段。南乌拉尔山从乌法河东西走向的河段至乌拉尔河中游。乌拉尔河源出南乌拉尔山东北坡，曲折南流，最后注入里海，全长2428千米。

乌拉尔也是俄罗斯亚洲部分与欧洲部分的分界线，乌拉尔以东为俄罗斯的西西伯利亚，以西为东欧平原。西西伯利亚西起乌拉尔，东至叶尼塞河，北起北冰洋，南至哈萨克丘陵地带，自北向南有苔原、森林苔原、森林、森林草原和草原带。东欧平原又称俄罗斯平原，东起乌拉尔，西界斯堪的纳维亚山脉、中欧山地、喀尔巴阡山脉，北起白海、巴伦支海，南抵亚速海、黑海、里海和高加索，自北向南有苔原、森林、森林草原、草原带。

俄罗斯起初属于欧洲国家。16世纪中叶，伊凡雷帝称"沙皇"，俄罗斯向东扩张，征服了整个伏尔加河流域。16世纪下半叶，俄罗斯越过乌拉尔向西伯利亚扩张。19世纪中期，俄罗斯侵略势力远及黑龙江、乌苏里江流域，以不平等条约割占了中国150多万平方千米的领土，俄罗斯从而成为亚洲部分大于欧洲部分的欧洲国家。

由于乌拉尔的自然屏障作用和乌拉尔山河丰富的矿藏资源，第二次世界大战期间，苏联人民在伟大的卫国战争中，乌拉尔很快就发展成为苏联的主要兵工基地，兵工产品占全国的40%，工业部门能生产前线所必需的各种武器、弹药和军事技术装备，乌拉尔为保障卫国战争的胜利发挥了巨大的后方基地的作用。

**伏尔加格勒：敲响希特勒第三帝国丧钟之地**

伏尔加格勒（Volgograd），俄罗斯城市名，旧名为苏联时期的斯大林格勒，城市

位于伏尔加河河畔,受伏尔加河的滋润,风景秀丽,气候宜人,物产丰富,历来被称为俄罗斯的"南部粮仓"。

1589年,为保卫伏尔加河与顿河水陆结合部,在察里津河与伏尔加河的汇合处岛上建察里津城。1615年,察里津(17世纪初被烧毁)重建于伏尔加河右岸。19世纪下半叶,随着资本主义在俄罗斯的发展,察里津在高加索与俄罗斯中部的水上交通线及铁路线发展和工业城市的发展中起着重要的中心作用。1917年11月,察里津建立苏维埃政权。在国内战争与外国武装干涉期间,察里津人民英勇的保卫战对打破俄罗斯南部反革命与东线白匪军会合起了重要作用。1925年,察里津改称斯大林格勒。

第二次世界大战中,斯大林格勒人民在伟大的卫国战争期间建立了不朽的功勋。1942年7月17日至1943年2月2日,进行了举世闻名的斯大林格勒大会战。希特勒集中了德军在苏联战场上近一半的兵力,妄图攻下斯大林格勒,结果德军及其仆从国军有5个集团军被消灭,损失达150万人。斯大林格勒战役是伟大的卫国战争的胜利转折点,也是第二次世界大战欧洲战场的转折点,德国军队从此由战略进攻转向战略防御,第三帝国的丧钟开始敲响。

斯大林格勒是一座英雄的城市。该城有200多处国内战争与伟大卫国战争中英勇斗争的历史遗迹,至今许多广场和街道的历史名称都与斯大林格勒人民卫国战争的历史相联系。1961年,这座城市的名字改称为伏尔加格勒。2013年1月,俄罗斯伏尔加格勒市杜马通过决议,每年6天特定纪念日期间,这座城市重新更名为斯大林格勒,以纪念斯大林格勒保卫战取得的胜利。

**高加索:俄罗斯脚上的"高套枷锁"**

高加索(Caucasus Kavkaz),高加索山脉地区的通称。高加索地区位于亚速海、黑海、里海之间的广大地区,总面积约44万平方千米。高加索地区被大、小高加索山脉分为北高加索和南高加索两大部分。北高加索又称内高加索,处于俄罗斯的南端,属于俄罗斯的版图,南高加索又称外高加索,原属于苏联的版图,苏联解体后分为格鲁吉亚、亚美尼亚、阿塞拜疆。

高加索是多灾多难的地区。16世纪起,历代沙皇全力推行南下扩张政策,意在争夺南方的出海口,开辟土耳其、波斯等东方市场。17世纪和18世纪之交,北高加索战火不断,内有各族间的争斗,外有波斯、奥斯曼帝国、沙俄帝国的角逐。19世纪上半叶,沙俄结束了在北高加索的内乱,并将南高加索的格鲁吉亚、亚美尼亚、阿塞拜疆三国并入俄罗斯版图,沙俄帝国最终主宰了高加索地区的命运。苏联十月革命后,南高加索三国也随之加入苏联,高加索战乱烽火的日子终告结束。

苏联解体后,南高加索三国分离出去,北高加索地区武装冲突和恐怖事件接二连三,高加索地区又陷入终无宁日的局面。北高加索聚集着俄罗斯联邦的北奥塞梯共和国、车臣—印古什共和国、鞑靼斯坦共和国、达吉斯坦共和国、切尔克斯共和国等由这些少数民族为主体命名的共和国。在北高加索,起初是北奥塞梯与印古什因领土纠纷而爆发武装冲突,紧接着是旷日持久的车臣战争。

南高加索也是火药味浓重,纳卡冲突、阿布哈兹冲突一度成为世界"热点"。纳卡,即阿塞拜疆的纳戈尔诺—卡拉巴赫地区的简称,是阿塞拜疆的领土,但主要居民却是亚美尼亚人,亚美尼亚要求阿塞拜疆归还纳卡"飞地",于是爆发了武装冲突,阿塞拜疆失去了25%的领土,至今纳卡地区仍处于不战不和的状态。阿布哈兹位于黑海之滨,是格鲁吉亚的领土,但阿布哈兹想趁苏联解体之机而谋取独立,阿布哈兹与格鲁吉亚政府之间的冲突仍持续不断。

高加索是俄罗斯的南大门,也是俄罗斯传统的后院,而如今的高加索却成为俄罗斯的一具"高套枷锁"。

### 车臣:"战车"难以征服的俄罗斯"臣子"

车臣(Chechnya),俄罗斯联邦的一个共和国。车臣位于高加索山脉北侧,与格鲁吉亚毗连,面积近2万平方千米。首府格罗兹尼(Groznyy)。车臣居民以穆斯林为主,信奉伊斯兰教。

车臣民族祖祖辈辈生息在高加索的崇山峻岭,多靠游猎为生的山民,素来尚武强悍,英勇善战,有山鹰的性格,宁折不屈。19世纪,沙俄经过40多年的高加索战争,最后于1895年才将车臣并入沙俄帝国的版图。俄罗斯著名诗人莱蒙托夫在长诗《伊兹麦尔·拜》中写道:"山区的民族野蛮剽悍,他们的信条是自由,他们的法律是争战。"俄罗斯大文豪托尔斯泰也曾说过:"车臣人在俄国军队面前从未屈服过,个个都是不怕死的硬汉。"1921年,苏维埃联盟成立后,列宁主张联盟内各民族一律平等,中央政府投入了大量财力、物力帮助车臣发展民族工业,培养当地干部,车臣才进入稳定与发展的历史时期。但是,赫鲁晓夫统治时期,采取同化车臣民族的大俄罗斯主义政策,萌发了车臣民族与俄罗斯仇恨的种子。戈尔巴乔夫推行"新思维",使车臣的民族主义势力复兴。苏联解体,俄罗斯独立,为车臣脱离俄罗斯联邦提供了历史契机。

车臣的民族分裂主义曾受到俄罗斯总统叶利钦的支持。20世纪80年代末90年代初,车臣民族分裂主义势力的"独立运动"空前高涨。1991年9月,车臣人杜达耶夫(苏联空军退役少将)一举推翻车臣共和国的政权,两个月后又当选为车臣共和国第一任总统。由于当时的俄罗斯总统叶利钦急于想从苏联中独立出来,车臣的独立运动对叶利钦无疑是一个有力的策应,于是叶利钦为车臣开通了"运输走廊",从而为车臣民族分裂主义发动内战提供了客观条件。

　　然而,叶利钦促成苏联解体后,车臣民族分裂主义势力并未停止独立活动,杜达耶夫的目标不仅仅是脱离苏联,而是为车臣最终脱离俄罗斯联邦而独立。1994年底,俄罗斯军队出兵车臣,车臣内战爆发。车臣战争持续了 20 个月之久,杜达耶夫在战争中丧命。1997 年初,俄罗斯军队撤出车臣。车臣新当选总统马斯哈多夫仍坚持车臣独立。1999 年秋, 车臣恐怖主义分子在莫斯科和其他一些城市连续制造爆炸事件,大批车臣武装分子潜入近邻的达吉斯坦共和国,制造叛乱。俄罗斯军队再次出兵车臣,10 万大军封锁了车臣首府格罗兹尼。直至 2000 年 2 月初,俄罗斯军队才最终控制了格罗兹尼。

　　在战略上,车臣是一个点,通过这个点,可以渗透和控制高加索、里海、乌拉尔乃至中亚地区。

**巴尔干半岛:欧洲史上著名的"火药桶"**

　　巴尔干半岛(Balkan Peninsula),欧洲南部三大半岛之一。巴尔干半岛东临黑海,南濒马尔马拉海、爱琴海,与地中海相接,西濒爱奥尼亚海、亚得里亚海。巴尔干半岛包括罗马尼亚、保加利亚、南斯拉夫(包括斯洛文尼亚、克罗地亚、波斯尼亚—黑塞哥维那、马其顿)、阿尔巴尼亚、希腊以及土耳其的部分领土。巴尔干半岛呈倒置三角形,东西最大距离约 1260 千米,南北最大距离 950 千米,面积约 50 万平方千米。

　　巴尔干,土耳其语意"多山之地"。整个半岛大部分为山地,仅在北部和东部局部有平原。主要山脉有西部沿海的迪纳拉山脉,呈西北—东南走向,纵贯半岛;东北部的斯塔拉山脉,横亘保加利亚全境;南部的罗多彼山脉,沿爱琴海岸呈东西走向。斯塔拉山脉的北坡是由丘陵、高原构成的广阔地带, 山南是由盆地组成的中央低地。东北部为多瑙河下游平原。

　　巴尔干半岛地表切割强烈,内部交通不方便,交通干线多沿谷地通过。中欧通往巴尔干的铁路经贝尔格莱德,沿摩拉瓦河到南斯拉夫境内的尼什分成两支,一支通往希腊的雅典,另一支经索菲亚通向土耳其的伊斯坦布尔。

　　巴尔干半岛地处欧亚大陆西段近东、中东和北部的交接地带,位于欧、亚、非三大洲的交通要道,并拥有黑海、亚得里亚海通往地中海的出海口。这种特殊的地理环境,就成为历史上的罗马帝国、拜占庭帝国、奥斯曼帝国、神圣罗马帝国、奥匈帝国等称霸的必争之地。公元前 2 世纪以来,巴尔干半岛先后被罗马、拜占庭、奥斯曼等帝国长期统治。19 世纪 20 年代后期起,巴尔干半岛成为俄罗斯、奥地利、英国、法国激烈争夺的地区,俄罗斯企图打通南下地中海的通道,奥地利企图向南进行领土扩张,英法两国则力图阻止俄罗斯南下以保护中东的既得利益,因而多次发生战争。从 19 世纪中叶开始,巴尔干半岛的战火连年不断,使半岛各国卷入大的战争主

要有两次俄土战争、两次巴尔干战争和两次世界大战，因而巴尔干半岛素有欧洲
"火药桶"之称。

### 马拉松：因报捷而成体育"和平竞争"的象征

马拉松(Marathon)，希腊地名。马拉松位于雅典东北 30 千米，是古代希波战争的
著名战场。公元前 492 年，波斯帝国与希腊争夺对黑海、爱琴海和东地中海的控制权，
波斯王大流士派遣水陆大军进攻希腊，因海上遭遇风暴而半途而废。公元前 490 年，
波斯王大流士海军舰队渡爱琴海，在距雅典城东北的马拉松海湾登陆。雅典军奋勇应
战，在马拉松平原打败波斯军队，史称马拉松之战。为了把胜利消息迅速告诉雅典城
的市民，希腊军队派遣长跑优胜者斐迪庇第斯，从马拉松跑至雅典中央广场，全程
42.195 千米。斐迪庇第斯在报捷后，即刻倒地牺牲。为了纪念马拉松之战，1896 年雅
典举行第一届奥林匹克运动会时设立了"马拉松长跑"项目，至今世界各国通用的马
拉松长跑距离均为 42.195 千米。马拉松至今古迹犹存，为著名的旅游胜地。

### 波黑："一波三折"的摸黑行路之地

波黑(Bosnia-Herzegovina)，波斯尼亚—黑塞哥维那的简称。波黑原为南斯拉夫
的成员共和国，由北部的波斯尼亚和南部的黑塞哥维那组成，面积 5 万多平方千米，
人口 400 多万。居民主要为克罗地亚人和塞尔维亚人。首府萨拉热窝(Sarajevo)。

波黑问题是南斯拉夫问题乃至巴尔干半岛问题的一个突出写照。南斯拉夫
地区大多数民族的祖先都是斯拉夫南部各族，由于巴尔干半岛遭受外族入侵和
强大帝国征服，居民受外来文化的影响，才根据不同的宗教信仰区分为几个不同
的民族，如波黑境内的塞尔维亚、克罗地亚、斯洛文尼亚等族。人们常引用的"火
药桶"例子就发生在此处：1914 年，奥匈帝国皇太子斐迪南在波黑境内的萨拉热
窝被塞尔维亚青年普林西波击毙，成了爆发第一次世界大战的导火索。大战中，斯洛文尼亚和克罗地亚两族站在德国和奥匈同盟国一边，塞尔维亚和黑山等族站在俄、英、法协约国一边，相互残杀。直到 1918 年，塞尔维亚军队在巴尔干的胜利，使南斯拉夫各族为之一振，在共同利益的作用

波黑首都萨拉热窝

下,信仰不同宗教的民族之间相互联合,南斯拉夫组成了统一的国家,即:"塞尔维亚人、克罗地亚人和斯洛文尼亚人王国",1929 年更名为"南斯拉夫王国"。

第二次世界大战期间,希特勒谋划巴尔干战局,企图将南斯拉夫拉入法西斯阵营,其阴谋破产后,即悍然发动摧毁南斯拉夫王国的战争。希特勒和墨索里尼及其帮凶瓜分南斯拉夫,建立了包括克罗地亚、波黑及斯雷姆地区在内的"克罗地亚独立国",推行"克罗地亚化",对塞尔维亚人实行"种族灭绝"政策。流亡国外的塞尔维亚王室,在英国帝国主义的指使下,派出"切特尼克"恐怖主义组织,在南斯拉夫境内血洗克罗地亚族聚居区。克塞两族自相残杀,积怨日深。直至以铁托为首的共产党领导下的游击队在全国各地举行武装起义,打败了德国和意大利法西斯军队,建立了统一的南斯拉夫联邦人民共和国后,南斯拉夫及其波黑境内才结束了民族之间的相互仇杀,逐渐走上民族和解与团结的道路。

冷战结束,苏联解体,华约解散,催化了南联邦内部民族和宗教矛盾,造成南联邦的迅速解体,进而酿成了波黑危机。1991 年,南斯拉夫联邦解体,波黑独立,内部民族与宗教矛盾再次突出起来,波黑危机由于美国等西方大国的插手,导致了持续4 年之久的内战。

### 克里米亚半岛:酷似"乌克兰龟"的"脑袋"

克里米亚半岛(Krymisky Poluostrov,Crimea Penisula),介于亚速海与黑海之间的半岛。克里米亚半岛,一译"克里木半岛"。克里米亚半岛大体呈菱形,西部、南部濒临黑海,东部临亚速海,北以狭窄的彼列科普地峡与酷似乌龟的乌克兰大陆相连,就像"乌克兰龟"伸入黑海与亚速海的一个大"脑袋"。克里米亚半岛东部为刻赤半岛,介于黑海和亚速海之间,西端狭窄部为塔尔汉库特半岛。克里米亚半岛面积大约为 2.7 万平方千米,主要居民为俄罗斯人。

克里米亚半岛的地理位置极为重要,历史上常常成为各国争夺的重要目标,北部草原和南部陆地皆有外族不断入侵。据历史记载,最早在这个地区活动的是一些游牧和狩猎的民族。公元前 7 世纪,希腊人打破了这里宁静和谐的生活,进入南部克里米亚。公元前 5 世纪,克里米亚半岛出现希腊化城邦。公元 6 世纪~12 世纪,拜占庭帝国的希腊人控制了克里米亚半岛。1443 年,克里米亚半岛建立鞑靼封建汗国。1475年,克里米亚半岛沦为土耳其苏丹的属国。1687 年~1689 年,俄罗斯帝国为夺取黑海出海口,两次远征克里米亚半岛。1768 年~1774 年,俄土战争中,克里米亚半岛被俄罗斯军队占领。1783 年,克里米亚半岛并入俄罗斯帝国版图。1853~1856 年,在克里米亚半岛战争中,其曾是俄罗斯军队对土耳其、英国、法国、撒丁联军作战的主战场。1918 年,在克里米亚半岛建立苏维埃政权,属俄罗斯联邦管辖,不久协约国军队在半岛登陆,支持俄罗斯白匪军进行武装叛乱。1920 年,克里米亚半岛被苏联红军再次解放。第二次世界大战期间,苏联军民与法西斯德军在岛上进行过多次激战。1944年,苏联军队收复克里米亚半岛。1954年,为庆祝乌克兰与俄罗斯结盟300周年,苏联将克里米亚半岛划归乌克兰。1991年,乌克兰脱离苏联独立,克里米亚半岛一同划归乌克兰。2014年3月,克里米亚当地议会宣布脱离乌克兰独立,并举行全民公投。根据公投结果,克里米亚当局宣布加入俄罗斯联邦。

**基辅:"俄罗斯的双脚"**

基辅(Kiyev,Kiev),乌克兰首都。基辅位于第聂伯河与杰斯纳河的汇合处,地处俄罗斯首都莫斯科通往顿河、第聂伯河、黑海、巴尔干半岛、东欧国家的交通要道上。

公元6世纪~7世纪,基辅城兴起,成为东斯拉夫波利安部族的中心。882年~1132年,基辅成为东欧早期封建国家基辅罗斯的政治、文化和商业中心,

乌克兰首都基辅

是欧洲早期大城市之一。随着基辅罗斯的封建化,古罗斯国肢解为许多公国。从12世纪30年代起,基辅失去了对众多公国的支配地位而成为基辅公国首府。1240年底,基辅被蒙古鞑靼人攻占,从此,基辅公国沦为金帐汗国的属国。1362年,基辅被立陶宛侵占,基辅公国并入立陶宛大公国。1471年,为基辅督军区中心。1569年,基辅公国并入波兰。

1654年,乌克兰和俄罗斯重新合并后,基辅并入俄罗斯帝国。17世纪下半叶,基辅多次遭波兰贵族和克里米亚(克里木)汗国军队侵犯,当时城内筑有坚固的工事,从而成为当时欧洲的头等要塞。1918年初,苏联军队解放基辅,为乌克兰苏维埃政府的所在地,不久由帝国主义协约国支持的白匪军叛乱的内战时期,争夺基辅的斗争更加残酷持久,城市多次易手,最终被白匪叛军占领。1919年底,苏联军队再次解放基辅。1934年,乌克兰苏维埃社会主义共和国政府再次迁都基辅。1941年,法西斯德国军队占领基辅后,基辅人民展开广泛的游击战争打击侵略军。1943年底,基辅获得解放,开始重建。1954年,为纪念乌克兰和俄罗斯重新合并300周年,基辅市被授予"列宁勋章"。1991年,乌克兰独立后,基辅成为乌克

兰共和国的首都。

### 明斯克:一座"光明克制死神"的英雄城

明斯克(Minsk),白俄罗斯首都。明斯克位于别烈津纳河支流斯维斯洛奇河畔,人口百万以上,曾是苏联工业、科学、文化的最大中心之一。

明斯克是基辅罗斯最古老的城市,1067年首见记载,最早是波洛茨克公国梅涅斯克要塞。12世纪初期,明斯克成了新形成的明斯克公国的中心。14世纪起,明斯克属立陶宛大公国。16世纪,为明斯克督军区首府。1569年始,明斯克归属统一的波兰—立陶宛王国。1793年,波兰—立陶宛王国第二次被瓜分时,明斯克并入俄罗斯版图。1812年,拿破仑军队曾占领明斯克。第一次世界大战时,明斯克由俄罗斯重兵驻扎。1918年初,德国军队占领了明斯克。1918年底,苏维埃军队解放了明斯克。1919年起,明斯克成为白俄罗斯苏维埃社会主义共和国的首都。

第二次世界大战中,法西斯德国军队把明斯克作为主要突击方向,德军"中央"集团军群的突击集团从西北和西南两个方向进攻明斯克。在伟大的卫国战争中,明斯克人民武装起来誓死保卫英雄的城市。在明斯克3年沦陷期间,明斯克人民同德国占领军展开了英勇的游击战。德国占领军的破坏和掠夺使明斯克成为一片废墟,明斯克有30万人民被屠杀。为纪念明斯克在伟大的卫国战争中做出的巨大牺牲和贡献,明斯克被命名为"英雄城市",并建立纪念塔。1991年,白俄罗斯独立后,明斯克成为白俄罗斯共和国的首都。

### 科拉半岛:"北方恐龙之首"

科拉半岛(Kol'skiy Polustrov),俄罗斯西北角的半岛。科拉半岛大部分处于北极圈内,北濒巴伦支海,东部、南部临白海,西以科拉河、伊曼德拉湖、尼瓦河为界。科拉半岛酷似一条"恐龙"之首,东西长约400千米,宽约300千米,面积约10万平方千米。科拉半岛北部海岸陡峻,南部海岸低缓,沿海岛屿星罗棋布,最大的是基利金岛。科拉半岛海湾众多,以北岸的科拉湾为最大,长约57千米,入口处宽7千米,大部分水深200米~300米。北极

俄罗斯科拉半岛

圈内最大的港市摩尔曼斯克位于科拉湾的东岸。

科拉半岛交通较发达,摩尔曼斯克有公路和双轨铁路南通圣彼得堡(列宁格勒),西达距挪威边界18千米的佩琴加海军基地。第一次世界大战期间,为解决因德国对波罗的海封锁造成的困难,沙皇俄国于1915年在摩尔曼斯克建港,1916年又铺设了铁路,以接受协约国的物资援助。十月革命后,美英协约国支持国内白匪军叛乱,科拉半岛曾被美英联军占领。苏联卫国战争期间,科拉半岛为北方舰队基地,此后苏联一直在此扩建军事设施。至20世纪80年代中期,科拉半岛约一半土地被列为军事禁区。主要海军基地有:北莫尔斯克为北方舰队司令部驻地,摩尔曼斯克为军、商两用港,波利亚尔利为潜艇司令部驻地,格列米哈为核潜艇基地,别卢沙古巴为海军航空兵基地,半岛还建有多座军火库,包括核武器库。故科拉半岛也可以称为苏联俄罗斯北方舰队这条巨龙卧藏之地,它守卫着俄罗斯北方的安全。

**斯堪的纳维亚半岛:盘在欧洲大陆头顶上的"眼镜蛇"**

斯堪的纳维亚半岛(Scandinavian Peninsula),欧洲最大的半岛。斯堪的纳维亚半岛位于巴伦支海、挪威海、北海和波罗的海之间,半岛长1850千米,最宽处700千米,面积约75万平方千米。

斯堪的纳维亚半岛包括挪威、瑞典和芬兰的西北部分。挪威位于半岛西半部分,地势从西部海岸向东部高原和山地陡升。东部为狭长的斯堪的纳维亚山脉,纵贯南北。瑞典位于半岛东半部分,地势由西北斯堪的纳维亚山脉东坡向东部沿海倾斜。

斯堪的纳维亚半岛的这种地形特点,决定了历史上斯堪的纳维亚半岛国家挪威、瑞典与日德兰半岛国家丹麦之间错综复杂的关系,归根到底,是斯堪的纳维亚半岛与日德兰半岛对波罗的海诸海峡的海上通道的扼控权。公元9世纪~11世纪,丹麦是波罗的海最强大的国家,控制了挪威、瑞典及波罗的海沿岸大部分领土。1368年~1370年,丹麦在与德意志北部的150个城市组成的汉萨同盟的战争失败后,转而加强对斯堪的纳维亚半岛国家的控制。1380年,丹麦与挪威结盟,占统治地位。1397年,丹麦与挪威、瑞典结成卡尔马联盟,仍处于统治地位。1397年,挪威、瑞典与丹麦结盟,受丹麦控制。至1412年,丹麦的统治区域包括挪威、瑞典、冰岛、格陵兰岛等地。1532年,瑞典退出联盟,逐步占领波罗的海沿岸地区,建立"瑞典波罗的海帝国",称雄于北欧。17世纪、18世纪,丹麦与瑞典争夺波罗的海的控制权进行的一系列战争失败。1700年~1721年、1808年,瑞典与俄罗斯在争夺波罗的海的战争中均遭失败,被迫割让芬兰给俄罗斯。1814年,丹麦将挪威割让给瑞典,挪威与瑞典结成挪瑞联盟。1905年,挪威脱离瑞典独立,斯堪的纳维亚半岛与日德兰半岛三国的格局才告定型。

### 加里宁格勒:俄罗斯西端的"飞地"

加里宁格勒(Kaliningrad),最初是由柯尼斯山的一个小镇演变而来的。柯尼斯山是由德国骑士在 13 世纪建立的一个城镇。在中世纪和中世纪之后,这个城镇成为欧洲北部一个繁荣的贸易点。第二次世界大战结束时,被苏联红军占领,并根据斯大林时代著名的领导人加里宁的名字重新命名为加里宁格勒。

加里宁格勒至莫斯科的距离有其至德国柏林距离的两倍,它是俄罗斯在波罗的海的一个前哨阵地。由于加里宁格勒周边的国家迟早要加入西欧一体化进程,加里宁格勒将会变为一个被西方世界所包围的"孤岛"。正因如此,加里宁格勒的战略地位才明显上升,成为俄罗斯对西欧国家在军事上进行制约的一个特殊地区。因此,西方传媒纷纷报道说,俄罗斯军队把短程核武器运送到加里宁格勒,从而引起了西欧一些国家的恐慌。不论有无事实根据,俄罗斯在加里宁格勒的军事部署将对北约的军事力量构成一定的制约作用。这个"飞地"是俄罗斯的一块宝地。

### 波兰走廊:德国东侵的"通道"

波兰走廊(Polska Corridor),波兰历史性地区。波兰走廊,亦称但泽走廊。第一次世界大战后,波兰复国。根据 1919 年的《凡尔赛和约》,把原属德国领土东普鲁士和西普鲁士之间、沿维斯瓦河下游西岸划出一条宽约 80 千米的狭长地带划归波兰,称"波兰走廊",作为波兰出波罗的海的唯一通道。

波兰走廊,在历史上本来就属于波兰,居民多为波兰人。1772 年在波兰第一次被瓜分时,波兰走廊落入普鲁士之手。根据《凡尔赛同盟条约》规定,波兰走廊重归波兰时,还把但泽(格但斯克港)归为"自由市",由国际联盟共管,实际上波兰的出海口、对外交通仍然受到制约,于是辟建了替代港口格丁尼亚。德国则对其国土被这一走廊分割成东、西普鲁士两部分,特别是对波兰政府拒绝其建筑享有治外法权的铁路、公路线通过走廊连接东普鲁士极为不满。这成为 1939 年 9 月德国入侵波兰并吞并波兰走廊和但泽的重要借口。

1945 年定的《波茨坦协定》规定,奥得河、尼斯河以东地区,包括但泽在内的全部领土又重归波兰所有,但泽也恢复原名格但斯克,这条走廊便不复存在。

### 维斯瓦河:历次欧洲大战中的"死河"

维斯瓦河(The Vistula),中欧第一大河。维斯瓦河源自波兰南部的西里西亚贝斯基迪山,呈东北—西北走向的巨大弧形,注入格但斯克湾。维斯瓦河全长 1068 千米,流域面积 19.8 万平方千米,流域范围有 87% 在波兰境内,其余在俄罗斯和捷克境内。

历史上,凡是欧洲发生大战,维斯瓦河就必定变成一条"死河",有无数生灵尸体漂浮河面。1733 年,俄罗斯军队强渡维斯瓦河,进攻波兰首都华沙。1756 年~1763 年,奥地利王位继承战争期间,俄罗斯军队曾强渡维斯瓦河下游。1805 年,拿

破仑军队在华沙附近强
渡维斯瓦河,东进入侵俄
罗斯。1813 年,俄罗斯军
队踏冰强渡维斯瓦河,追
击拿破仑军队的残部。
1914 年,俄罗斯军队与德
国军队在维斯瓦河两岸
展开过第一次世界大战
中规模最大的战役之一,
双方参战兵力达 80 余万
人,鲜血染红了维斯瓦
河。第二次世界大战开始

华沙维斯瓦河

头几天,德国军队就首先强渡维斯瓦河。1945 年,苏联军队强渡维斯瓦河,实施了
第二次世界大战中最大的战役之一维斯瓦河—奥得河战役。

**易北河:德国东西分界的"界河"**

易北河(Elbe River),中欧主要河流之一。易北河上游源于波兰、捷克边境的苏
台德山脉,曲折流经捷克西北部和德国中北部;中下游斜贯波德平原,在德国库克
斯港附近注入北海。

第二次世界大战期间,法西斯德国军队的残部被歼灭在易北河两岸。1945 年 4
月 25 日,苏联军队与美国军队在易北河畔胜利会师,由此曾被苏联军队与美国军
队分占的易北河两岸的部分河段成为民主德国和联邦德国边界的一部分。

**慕尼黑:"黑幕外交"的代名词**

慕尼黑(Munchen,Munich),德国东南部城市。慕尼黑地处阿尔卑斯山北麓,濒
多瑙河支流伊萨尔河,历
来为南欧通向中欧、北欧
的要冲。

慕尼黑盛产啤酒,有
啤酒城之称。慕尼黑曾是
希特勒发迹的据点, 他在
这里曾发动啤酒馆暴动,
组建纳粹党及法西斯武装
组织冲锋队和党卫军。
1938 年 9 月,英国和法国

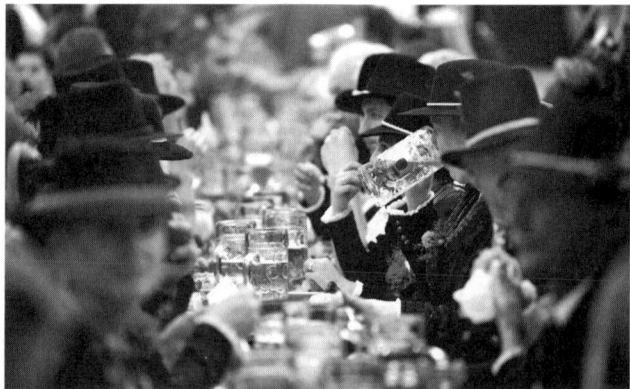

慕尼黑啤酒节

政府推行绥靖主义,与德国、意大利轴心国进行妥协,在慕尼黑签订《慕尼黑协定》,迫使捷克斯洛伐克割让苏台德等地区给德国。但是,英法两国牺牲弱小国家利益的外交黑幕,并未满足法西斯德国的侵略扩张野心,反而助长了德意法西斯国家侵略扩张的气焰,并引火烧身,成了德国发动战争进攻的对象。此后,慕尼黑成了外交黑幕的代名词。第二次世界大战爆发后,人们把美国牺牲亚太地区国家的利益而避免与日本直接冲突的做法,称作"东方慕尼黑政策"。

**滑铁卢:强大力量败北的代言词**

滑铁卢(Waterloo),比利时城市。滑铁卢位于比利时首都布鲁塞尔以南约18千米。

拿破仑战争期间,法国对欧洲封建势力组成的反法联盟作战,曾创造了人类战争史上的辉煌胜利。然而,拿破仑战争由最初的反抗封建势力围剿的战争逐渐发展和扩大为对欧洲国家进行帝国统治的

滑铁卢古战场

战争,拿破仑战争也随之走向失败。1814年3月,法国军队兵败巴黎,拿破仑被迫退位,被流放到厄尔巴岛。1815年2月,拿破仑逃离流放地,返回巴黎,重新登上法国皇帝的宝座。这时,欧洲封建势力又重新组成反法联盟,组织70万大军,分五路从三个方向围攻巴黎。

为了对抗由英国、俄国、奥地利、普鲁士、荷兰等国组成的联军,拿破仑亲率12万法军进入比利时,企图在比境内将英荷联军、普鲁士下莱茵集团军各个击破。1815年6月17日,拿破仑率法军主力,对在滑铁卢以南有利地形设防的英荷联军进行强攻,以阻止普军与英荷联军会合。由于法军兵力不足,拿破仑没有得到及时的增援,使得英荷联军与普军对法军形成两面夹击,法军被迫退却。滑铁卢战役中,法军损失了3.2万人和全部火炮,盟军伤亡2.3万人,拿破仑丢弃残兵败将逃回巴黎。6月22日,拿破仑被迫再度退位,后被流放到圣赫勒拿岛(圣海伦娜岛)。滑铁卢战役是拿破仑战争的最后一战,拿破仑再度掌握法国政权不足4个月,史称"百日王朝"。

**"马奇诺防线":固若金汤却挡不住"闪电袭击"**

"马奇诺防线"(Maginot Line),第二次世界大战前法国构筑的东部防线。1929

115

年~1936 年,"马奇诺防线"基本建成,至第二次世界大战爆发前仍不断加以改进。"马奇诺防线"划分为若干筑垒地域和防区。"马奇诺防线"构筑的永备发射工事共有5600 个左右,在主要方向上筑有 22 个大型永备发射工事群。规模最大的工事群,可驻扎守军达 1200 人。为了守护"马奇诺防线",法国组建了人数达 22.4 万的特种要塞部队。第二次世界大战爆发后,法军有两个集团军群(50 个师)驻守"马奇诺防线",可谓固若金汤。

"马奇诺防线"的设计者们,完全忽视了机械化陆军和空军发展的客观形势,没有认识到任何固定的防线都不可能完全抵御坦克的突破和空军的空袭,都不可能成为不可逾越的障碍。加之,法比边境大部没有构筑工事,德军可从北面绕过"马奇诺防线"对法国进行突袭。1940 年 5 月,德军向法国大举进行"闪电袭击",迂回"马奇诺防线"进入法国境内,直扑英吉利海峡。英法联军被德军逼迫至敦刻尔克,经过九昼夜苦战,从海上撤退至英伦三岛,而德军迅速进入法国腹地,占领巴黎,法国政府投降,全境沦陷。

**凡尔登:德法两国"凡夫俗子"的"绞肉机"**

凡尔登(Verdun),欧洲著名的要塞。凡尔登位于法国东北部默兹河畔,地处丘陵环绕的谷地,西距巴黎 225 千米,东距梅斯 58 千米,扼洛林高原西进巴黎盆地的通道,曾是法国东部防线的关键,有"巴黎钥匙"之称。

凡尔登,古代为高卢城堡。罗马帝国始建碉堡,成为战略要地。公元 843 年,查理大帝的三个孙子在凡尔登签订了瓜分帝国的条约,为德国、意大利、法国三大国的产生奠定了基础。17 世纪,凡尔登成为筑有外围工事的强大要塞,为普法两国争战之地。1792 年,凡尔登被奥地利、普鲁士联军短暂占领。1870 年~1871 年,普法战争中凡尔登再次被普军攻陷。

第一次世界大战中,凡尔登筑垒地域中枢纵深 15 千米~18 千米。1916 年,德国发动凡尔登战役,双方在凡尔登进行了第一次世界大战中规模最大的一场混战,法国损失 59 个师,德国损失 60 个师,战争吞噬了上百万士兵的生命,消耗了 4000 多万发炮弹和难以计数的作战物资。凡尔登战役历时 10 个月,法国军队遏制了德国军队的攻势,粉碎了德国在西线速战速决击溃法国后挥师东进打败俄罗斯的狂妄计划,成为第一次世界大战的重要转折点,德国在陆上的战争逐渐走向失败。

第二次世界大战中,凡尔登是"马奇诺防线"重点要塞之一,屡遭德国飞机轰炸,并被德军占领。同盟国开辟第二战场后,英美联军与法国抵抗组织协同作战,1944 年 8 月,法国收复凡尔登。第二次世界大战后,凡尔登经过重建,保留有多处战争遗址和纪念地,为著名的旅游胜地。

**塞纳河:巴黎的"玉带"**

塞纳河(Seine River),法国著名的大河。塞纳河发源于法国首都巴黎东南 275

千米的朗格勒高原，流经巴黎盆地，在勒阿弗尔附近注入拉芒什海峡（英吉利海峡）。塞纳河全长 776 千米，通航 540 千米，货运量在全国居于首位。塞纳河还有运河与莱茵河、索恩河、卢瓦尔等河流相通。

塞纳河巴黎圣母院不仅是世界宗教建筑史上一个划时代的标志，更是法国重大历史事件的见证。

塞纳河

1804 年，拿破仑打破在法国东部兰斯大教堂进行加冕的惯例，命令罗马教皇庇护七世从梵蒂冈赶往巴黎，在巴黎圣母院举行加冕仪式。1944 年，巴黎从德国法西斯军队铁蹄下解放后，巴黎人民在巴黎圣母院街道两旁，热烈欢迎戴高乐将军凯旋。1970 年，巴黎人民在巴黎圣母院为戴高乐举行国葬。

巴黎富有民主革命的传统。1789 年 7 月 14 日，巴黎人民攻破巴士底狱，成立了法国第一个资产阶级政府。1871 年 3 月 18 日，巴黎工人阶级举行了震撼世界的武装起义，宣告世界上第一个无产阶级政权"巴黎公社"诞生。1836 年竣工的凯旋门，是根据拿破仑的命令建造的，门内雕刻着随拿破仑远征的 386 位将军的名字，《马赛曲》浮雕描写着巴黎人民保卫法国大革命的壮烈场面。1889 年竣工的埃菲尔铁塔位于塞纳河左岸，是为纪念法国资产阶级革命 100 周年建造的，成为巴黎的标志和象征。

卢浮宫位于塞纳河右岸，是法国古老的皇宫，始建于 1190 年，是世界上最著名的最大的艺术宝库之一，收藏各种艺术品数万件之多。其中最负盛名的是维纳斯白云石雕像和蒙娜丽莎油画。

塞纳河流过巴黎市区，进入诺曼底地区，并经勒阿弗尔附近注入塞纳湾。它装点着巴黎的妩媚，散发着优雅的风情。

**凡尔赛宫：历史上在这里发生的事件总"不平凡"**

凡尔赛宫（Chateau de Versailles），法国巴黎西南部的一座宫殿。凡尔赛宫距巴黎 20 千米，建于 17 世纪~18 世纪路易十四时代，有豪华的宫殿和美丽的园林。

凡尔赛宫作为法国皇帝的行宫和政府所在地长达一个多世纪。1837 年，改为国家博物馆，曾为法国国内和国际活动中心。"巴黎公社"革命时，法国反动政府曾在凡尔赛宫签署投降普鲁士的条约，并借助普鲁士军队作为后盾，镇压了巴黎公社革命。在凡尔赛宫签署的著名条约有：
1756 年 5 月,法国与奥地利签署的《凡
尔赛同盟条约》,标志着法国和普鲁士关
系的最终破裂。1758 年 12 月,法国与奥
地利第二次签署同盟条约。1759 年 3
月,法国与奥地利在"七年战争"中达成
第三次同盟条约。1919 年 6 月 28 日,第
一次世界大战结束时, 协约国与战败的
德国在凡尔赛宫签订了限制德国军备和
瓜分海外殖民地的《凡尔赛和约》。

凡尔赛宫

### 阿尔卑斯山脉:欧洲大陆众山脉的"统帅"

　　阿尔卑斯山脉(Alps,Alpes),横亘于欧洲南部,西起法国东南部尼斯地中海
岸,经瑞士、德国南部、意大利北部,东至奥地利的维也纳盆地。阿尔卑斯山脉呈
弧形,绵延约 1200 千米,西窄东宽,山体一般宽 130 千米~260 千米,最宽处 300
千米。阿尔卑斯山脉平均海拔约 3000 米,山势雄伟,山坡大部分陡峭,海拔 4000
米左右的山峰有数十座,主峰勃朗峰海拔 4810 米。阿尔卑斯山脉还有四条支脉
伸向中南欧各地:向东延伸的称喀尔巴阡山脉,向东南延伸的称迪纳拉山脉,向
南延伸的称亚平宁山脉,向西南延伸的称比利牛斯山脉,组成庞大的阿尔卑斯山
脉体系。

　　历史上,阿尔卑斯山脉的许多深邃的河谷和山隘,自古就是南北交通的孔道和
作战的通路。奥地利的费恩山口和意大利的蓬泰巴山口为古代中南欧重要的贸易
路线。公元前 218 年秋天,在第二次布匿战争期间,迦太基著名统帅汉尼拔经一些
山口越过阿尔卑斯山脉,
突然出现在罗马帝国境内
的波河流域,创造了人类
远征史上的奇迹。1800
年,拿破仑军队分兵几路,
经大小圣伯纳德和辛普朗
等山口,翻山越岭,占领意
大利米兰等地。两次世界
大战中,布伦内罗、小圣伯
纳德等山口多次成为交战
双方争夺之地。

阿尔卑斯山脉

### 三、非洲大陆:驰骋于印度洋与大西洋的航空母舰

非洲大陆(African Continent),全称阿非利加洲大陆,位于东半球西南部。非洲大陆东临印度洋,西濒大西洋,北濒地中海,北隔直布罗陀海峡与欧洲伊比利亚半岛相望,东北以苏伊士运河、红海为界与亚洲大陆毗邻,南隔海洋与南极大陆遥望。非洲大陆地跨南半球,大陆轮廓简单平直,北宽南窄,南北最长约 8000千米,东西最宽约 7500 千米,整个大陆以横贯中部的赤道为轴线,形成大致对称的自然景观。

**尼罗河:古代埃及文明的"摇篮"**

尼罗河(Nile River),全球最长的大河。尼罗河流经非洲东北部,尼罗河上源卡盖拉河出自维多利亚湖西终年多雨的群山间。经维多利亚湖、蒙博托湖向北流出,称白尼罗河(包括维多利亚尼罗河、艾伯特尼罗河和苏丹白尼罗河),在喀土穆汇入青尼罗河后,形成尼罗河主流。尼罗河在开罗以北形成巨大的三角洲,分流注入地中海。尼罗河干支流流经坦桑尼亚、布隆迪、卢旺达、乌干达、埃塞俄比亚、苏丹和埃及,全长 6670 千米,流域面积 287 万平方千米。尼罗河记述着东、北非洲文明的历史。

坦桑尼亚是古人类发祥地之一。公元 10 世纪,先后建立桑给帝国和伊斯兰王国。16 世纪初,葡萄牙人入侵东部沿海。1729 年,葡萄牙人的势力被驱逐。1886 年,成为德国的势力范围。第一次世界大战后,英国取代德国的统治。1964 年,成立坦桑尼亚共和国。

布隆迪和卢旺达于公元 16 世纪形成封建王国。19 世纪下半叶,德国、英国殖民主义势力相继侵入。1890年,布隆迪和卢旺达成为德属东非殖民地的一部分。1916 年,比利时从德国手中夺取了布隆迪和卢旺达。1962 年,布隆迪和卢旺达分别宣告独立。

乌干达于公元 10 世纪形成统一的王国。从 1877 年起,英国殖民势力开始侵入乌干达。1896 年,乌干达成为英国的"保护地"。1932

尼罗河

年,乌干达宣告独立,仍留在英联邦内。

埃塞俄比亚是具有 3000 年历史的古国。公元前 975 年,出现王国。公元初期,埃塞俄比亚境内建立阿克苏姆王国。10 世纪末,埃塞俄比亚建立扎格王朝。13 世纪~16 世纪,埃塞俄比亚建立阿比西尼亚王国。从 1520 年起,葡萄牙人、土耳其人相继入侵,埃塞俄比亚境内战争不断,分裂为许多小邦。1889 年,埃塞俄比亚统一。19 世纪中叶,英国殖民势力侵入埃塞俄比亚。19 世纪末叶,意大利殖民势力排挤了英国在埃塞俄比亚的势力。1896 年,埃塞俄比亚人民打败了意大利军队,获得独立。

苏丹具有 5000 年的历史。公元前 750 年,苏丹北部建立国家。从公元 7 世纪起,阿拉伯人逐渐迁入苏丹境内。15 世纪,苏丹建立伊斯兰教国家。19 世纪 70 年代,英国势力开始渗入苏丹。1885 年,苏丹人民打败了英国殖民者,重新建立了伊斯兰教国家。1898 年,英国再度占领苏丹。1956 年,苏丹获得独立。

早在公元前 6000 年,埃及人的祖先就在尼罗河两岸生息。公元前 4000 年左右,在上埃及和下埃及先后出现了两个奴隶制国家。公元前 3200 年,上埃及国王梅尼斯法老统一国家,定都于开罗西南的孟菲斯。尼罗河是古代埃及商业的大动脉。公元前 2000 年前后,埃及人民修筑的"法老运河"将尼罗河与地中海、红海、阿拉伯海、印度洋连接起来,组成一个内河与外海相通的水运体系。

埃及经历了数千年独自发展的道路后,被外敌入侵打破了发展的历史进程。公元前 525 年,波斯人推翻了埃及最后一个法老。公元前 332 年,马其顿国王亚历山大大帝击败了波斯。希腊的托勒密王朝统治埃及达三个世纪,接着罗马恺撒大帝征服了埃及。在以后的六个半世纪里,尼罗河河谷和三角洲成了罗马和拜占庭帝国的粮仓。公元 640 年,阿拉伯人迁入埃及,至 9 世纪中叶,埃及已基本完成阿拉伯化的进程。1517 年,土耳其人入侵,埃及成为奥斯曼帝国的一个行省。1798 年,年轻的法国将军拿破仑率领军队远征埃及。1869 年,法国在埃及开通了苏伊士运河。接着,英国势力开始侵入埃及,收买了苏伊士运河 44% 的股票,同法国共同控制苏伊士运河。经过长期的争执后,英国终于在 1914 年将埃及置于其单独势力的统治之下。1936 年,埃及获得独立。

尼罗河河谷和尼罗河三角洲,是古代埃及文化的摇篮,也是现代埃及文明的中心。这一地带面积仅占埃及土地的 24%,人口却占全国人口的 90% 以上,埃及的城市、村落、居民和历史古迹绝大部分都分布在这一地带。埃及是人类著名的发祥地之一。在尼罗河三角洲的塞伊斯城中,有一座女神像的基座上刻着这样一句话:"我就是一切:过去、现在、未来。"可以说,这是对尼罗河历史最确切的概括。

**刚果盆地:被西欧殖民者刀戈瓜分的"金盆"**

刚果盆地(Congo Basin),非洲中部的自然地理区。刚果盆地有赤道横贯中部,大致包括刚果河流域的大部分,面积337万平方千米,盆地底部海拔400米,周围高原山地超过1000米。

刚果盆地属热带湿润气候,年平均温度25℃~27℃,年降水量一般1500毫米~2000毫米。热带森林茂密,盛产各种名贵木材,油棕、咖啡、橡胶、烟叶、椰子等热带作物丰富。盆地边缘区矿产资源丰富,金刚石、铜、锗、钴、锡、铀、锰、钽的储量都居世界前列,故有"中非金盆"之称。刚果盆地的矿藏是历史上西方国家重要的战略资源供应地。美国在第二次世界大战中制造原子弹的铀几乎都来自刚果盆地,在广岛爆炸的原子弹中的铀就取自刚果盆地,刚果盆地素有"世界铀原料仓库"之称。

刚果盆地原先都是刚果王国的领域。1482年,葡萄牙殖民者卡奥登陆刚果河两岸探险。15世纪末,葡萄牙、荷兰、英国、法国、比利时殖民者相继入侵,刚果王国逐渐被分裂。1877年,比利时国王利奥波德二世派遣美籍英国人斯坦利从东部进入刚果盆地,从当地夺得土地。1880年,法国殖民者布拉柴从西部进入盆地,占据了斯坦利湖西岸地区,建立了殖民据点布拉柴维尔。1884年~1885年,在帝国主义瓜分非洲的柏林会议上,刚果河东岸成了比利时国王利奥波德二世的"私人采地",西岸沦为法国的殖民地。1908年,比利时国王把"私人采地"赠予比利时国家,成为比利时的殖民地。1910年,刚果河西岸地区并入法属赤道非洲,称"中央刚果"。1960年,刚果河西岸地区独立出来,亦名刚果共和国。1969年,刚果共和国改称刚果人民共和国。1971年,中央刚果独立,改称扎伊尔共和国(刚果民主共和国)。

**好望角:葡萄牙满怀殖民帝国的希望之角**

好望角(Cape of Good Hope),非洲大陆南端的岬角。好望角位于非洲大陆南部,大西洋与法尔斯湾之间的开普半岛顶端。好望角北距开普敦52千米,东南距非洲大陆极南之地厄加勒斯角160千米,南距西蒙斯敦港只有19千米。

1488年,葡萄牙航海家迪亚士到此,因多风暴,称"风暴角"。迪亚士向葡萄牙国王报告了这一消息后,约翰国王立即命令将"风暴角"改称"好望角",因为他相信葡萄牙已发现了去印度的航路。1497年~1498年,葡萄牙航海家达·伽马,绕过好望角,沿非洲大陆东岸,经印度洋,到达印度西海岸的卡利库特城。

好望角的重要性主要是由于相邻的西蒙斯敦港能控制好望角航线,具有极其重要的战略价值。1652年,荷兰占领包括西蒙斯敦在内的开普半岛。1714年,荷兰人在西蒙斯敦修建海军基地。1814年,英国取代荷兰人对开普半岛的殖民统治,并设南大西洋海军分遣舰队驻扎西蒙斯敦。1957年,英国将西蒙斯敦主权移交南非

好望角

后,仍保留对基地的使用权。

好望角通往印度的航线开辟后,西欧远东航线、北美东海岸远东航线逐渐开通。在1869年苏伊士运河通航前,欧亚航运、北美东亚航运均从此通过。1905年,日俄战争期间,俄罗斯波罗的海舰队增援太平洋舰队对日本帝国海军联合舰队作战,主力舰队均通过好望角航道。第二次世界大战中,德国和意大利控制地中海期间,英国对中东和北非战场的军事运输均绕道好望角。1967年~1973年,苏伊士运河受中东战争影响被迫关闭,好望角航道异常繁忙。好望角现仍有欧、亚、美之间的多条航线通过,特别是超大型舰船和油轮因吃水深无法通过苏伊士运河,仍须走好望角航道。

**坦噶尼喀湖:"非洲心脏"的"血库"**

坦噶尼喀湖(Lake Tanganyika),非洲最大的淡水湖。坦噶尼喀湖位于扎伊尔、坦桑尼亚、布隆迪、赞比亚交界处。坦噶尼喀湖南北纵向呈条状,长约720千米,东西宽48千米~70千米,面积近3.3万平方千米。湖面海拔773米,最深处1435米,是全球第二深水湖,仅次于俄罗斯的贝加尔湖。坦噶尼喀湖有马拉加拉西河、鲁齐齐河及众多溪流注入。湖水向西注入刚果河,东经铁路出印度洋。

关于坦噶尼喀湖名字的来历,有多种说法。一种说法是,1858年,英国人理查德·伯顿及其伙伴来该地探险考察时认为,坦噶尼喀湖名来源于班图语中"汇合"或"聚集"之意,是指无数溪流在此汇合以及许多部落群居在沿湖之滨;另一种说法是,在斯瓦希里语中,"坦噶尼喀"意即"岛屿密布"之意,是指湖中岛屿众多。

实际上,坦噶尼喀湖是"非洲心脏"布隆迪的"血库"。布隆迪是一个贫穷的国家,但首都布琼布拉却是一个充满活力的城市,坦噶尼喀湖像一条银色的丝带从西边和南边环绕着这个湖滨城市。布琼布拉的历史不长。1896年,德国殖民主义者侵入布隆迪后在坦噶尼喀湖边修筑军事哨所和码头,从东非招来一批工匠和奴隶,这便是布琼布拉的第一批居民。以前,布隆迪的首都设在基特加,四周群山阻塞,交通极其不便。布隆迪迁都布琼布拉后,不仅有国际机场和四通八达的公路网,而且更重要的是有为贫穷的"非洲心脏"布隆迪输血的大"血库"坦噶尼喀湖。布隆迪4/5的进出口物资都是通过坦噶尼喀湖运送的,再转坦桑尼亚铁路出印度洋。可以说,没有坦噶尼喀湖,就没有布琼布拉。

坦噶尼喀湖对沟通非洲内陆国家的经济发展起了重大作用。中非国家许多进出口物资从坦桑尼亚经坦噶尼喀湖运往各地。中非除坦赞铁路外,许多国家尚无铁路,靠公路运输往往要翻山越岭,时间长达两三个月,而坦噶尼喀湖就成了中非内陆国家的交通枢纽。

## 四、澳洲大陆:"漂浮"于太平洋与印度洋之间的"沙舟"

澳洲大陆(Australian Continent),全称澳大利亚洲大陆。澳洲大陆位于东半球东南部,四面被海洋所环绕,东部临太平洋,南部、西部濒印度洋,北隔帝汶海、阿拉弗拉海、托雷斯海峡与印度尼西亚、巴布亚新几内亚相望,东南与新西兰的北岛、南岛相望,南濒海洋与南极大陆相望,西部临海洋与非洲大陆遥对。

澳洲大陆东西长4000千米,南北宽3680千米,面积1472万多平方千米,是全球最小的一个洲大陆。澳洲大陆海岸线总长2万千米,海岸线平直,极少有半岛和海角。北部约克角半岛有约克角,为澳洲大陆极北之地;西部的西北角,为澳洲极西之地;南部的威尔角,为澳洲大陆极南之地。

## 五、美洲大陆:"断了脊梁骨"的"亚美利加"

美洲大陆(American Continent),全称亚美利加洲大陆。美洲大陆独占西半球,北濒北冰洋,西濒太平洋,东临大西洋。美洲大陆东北隔格陵兰海、丹麦海峡与欧洲大陆相望,西隔白令海峡与亚洲大陆相望,南隔德雷克海峡与南极大陆相望。

### 阿拉斯加:与美国本土"不沾边"的"飞地"

阿拉斯加(Alaska),北美大陆西北端的突出部分。阿拉斯加实际上是一个大半岛,北濒北冰洋,西隔白令海与俄罗斯的楚科奇半岛相望,南临太平洋,东临加拿大。阿拉斯加地处远东各国通往北美、北欧的最短途程上,是美国最接近欧亚大陆的战略要地。

阿拉斯加半岛居民原为印第安的因纽特人和阿留申人。1741年,丹麦航海家白令率俄国考察队来此探险。1784年,第一批俄罗斯移民在科迪亚克岛建立了殖民据点。1867年3月30日,美国国务卿西沃德与俄罗斯公使德施特克尔签订了《阿拉斯加条约》,以720万美元从俄国购得阿拉斯加和阿留申群岛。4月9日,国务卿西沃德在美国参议院听证会上,陈述了购买阿拉斯加可以使美国的边界线扩大到北冰洋,以及阿拉斯加自然资源的价值和美国在太平洋与北冰洋的战略利益,参议院以37票对2票批准《阿拉斯加条约》。1876年起,阿拉斯加由美国军队控制。1912 年,阿拉斯加成为美国的一个地区。1959 年,阿拉斯加建州,为美国第 49 州,首府朱诺。阿拉斯加大陆部分和阿留申群岛、亚历山大群岛等数千个岛屿,面积 153 万平方千米,相当于美国本土的 1/5。

阿拉斯加有发源于加拿大境内的育空河横贯东西,注入白令海。阿拉斯加有石油、天然气、煤、金、铜等丰富的矿藏资源,其中布鲁克斯岭以北的普拉德霍湾油田储量达 13.7 亿吨,为美国最大的油田。在安克雷奇、费尔班克斯、凯奇坎、朱诺等地都建有国际机场,为美国通往亚洲和北欧许多国家的重要空中航线的中继站。阿拉斯加公路,经加拿大与美国本土公路网相通,铁路线总长近千千米。主要海港有:安克雷奇、荷兰港、苏厄德、斯卡圭、瓦尔迪兹等。

第二次世界大战期间,太平洋战争爆发后,美国开始在阿拉斯加修建军事基地,成为美国消灭日本帝国海军的重要战略依托。冷战开始至今,阿拉斯加又成为美国执行战略侦察、预警和本土防空的战略前哨。阿拉斯加拥有美国大型战略预警系统的雷达站。空军主要有埃尔门多夫、艾尔森、谢米亚等 34 处基地和重要设施。陆军主要有理查森堡、韦恩赖特堡、格里利堡等 11 处基地和重要设施。海军主要有阿留申群岛上的埃达克等基地和重要设施,是美国太平洋舰队的侦察和运输补给重要基地。特别是美国一旦开始启动国家导弹防御计划(NMD),阿拉斯加的战略地位就更加重要。

阿拉斯加半岛介于白令海与太平洋之间,长约 760 千米。阿拉斯加半岛是一个多山半岛,半岛脊梁为阿留申山脉,多火山。阿拉斯加半岛的继续延伸部分为阿留申群岛、乌尼马克岛、乌纳拉斯卡岛、乌姆纳克岛、安德烈亚诺夫群岛、阿加图岛、阿图岛等岛屿,它们顺着阿拉斯加半岛的前伸方向,形成一条弧线,包围着白令海。因此,阿拉斯加半岛和阿留申群岛共同构成了美国遏制苏联(俄罗斯)海军前出太平洋的战略包围圈。

**魁北克:英语王国中的法语特区**

魁北克(Quebec),加拿大魁北克省省会。印第安语"魁北克",意即"狭窄之处"。魁北克依山靠水,交通便利,地势险要,犹如天然要塞,94%的居民是法国人后裔,通用法语。

魁北克原为印第安人的村落。1534 年~1541 年,卡蒂埃受法兰西国王派遣,到达圣劳伦斯河进行探险考察,成为加拿大开发的先驱。1603 年,法国地理学家、探险家尚普兰首次抵达魁北克。1608 年,尚普兰在圣劳伦斯河河畔建立居民点和贸易港,并逐渐发展为魁北克城,因而尚普兰被称为"新法兰西之父"。1629 年,魁北克被英国军队占领,尚普兰被俘。1632 年,英国将魁北克归还法国,尚普兰任新法兰西总督。17 世纪中叶,当法国人沿着圣劳伦斯河向北美内陆扩张,英国人在

北美东部海岸建立殖民
地，也开始向内陆扩张，
从此，英法两国在北美大
陆的殖民势力时常发生
冲突。1754 年~1763 年，
英法两国在北美发生了
争夺殖民地的战争。1763
年，法国将魁北克城及其
整个新法兰西殖民地转
让给英国，法国在北美的
殖民帝国崩溃。

魁北克街道

　　在法兰西后裔人口占绝对优势的条件下，英国推行英国化的政策失败。1774
年，英国帝国议会被迫通过《魁北克法案》，允许在魁北克实行法国民法与英国刑法
并存、法语与英语并存的局面，极大地安抚了法裔居民，从而避免了魁北克人卷入
美国独立战争，对加拿大的历史发展产生了独特的影响。美国独立战争后，英国在
北美大陆的殖民地只剩下加拿大。这就是在英国北美殖民帝国统治下的核心区魁
北克人讲法语的历史原因。

**列克星敦：这里打响了美利坚独立战争的"第一枪"**

　　列克星敦(Lexington)，美国历史上著名的重镇。美国是从英国在北美殖民地脱
胎出来的一个新型国家。17 世纪初，英国开始在北美大陆建立第一个殖民地詹姆斯
敦。至 1733 年，英国在北美大陆大西洋沿岸共建立了 13 个殖民地。英国殖民者漂
洋过海，建立起了北美商业市场和原料基地。随着殖民势力的入侵，大批欧洲移民
来到北美大陆定居，包括英国人、爱尔兰人、法国人、荷兰人、瑞典人、德意志人等。
这些移民的成分极其复杂，有没落贵族、流放犯人、冒险投机家，更多的人则是由于
生活所迫在新大陆寻找生活出路。英国在北美大陆建立起北部新英格兰和南方种
植园殖民地。随着工农业的发展，各个殖民地之间的商业联系日益密切，并逐渐形
成一个新的美利坚民族。英国为了维护在北美大陆的殖民统治，颁布了《食糖条例》
《通货条例》《印花税条例》等法令，限制殖民地之间的经济联系，严重地损害了北美
殖民地各阶层的利益。北美殖民地与英国宗主国之间的矛盾日益尖锐。

　　在波士顿、纽约、费城等沿海工业城市的带动下，殖民地掀起了反对印花税、抵
制英货运动。1773 年 12 月 16 日，在波士顿发生了一批青年把英国 3 艘茶船的几
百箱茶叶扔进海里的"倾茶事件"。英国政府采取了严厉的镇压措施，并宣布封闭波
士顿港。1774 年 9 月 5 日，12 个殖民地(除佐治亚外)的代表在费城召开第一届"大

陆会议",商讨共同对付英国的办法,并在各地普遍建立了"通讯委员会",在新英格兰各殖民地还组织起了武装民团。

1775 年 4 月 18 日,英国驻马萨诸塞的总督派殖民军到波士顿西北郊列克星敦搜查民团储藏的军火和解散民团。英军一出发,民团侦察员就在波士顿北教堂挂起灯笼报信,并派两名民兵向沿途报警。次日凌晨,列克星敦对英国殖民军进行伏击,英军败退回波士顿,沿途又遭到民团的袭击。这次战斗使穿红色制服的英国"龙虾兵"死伤近 300 人。列克星敦战斗胜利的消息飞快传遍了各地,在短短的时间内,有两万多民兵汇集在波士顿。

1775 年 5 月 10 日,13 个殖民地召开了第二届"大陆会议",决定组织"大陆军",由华盛顿担任总司令。1776 年 7 月 4 日,经过一年多的反英武装斗争,"大陆会议"通过了由著名思想家杰斐逊起草的《独立宣言》,向全世界宣告:"联合起来的北美殖民地,从此成为,而且理应成为自由独立的合众国。"这一天,成为美利坚合众国的国庆日。1781 年 10 月 19 日,美利坚民族经过 5 年多的英勇战斗,最终取得了独立战争的完全胜利。

### 纽约:联合国的所有成员国都可以升国旗的"世界之都"

纽约(New York),美国最大的城市和港口,世界特大城市之一,著名的国际性城市。纽约位于美国东北部沿海,哈得孙河注入大西洋的河口处,介于大湖区与大西洋之间,为美国出入大西洋的重要门户。纽约市区由曼哈顿岛、长岛、斯塔滕岛以及邻近的大陆组成。大纽约市还包括纽约州的东南部、新泽西州的东北部以及康涅狄格州的西南部等含有 60 多个卫星城镇的地区。纽约市区被多条河流分割,由 60 多座桥梁和 6 条水下隧道连接,分为曼哈顿、布鲁克林、布朗克斯、昆斯、斯塔滕岛五个行政区。

曼哈顿区为中心区,联合国总部所在地,联合国大厦在流经曼哈顿区的河西岸,占地近 7.3 万平方米,为世界上唯一一块"国际公共领土"。

纽约历史上曾三易其主。1626 年,荷兰人从印第安人手中买下曼哈顿岛,取名新阿姆斯特丹。1664 年,新阿姆斯特丹被英国占领,改名为"新约克",音译为"纽

纽约联合国大厦

约"。1686年,纽约设市。1785年~1790年,纽约为美国首都。1825年,伊利运河通航以后沟通了同中西部的联系,使之成为全国的交通枢纽和工商业、金融业中心。

**华盛顿:为纪念开国领袖而命名的美国首都**

华盛顿(Washington),美国首都。华盛顿,全称"华盛顿—哥伦比亚特区"。1790年,美国第一任总统华盛顿提议定首都于此。1800年,由费城迁都,为纪念华盛顿而得名。华盛顿是美国政治、军事、文化、教育中心。著名的行政、文教机构有:美国国会大厦、白宫总统府、国务院、国防部五角大楼、国会图书馆、国立博物馆、老国立美术馆、新国立美术馆、乔治敦大学(1789)、乔治·华盛顿大学(1812)等。著名的纪念建筑物有:华盛顿纪念塔、林肯纪念堂、杰斐逊纪念堂等。

美国独立战争期间,法国出于同英国争夺世界霸权的需要,派遣海军舰队和陆军支援美国打败了英国殖民军队。1793年,由于欧洲战争损害了美国的利益,美国总统华盛顿宣布"中立",废除《美法同盟条约》,因而被法国皇帝拿破仑视为背信弃义,然而英国对美国的"中立"政策并不领情,肆意破坏美国的海上运输和贸易,美国的海运业濒于崩溃,最终导致了1812年的美英战争。美国进攻的目标是夺取英属加拿大,但由于兵力不足和指挥失误,陆上进攻收获甚微,加之,美国大西洋海岸又被英国封锁。1814年,欧洲反法联军攻克巴黎,拿破仑被迫退位后,英国迅速增兵加拿大。1814年8月24日,英国的一支舰队在华盛顿特区东南切萨皮克湾登陆,英国军队开始对华盛顿进行大肆焚烧,美国总统府白宫、国会大厦与国务院各部大楼均被烧毁,唯有国家专利局幸免。英国袭击华盛顿的目的是,使新生的美国政权陷入瘫痪,丧失抵抗能力。但由于英国已疲于欧洲大陆的战争,并担心拿破仑的势力东山再起,而美国也由于华盛顿被焚蒙受了奇耻大辱,双方都不愿将战争继续下去。当北美大陆的英美两国军队仍在流血厮杀之时,在圣诞节到来前夕,两国外交人员已在比利时根特的酒席宴上签订了《根特条约》,决定停止战争。

1812年的美英战争,实际上既是一场奇怪的战争,又是一场"双赢"的战争。英国保住了加拿大殖民地的边界线,而美国最终摆脱了欧洲战争的牵制,因而被称之为"美国的第二次独立战争"。1819年,华盛顿重建后,成为一座美丽、幽静的现代化城市。

**戴维营:并不是"世外桃源"的美国总统夏日别墅**

戴维营(David Camp),美国总统夏日别墅。戴维营位于美国首都华盛顿西北100多千米处,包括十多幢乡村式平房,散落在丛林中,主要设施有直升机机场、会议室、游泳池、音乐厅、球场等。戴维营原为卡托克廷山地公共游乐园。1939年罗斯福总统将此作为夏日避暑别墅,改名为"香格里拉",意即"世外桃源"。1953年艾森豪威尔总统又改名为"戴维营"。

实际上,戴维营并不是世外桃源,而是美国总统以非官方方式或称不戴领带方式,通过秘密谈判活动来决定世界重大事件的一处场所。美国总统在这里对别国事务进行幕后指挥控制的事件屡见报端。美国总统在戴维营操纵中东事务就是典型一例。1978 年夏,美国总统卡特曾邀请埃及总统萨达特、以色列总理贝京,在戴维营经过十多天的秘密谈判,达成了一项历史性的和平协议,成为阿以关系史上的一个重要转折点。2000 年夏, 美国总统克林顿安排以色列总理巴拉克和巴勒斯坦领导人阿拉法特进行了中东首脑的第二次三方会晤。戴维营会晤由美国总统一人主宰,不邀请记者,巴以双方领导人不带随行和幕僚,也不能公开露面,基本上处于被软禁状态。戴维营会晤对中东的重大问题都进行了讨价还价的谈判,包括永久性领土边界、巴勒斯坦回归以前的耶路撒冷地位、戈兰高地、用水权、政治自由、约旦河西岸和加沙地带的以色列定居点、巴勒斯坦以及维持联合治安等至关重要的问题。虽然阿以或巴以双方为了中东的长远利益可能达成某些妥协性的意向, 但由于三方会晤处于秘密状态,外界对会晤的内容只能进行猜测,所以阿以或巴以双方的普通百姓仍会在会晤期间为捍卫各自的利益进行流血冲突, 而这些流血冲突又往往使会晤的前景变得暗淡。

**里士满:美国南北战争中"南蛮仔"的"老巢"**

里士满(Richmond),美国弗吉尼亚首府。里士满位于詹姆斯河下游河港。1733 年,里士满建市。

南北战争的经济根源可以追溯到英国殖民统治期间的南北经济区域的划分, 北部新英格兰殖民地发展工业经济, 南部殖民地发展种植园经济。18 世纪70 年代末,美利坚合众国建立后,美国通过对印第安人部落的抢劫和屠杀,以及对墨西哥的侵略战争, 使领土由原来的 13 个州发展为 31 个州。19 世纪 20 年代,美国北部工业尤其是纺织业的发展,大大地刺激了南方植棉业的发展,从而使南方种植园奴隶制不仅保存了下来,而且还恶性膨胀,南方 15 个蓄奴州的黑奴人数由 1790 年的近 68 万人猛增至 1860 年的 395 多万人。北方工业发展需要"自由人劳动大军"的存在,而南方种植业发展需要"黑奴大军"的存在,随着美国领土不断向西部扩张而导致南北之间的矛盾日益加深,南方种植园园主力图把奴隶制推广到新西部,北方资产阶级则为了扩大资本主义的地盘而反对奴隶制。到 19 世纪中叶,南北双方争夺新西部的土地及其国家统治权的斗争,发展到了无法避免内战的地步。

1860 年,反对蓄奴制的共和党人林肯当选为总统。南方分裂主义的中心南卡罗来纳州,于当年 12 月 24 日率先宣布独立。圣诞节过后,密西西比州、佛罗里达州、亚拉巴马州、佐治亚州、路易斯安那州、得克萨斯州也纷纷宣布独立。翌年 2 月

4 日，在亚拉巴马州的蒙哥马利召开南部同盟会议，会议选出密西西比州的杰弗逊·戴维斯为临时总统。随后，弗吉尼亚州、阿肯色州、田纳西州也陆续加入南部同盟。至 5 月 20 日，北卡罗来纳州成为第十一个投票赞成脱离联邦的州。在南方诸州策划和宣布独立的前前后后，南部的国会议员、政治家与陆海军军官纷纷离开北部，支持南部同盟政府。总之，在美国南方又出现了一个新国家，有独自的宪法、总统、军队和外交政策意向的"南部同盟"。"南部同盟"的总统府和军队统帅部就设在里士满。里士满成为南北战争中南方分裂主义的象征。

南北战争经过 4 年多的兄弟同室操戈的血战。1865 年 4 月 2 日，南方总统戴维斯及其内阁逃离总统府里士满。6 日，南方军总司令李将军率残部向北方军投降。12 日，北方军队总司令格兰特将军的部队最后攻克了"南部同盟"的堡垒里士满。5 月 10 日，南方总统戴维斯在佐治亚欧文维尔附近被捕，"南部同盟"不复存在，南北战争结束。

**卡纳维拉尔角：美国人的"天堂之门"**

卡纳维拉尔角（Cape Canaveral），是位于佛罗里达半岛东海岸中部卡纳维拉尔半岛的三角地顶端的岬角。

卡纳维拉尔角地区原是一处人烟稀少、草木丛生的沼泽地和低洼沙滩。1948 年，美国国防部将卡纳维拉尔角选作建设远程导弹试验靶场场址。1950 年，卡纳维拉尔角的空军试验靶场首次发射一枚改进型 V-2 火箭，由此开始了美军的导弹发射试验活动。1958 年 2 月，美国在卡纳维拉尔角发射了美国第一颗人造地球卫星"探险者一号"。此后，美国国家航空和航天局在这里的空间试验活动逐年增加。20 世纪 60 年代初期，在卡纳维拉尔角建成肯尼迪航天中心，主要设施包括 1 座高达 160 米的飞行器装配大楼、1 个发射控制中心、两个发射区、3 个活动发射台及其相关设施。1969 年 7 月，肯尼迪航天中心发射"阿波罗号"宇宙飞船，进行了人类首次登月飞行。1981 年 4 月，世界上第一架有人驾驶的航天飞机"哥伦比亚号"在此升空。因此，卡纳维拉尔角有美国"天堂之门"之称。

**库斯科：照耀古老印加帝国的"太阳城"**

库斯科（Cuzco），秘鲁南部安第斯山地城市。库斯科地处安第斯山区，多河流峡谷，山地气候凉爽，居民大部分为印第安人。多宫殿、庙宇、堡垒、石墙遗迹及教堂。

印加人是南美洲印第安人的一支，住在安第斯山的库斯科。从 13 世纪起，印加人崛起于秘鲁高原，他们以首都库斯科为中心，开始逐步征服周边的弱小部落和民族。15 世纪中叶，印加人建立了庞大的印加帝国，疆域北抵厄瓜多尔和哥伦比亚南境，南达智利和阿根廷北部，包括今哥伦比亚南部、秘鲁、玻利维亚、厄瓜多尔和智利中部，人口 600 万以上，是美洲最大的文明古国。

秘鲁库斯科印加帝国遗址

印加文明是南美安第斯山区域古老文明的集大成者。在农业、冶金技术、毛纺织品、交通工程方面，都达到了古代美洲的高峰。农业方面，印加人培育了玉米、马铃薯等40多种农作物。在水利方面，印加人利用山坡修筑蓄水池，通过水渠引水灌溉梯田的农作物。手工业方面，印加人很早就会使用铅、铜、银、金和这些金属的合金，制作各种饰物、器皿和武器；印加人用羊驼毛和骆马毛纺织成毛毯和衣料，印染技术也相当高，毛织品比当时欧洲人的纺织品的质量还高。在建筑方面，印加人在首都库斯科建筑了许多宫殿、神庙和古堡。库斯科还有一座占地400多平方米的宏大的太阳神庙，庙宇大殿的墙壁上贴满了金片，庙里还有3个用纯金铸成的神像，所以这座宫殿叫"金宫"。

印加人修筑了古代印第安人伟大的道路工程。印加人修筑了两条纵贯南北的大动脉，长达几千千米，另外还修筑了许多小型道路，把首都库斯科同边远地区联系起来。这些道路体系由国家专门派人进行管理，每隔一段还建有驿站，如有外敌侵犯，就点燃烽火信号，几小时后全国就可以得到敌情通报。

1533年，西班牙皮萨罗三兄弟带领殖民侵略军洗劫印加帝国的"太阳城"库斯科，并把"金宫"里所有的金子都抢劫一空。皮萨罗兄弟的殖民侵略军将印加帝国所有的神庙、宫殿、堡垒等都统统摧毁了，印加这个美洲最古老、最庞大的印第安人帝国从此灭亡了。

## 六、南极大陆：地球上"最纯洁"之地

南极大陆（Antarctica Continent），全称南极洲大陆。南极大陆位于地球最南部，包括南极极点、南极高原、科茨地、毛德皇后地、恩德比地、玛丽皇后地、威尔克斯地、维多利亚地、玛丽·伯德地和南极半岛，面积大约1239万平方千米。南极大陆的地理位置极为孤立，陆缘有别林斯高晋海、罗斯海、阿蒙森海、威德尔海等边缘海，外围被太平洋、大西洋、印度洋所环绕。

# 第三章
# 世界海洋——那些飘移在湛蓝海空上的战争风云

## 一、太平洋:并不"太平"的世界第一大洋

太平洋(Pacific Ocean),全球第一大洋,面积为 17968 万平方千米。太平洋位于亚洲大陆、美洲大陆、澳洲大陆、南极大陆之间。太平洋东南部与大西洋的分界线,是南美洲的南端极地合恩角与南极半岛顶端的直接径线;西南部与印度洋的分界线,是澳大利亚的属岛塔斯马尼亚岛的东南角与南极大陆直接径线;向东经巴拿马运河,可进入大西洋;向西经马六甲海峡或巽他海峡可进入北印度洋,绕过澳洲大陆之南的巴斯海峡,亦可进入南印度洋。

### 白令海峡:三条国际分界线的"银色通道"

白令海峡(Bering Strait),连接北冰洋和太平洋唯一的海峡。白令海峡中央的大代奥米德岛(拉特马诺夫岛)、小代奥米德岛(克鲁津什帖尔纳岛)分别属于俄罗斯和美国,既是俄美两国的分界线,也是亚洲与北美洲的分界线,还是国际日期变更线。

白令海峡因纪念丹麦航海家、俄罗斯海军军官白令(白令的俄罗斯名字是"伊凡诺维奇")而命名。其实,最早发现白令海峡的不是白令。早在 1648 年,俄罗斯军官杰日尼奥夫、波波夫从西伯利亚的科累马河进入北冰洋探险,由楚科奇海南下,经过一个高大的石山海角,因之这个海角被命名为"杰日尼奥夫角"。杰日尼奥夫的乘船因风浪大而随波逐流,经过 3 个昼夜,被大海波涛推进了阿纳德尔湾,这是俄罗斯人首次通过白令海峡。1728 年,白令奉彼得一世沙皇之命,寻找和探测与北美接壤的陆地,白令探险队由堪察加半岛沿海岸北上,进入阿纳德尔湾,在白令海峡的南部出口处发现了圣劳伦斯岛和岛上进行渔猎的因纽特人。1732 年,俄罗斯军事探险队军官费多罗夫和陆地测量学家格沃兹杰夫,从堪察加半岛乘船北上,发现

131

了海峡中的代奥米德群岛,并登上了阿拉斯加西北部的海角,人们后来将这个海角命名为"威尔士王子角",最后他们将白令海峡海岸绘成地图,白令海峡的发现最终完成。

白令海峡南北长约 60 千米,最狭窄处杰日尼奥夫角与威尔士王子角之间宽 86 千米,水深 30 米~50 米。白令海有太平洋暖流沿海峡东岸向北流,北冰洋寒流则沿西岸向南流,海轮可在 8 月和 9 月两个月份正常航行,10 月至次年 4 月为结冰期,其余月份海峡仍有浮冰覆盖,必须由巨大的破冰船开道才能航行。白令海峡是连接俄罗斯欧亚大陆北部沿岸诸港口的北方海上航线必经之地。

白令海峡是俄罗斯楚科奇半岛和美国阿拉斯加苏厄德半岛之间最接近之处,两岸地形起伏,山岭纵横,岸线曲折,多陡峭岩岸,海峡沿岸地区富藏金、锡和石油,具有重大的经济意义和战略意义。美国和俄罗斯分别在沿岸建有监听站和警戒雷达等设施。

### 白令海:令北极熊与北美鹰"白眼瞪白眼"之海

白令海(Bering Sea),太平洋北端边缘海。白令海东临美国阿拉斯加,西濒俄罗斯堪察加半岛,北以白令海峡同北冰洋楚科奇海相通,南以阿留申群岛、科曼多尔群岛与太平洋分界。

18 世纪中期,俄罗斯开始大规模地对北方航线进行探险考察活动。这项北方大探险活动,是由彼得一世亲自授意的,由俄罗斯枢密院、海军学院、彼得科学院共同参与制定了探险考察方案,考察范围西起白令海的阿尔汉格尔斯克港,东至白令海的阿纳德尔港。白令担任考察东北岸地区的任务,对白令海的探险考察活动先后进行了两次。1728 年,白令考察了阿纳德尔湾和白令海峡。1741 年,白令率领的探险考察队发现了阿留申群岛、科曼多尔群岛,最后在考察这片海域的过程中逝世。为了纪念白令的历史功绩,以白令名字命名的有白令岛、白令海峡和白令海。

白令海是太平洋与北冰洋的交通要冲,为俄罗斯北方航线必经之地。海域略呈三角形,东西最长约 2400 千米,南北宽约 1600 千米,总面积约 230 万平方千米。东北部陆架区较浅,北部最浅不到 200 米,西南部为深水区,最深达 5500 多米,平均水深 1600 米。

白令海的海岸曲折,西岸高峻陡峭,东岸地势平缓。注入白令海的大河东北亚大陆有阿纳德尔河,北美大陆有育空河。白令海较大的海湾,西岸有阿纳德尔湾、卡拉金湾,东岸有诺顿湾、布里斯托尔湾。主要岛屿有俄罗斯的科曼多尔群岛,美国的圣劳伦斯岛、努尼瓦克岛、普里比洛夫群岛等。

白令海南部终年通航,北部冰期长达六七个月。白令海由于受北冰洋寒流与太平洋暖流的交互作用的影响,海区多大雾和风暴,晴朗天气很少,水文气象条件不利于水面舰艇活动,但有利于潜艇的隐蔽。

白令海经白令海峡进入北冰洋的航线有:俄罗斯北极地区和远东的重要海上交通线,美国阿拉斯加、加拿大西海岸各港口间进入北冰洋的海上交通线。白令海沿岸的主要港口有:俄罗斯普罗维杰尼亚、阿纳德尔港,美国的诺姆港等。

白令海是北方海上航路的终点。第二次世界大战中,苏联太平洋舰队的几艘舰艇从符拉迪沃斯托克出发,经白令海北上,加强北方舰队,在战胜德国法西斯海军对苏联北方的海上封锁和进攻中发挥了极其重要的作用。美国、加拿大等同盟国按《租借法案》通过白令海完成了对苏联的海上物资支援。

冷战时期,白令海是美苏两国争夺与对峙的重要海域。苏联将堪察加半岛的彼得罗巴甫洛夫斯克作为核潜艇基地,还在千岛群岛和鄂霍次克海的战略纵深部署有海空军基地;美国将阿拉斯加湾的科迪亚克岛作为潜艇基地,将阿留申群岛的荷兰港作为核动力攻击潜艇基地、水面舰艇基地。美国在白令海的军事基地是美国夺取白令海、鄂霍次克海和日本海的制海权、制空权的重要依托。冷战结束后,美国从称霸全球的战略出发,加紧实施部署国家导弹防御系统(NMD),据说美国计划于第一阶段在阿拉斯加部署100枚反弹道导弹。

**阿留申群岛:美国撒向白令海的"巨网"**

阿留申群岛(Aleutian Islands),北太平洋的火山岛弧。阿留申群岛是阿拉斯加半岛向西南海域的自然延伸,东起乌尼马克岛,西至阿图岛,绵延约2250千米,分隔白令海和太平洋。阿留申群岛由14个大岛屿和众多小岛屿组成,大部分为火山性岛屿,属环太平洋火山带的一部分。

17世纪中叶,俄罗斯不断向远东地区进行远征探险。17世纪末叶,俄罗斯的远征探险队到达堪察加半岛。18世纪初期,俄罗斯远征探险队开始在鄂霍次克海、千岛群岛探险。1724年,彼得一世沙皇在逝世前任命丹麦航海家、俄罗斯海军军官白令率领远征探险队寻找与北美大陆接壤的陆地。1728年,白令的探险队在白令海峡入口的海面上发现了圣劳伦斯岛。1741年,白令率领另一支探险队从堪察加半岛出发,抵达北美大陆海岸,首先发现了阿拉斯加湾最大的岛屿科迪亚克岛和狭窄的阿拉斯加半岛,最后发现了无法数清的岛屿群岛(阿留申群岛)。人们把白令逝世时最靠近的一个岛屿命名为白令岛,还将包括白令岛主岛在内的一个群岛用白令手下分队指挥官的名字命名为科曼多尔群岛。科曼多尔群岛实际上是阿留申群岛的延续。1867年,美国从俄罗斯购买阿拉斯加和阿留申群岛。

阿留申群岛地处白令海前哨,西端距俄罗斯堪察加半岛东侧的科曼多尔群岛320千米,是进入远东大陆的捷径,战略地位重要。第二次世界大战,日本发动太平洋战争,企图通过占领阿留申群岛西部要地,牵制美军以保障主攻的侧翼,日本帝国海军北方舰队对阿留申群岛发动了4次攻击，最后强攻下阿留申群岛中的阿图岛、基斯卡岛。美国太平洋舰队发起太平洋攻势后，先后收复了阿图岛、基斯卡岛，有力地牵制了日军兵力不敢轻易南调，保障了美国西南太平洋的海上作战。

冷战期间，美国出于世界海洋争霸的需要，加强了在阿留申群岛的军事基地建设，把阿留申群岛当作封锁苏联海军舰队从北冰洋经白令海峡进入白令海的前进基地，并有力地遏制苏联太平洋舰队从鄂霍次克海南下太平洋。美国还把阿姆奇特卡岛作为对苏联(俄罗斯)进行核攻击的基地。

**千岛群岛：俄罗斯自卫的"太平洋火环"**

千岛群岛(Kuril Islands)，太平洋西北部群岛。千岛群岛位于堪察加半岛南端的洛帕特卡角与北海道东北的纳沙布角之间，在长达1200多千米的海面上，有一长列串珠状的岛屿，所以有"千岛"之称。千岛群岛中的主要岛屿有占守、幌筵、新知、得抚等岛，以及日本的"北方四岛"(择捉岛、国后岛、色丹岛、齿舞群岛)。

千岛群岛的内侧是温柔平静的鄂霍次克海，而外侧则是汹涌咆哮的太平洋。千岛群岛的大小岛屿排列有序，形成了一条奇特的"岛链"，正好是太平洋与鄂霍次克海的天然分界线。群岛中岛与岛之间的空隙和不可胜数的海峡，则是大洋与边缘海鄂霍次克海进行水体交换的通道。

千岛群岛所在的海域，常常笼罩在深沉的雾霭之中。阿伊努语称千岛群岛为"云雾之地"，意即"烟雾弥漫"。日本人则称"千岛列岛"，意思是"一千个岛屿"。千岛群岛火山很多，时常喷发形成烟雾弥漫的景象，海上大雾与火山喷发的冒烟现象结合在一起，自然更是烟雾弥漫。由于千岛群岛附近的海域为来自白令海的寒流与赤道海域暖流的交汇之地，形成了"海洋锋区"，从而使千岛群岛一带成为太平洋上有名的"雾海"。

17世纪中叶，俄罗斯不断向远东地区进行远征探险。17世纪末叶，俄罗斯的远征探险队到达堪察加半岛。1711年~1713年，俄罗斯远征探险队到达千岛群岛，把千岛群岛北部划入俄罗斯版图，并侵入千岛南部。1722年，俄罗斯远征探险队完成了对千岛群岛的探险，并绘制了一份西伯利亚、堪察加半岛、千岛群岛的详图报告沙皇彼得一世。1875年，日俄两国签订《库页岛和千岛互换条约》，规定库页岛(萨哈林岛)全归俄国，千岛群岛全归日本。第二次世界大战后，千岛群岛全部被苏联占领。

**鄂霍次克海：养育俄罗斯太平洋舰队的"温海"**

鄂霍次克海(Sea of Okhotsk, Okhotskoye More)，太平洋西北部的半封闭海。鄂霍次克海以堪察加半岛、千岛群岛、北海道岛和库页岛(萨哈林岛)与太平洋分界。鄂霍次克海南北长2460千米，最宽处1480千米，覆盖面积大约158万平方千米。

鄂霍次克海平均水深 777 米,北部浅水区深 100 米~200 米,向南逐渐变深,千岛群岛海盆深达 3521 米。

鄂霍次克海是符拉迪沃斯托克(海参崴)与俄罗斯东北部及千岛群岛间的海上航道,经鞑靼海峡、拉彼鲁兹海峡可进入日本海,经千岛群岛可进入太平洋,具有重要的经济与战略意义。大海湾有舍利霍夫湾、萨哈林湾、捷尔佩尼亚湾。远东大陆有黑龙江(阿穆尔河)、鄂霍塔河等大河注入。鄂霍次克海海岸线平直,海岸大部分高峻陡峭,堪察加半岛西岸、库页岛(萨哈林岛)北岸和北海道岛沿岸低平。海岸港口主要有:马加丹、鄂霍次克、科尔萨科夫等。

鄂霍次克海的名称,起源于鄂霍塔河,但更直接的是因建筑在鄂霍塔河河口的鄂霍次克要塞而得名。1632 年,俄罗斯在远东的勒拿河中游的雅库茨克建立向亚洲东北、太平洋沿岸扩张的重要据点,并开始组织哥萨克人不断向勒拿河的上下游扩张,寻找新地。1639 年,俄罗斯的哥萨克探险家莫斯克维京,在鄂霍次克海北岸的鄂霍次克建立营地,后发展为俄罗斯在太平洋的第一个海港。1640 年、1648 年,俄罗斯远征探险队分别完成了在鄂霍次克海西海岸和西北海岸的探险航行。1645 年,俄罗斯探险家、哥萨克人波雅尔科夫率领的远征探险队,从黑龙江航行至鄂霍次克海,并看见了库页岛(萨哈林岛)的海岸线,收集了岛上居民的情报。波雅尔科夫率领的远征探险队,3 年间探险总行程达 8000 千米,开辟了自勒拿河经黑龙江(阿穆尔河)至鄂霍次克海的航线。

波雅尔科夫向沙皇报告:"那里地域辽阔,物产丰富,盛产各种黑貂皮和各种野兽毛皮,出产大量的粮食,有各种各样的鱼……沙皇陛下可以对这个地区进行远征,并把那里的游牧人和农耕人统归在沙皇的手下,使他们永远变成奴隶,并对他们征收毛皮税。"1650 年、1651 年,俄罗斯的刑满出狱罪犯、哥萨克人巴哈罗夫先后率领远征探险队从雅库茨克出发,携带枪炮侵入黑龙江流域,对达斡人的村庄大肆进行烧杀抢掠。1652 年,巴哈罗夫的远征队在一个要塞与中国清朝一支数千人的部队交战后撤退。1653 年,巴哈罗夫的远征队又在黑龙江流域进行抢掠,清朝政府命令当地居民一律撤至黑龙江右岸。1689 年,沙皇与清朝政府签订《中俄尼布楚条约》,划分了两国东段的界河,从国际法上肯定了黑龙江流域是中国的领土。1731 年,俄罗斯建立鄂霍次克区舰队,基地设在鄂霍次克。1740 年,俄罗斯探险家阿特拉索夫在堪察加半岛东南建立了彼得罗巴甫洛夫斯克港,从而把俄罗斯海军的触角伸向了太平洋。1855 年,日俄两国签订条约,对两国占领的库页岛实行共管,沙俄占领北部,称萨哈林岛;日本占领南部,称桦太岛。1860 年,沙俄强迫清政府签订《中俄北京条约》,将库页岛连同乌苏里江以东大批土地割占。1875 年,俄日签订《库页岛和千岛互换条约》,俄罗斯以千岛群岛中的部分岛屿与日本交换所占库页岛南部,库页岛遂全归俄罗斯。第二次世界大战中,苏联与日本在鄂霍次克海进行了萨哈林战役。

第二次世界大战后,苏联在鄂霍次克海进行大规模的军事基地建设,鄂霍次克海成为苏联太平洋舰队的基本活动场所。苏联太平洋舰队的司令部设在海参崴,位于海参崴东南的苏联太平洋最大商港纳霍德卡是舰队的浮坞,位于海参崴东北的鞑靼海峡中部西岸的苏维埃港是舰队的潜艇基地,位于库页岛(萨哈林岛)西临鞑靼海峡中部的亚历山德罗夫斯克是小型舰艇基地,位于库页岛(萨哈林岛)南端的科尔萨科夫是驱逐舰基地,位于堪察加半岛东南端的彼得罗巴甫洛夫斯克港是核潜艇基地。同时苏联还在占领的北方四岛(择捉岛、国后岛、色丹岛、齿舞群岛)大肆扩充军事基地,这样就使北方四岛与符拉迪沃斯托克(海参崴)总部、库页岛(萨哈林岛)和堪察加半岛连接起来,形成一条海军基地网链,向内可将鄂霍次克海与鞑靼海峡变成苏联的内海加以保护,向外可对拉彼鲁兹海峡(宗谷海峡)、津轻海峡、对马海峡以及整个日本海形成突破力量。

苏联太平洋舰队一直把突破日本所严密控制的拉彼鲁兹海峡(宗谷海峡)、津轻海峡、对马海峡、朝鲜海峡这四大海峡,作为获取北太平洋和西太平洋制海权的战略目标。20世纪70年代以后,苏联太平洋舰队的活动范围开始逐渐向中太平洋和南太平洋扩展,有时还在阿拉斯加及北美海域游弋,太平洋舰队还多次举行海上军事演习,模拟切断美国本土与东北亚盟国之间的海上交通线,涉及范围达马里亚纳群岛、夏威夷群岛及美国西海岸海域。

**库页岛:几易其主的宝岛**

库页岛(Sakhalin),鄂霍次克海最大的岛屿。即萨哈林岛,中国传统名称为"库页岛"。库页岛西隔鞑靼海峡与东亚大陆相邻,南隔拉彼鲁兹海峡(宗谷海峡)与日本北海道岛对峙,东隔海与千岛群岛、堪察加半岛相望。库页岛南北长984千米,东西宽7千米~160千米,面积约7.64万平方千米。库页岛是俄罗斯滨海边疆区太平洋方向的天然屏障,南隔最窄处只有43千米的拉彼鲁兹海峡(宗谷海峡),战略位置十分重要。

中国清朝时,库页岛属吉林都统辖区。1645年,俄罗斯探险家、哥萨克人波雅尔科夫率领的远征探险队,从黑龙江航行至鄂霍次克海,并看见了库页岛的海岸线,收集了岛上居民的情报。1855年,日俄两国签订条约,对两国占领的库页岛实行共管,沙俄占领北部,称萨哈林岛;日本占领南部,称桦太岛。1860年,沙俄强迫清政府签订《中俄北京条约》,将库页岛连同乌苏里江以东大批土地割占。1875年,俄日签订《库页岛和千岛互换条约》,俄罗斯以千岛群岛中的部分岛屿与日本变换所占库页岛南部,库页岛遂全归俄罗斯。1905年,俄罗斯在对日战争中失败后,根据在美国签订的《朴次茅斯和约》，把库页岛南部割让给日本。1920年，日本以支持俄罗斯叛乱白匪军为名，出兵占领库页岛。1925年，苏联红军驱逐日本占领军。第二次世界大战中，苏联与日本在鄂霍次克海进行萨哈林战役。1945年，苏联根据《波茨坦协定》，重将库页岛南部收回。

**鞑靼海峡：鄂霍次克海和日本海的"搭担"**

鞑靼海峡（Tatar Strait，Tatarskiy Proliv），南北长633千米，北口宽40千米，南口宽342千米，最狭窄处涅韦利斯基海峡仅7000多米。海峡左岸的重要港口有：尼古拉耶夫斯克（庙街）、苏维埃港等。

1645年，俄罗斯哥萨克探险家波雅尔科夫率领的远征队，从黑龙江航行至庙街，进入鞑靼海峡，看见了库页岛的海岸线，并收集岛上居民的情报。黑龙江经哈巴罗夫斯克（伯力）、共青城、庙街河口，可进入海峡，是中国东北进入日本的另一条重要通道。

鄂霍次克海与日本的航线由鞑靼海峡通过，鄂霍次克海面积大约158万平方千米，日本海面积大约106万平方千米，所以鞑靼海峡就像一条"瘦龙"身上搭着两片大海一样。

**符拉迪沃斯托克（海参崴）：俄罗斯帝国的"东方皇后"**

符拉迪沃斯托克（Vladivostok），俄罗斯远东太平洋沿岸最大港市。中国传统名为"海参崴"。符拉迪沃斯托克（海参崴）位于穆拉维耶夫—阿穆尔半岛南端的金角湾沿岸，西部靠近中国边界，西南距朝鲜半岛约160千米，南濒日本海的彼得大帝湾，东距日本北海道岛约640千米。符拉迪沃斯托克（海参崴）是俄罗斯滨海边疆区首府，西伯利亚大铁路和北方海上航线终点，连接其太平洋沿岸的海上纽带，被俄罗斯视为"东方门户"。

符拉迪沃斯托克（海参崴）东、西、北三面为低山环抱，港市有铁路和公路通往内地，并有支线连接附近的工业中心和煤炭产地。城郊建有大型航空港，为俄罗斯西伯利亚及远东地区空运枢纽。港区主要由金角湾和俄罗斯岛沿岸港湾组成。金角湾呈"厂"字形，东西方向的一段为内港，南北方向的一段为外港，内港东部为军港，分为舰艇驻泊区、补给区和维修区，拥有码头17座，其中6座可停靠万吨级战舰。太平洋舰队两艘"基辅"级航空母舰和主要作战舰艇大多停泊在这里。军港周围建有导弹基地、军用机场、

符拉迪沃斯托克（海参崴）

各种军事设施,外港及内港西部用作商港和渔港。主航道有"东方博斯普鲁斯海峡"之称。俄罗斯岛在金角湾口南侧,隔主航道与穆拉维耶夫—阿穆尔半岛相对,有数条海底隧道与基地相连接,岛长约 15 千米,是金角湾的天然屏障,沿岸陡峭,岸线曲折,港湾众多,是各型舰艇理想的隐蔽地。

符拉迪沃斯托克(海参崴)原属中国领土。1860 年,《中俄北京条约》签订后,中国乌苏里江东岸 40 万平方千米的领土(包括海参崴)被沙俄割占,海参崴更名为符拉迪沃斯托克。俄语"符拉迪沃斯托克",意即"东方皇后"。1872 年,符拉迪沃斯托克(海参崴)建军港,成为俄罗斯西伯利亚舰队的基地。1888 年,符拉迪沃斯托克(海参崴)成为俄罗斯滨海省行政中心。1903 年,由符拉迪沃斯托克(海参崴)直达莫斯科的铁路建成后迅速发展成远东大港。1904 年~1905 年日俄战争期间,符拉迪沃斯托克(海参崴)为俄罗斯太平洋舰队巡洋舰分舰队基地。1917 年,十月革命后,符拉迪沃斯托克(海参崴)成为苏维埃政权在东方的战略要地。1918 年,日本参加帝国主义国家干涉苏维埃政权的战争,日本军队占领符拉迪沃斯托克(海参崴)。1922 年,苏联红军重新夺回符拉迪沃斯托克(海参崴)。1932 年,苏联在符拉迪沃斯托克(海参崴)建立太平洋舰队。1945 年,苏联出兵远东对日作战,符拉迪沃斯托克(海参崴)成为从海上围攻日本关东军的重要海军基地。第二次世界大战后,苏联在符拉迪沃斯托克(海参崴)进行大规模扩建,符拉迪沃斯托克(海参崴)成为苏联太平洋舰队最大的基地和舰队指挥中枢。

但是,符拉迪沃斯托克(海参崴)的地理位置有严重的局限性。一方面,符拉迪沃斯托克(海参崴)并不是永久不冻港,每年结冰期长达 4 个月之久,水面舰艇只有借助破冰船才可全年通航;另一方面,符拉迪沃斯托克(海参崴)并不是太平洋的直接出海口,太平洋舰队必须经由日本列岛掣肘的拉彼鲁兹海峡(宗谷海峡)、津轻海峡、朝鲜海峡(包括对马海峡)三个海峡,才能最后进入太平洋。因此,无论是沙俄帝国时代,还是苏联时代,都把在太平洋沿岸寻找暖水港和突破日本列岛的限制而冲出太平洋当作最重要的战略举措。沙俄帝国时代,把中国辽东半岛的旅顺口作为太平洋的暖水港,1898 年沙俄与中国清朝政府签订了长达 25 年的"租借条约",1904年日俄战争断送了沙俄帝国在旅顺口的前哨阵地。第二次世界大战结束时,苏联太平洋舰队再次进驻旅顺口。

1955 年,因中苏关系的变化,苏联太平洋舰队从旅顺口完全撤出。1979 年,苏联趁美国从越南战争中撤离之际,与越南签订了使用金兰湾基地为期 25 年的协定,1991 年苏联解体后,由于燃料和经费严重短缺,太平洋舰队只好从金兰湾撤走了作战舰艇。因此,只要俄罗斯不放弃在太平洋争霸的欲望,就必然要冲出日本列岛的限制而寻找太平洋舰队的暖水港和直接出海口。

### 日本海:东亚霸权争夺之海

日本海(Sea of Japan),太平洋西北部的边缘海。日本海北为库页岛,西为俄罗斯滨海地区、朝鲜半岛,东南为日本九州岛,东为日本本州岛、北海道岛。日本海北部经鞑靼、拉彼鲁兹海峡(宗谷海峡)与鄂霍次克海相通,东部经津轻海峡出太平洋,南部经朝鲜海峡与黄海毗连,经对马海峡与东海相接,经关门海峡与濑户内海沟通。

日本海有乌苏里江、黑龙江(阿穆尔河)、绥芬河、图们江等著名河流注入。日本海呈纺锤形,面积 100 万平方千米,平均水深 1530 米,最深 3742 米,海岸线较平直,海岸大部高峻陡峭。大海湾有彼得大帝湾、东朝鲜湾等。

日本海为沿岸国家至太平洋流域各国的交通要冲。沿岸的主要港口有:俄罗斯的苏维埃港、纳霍德卡、符拉迪沃斯托克(海参崴)等;朝鲜半岛的清津、金策、兴南、元山、釜山、镇海等;日本的佐世保、北九州、下关、舞鹤、小樽、稚内等。

近代,日本海成为日俄两国争夺的重要海域。1869 年,日本在其兵部省的《发展海军大纲》中就已把俄罗斯作为"第一假想敌国",认为俄罗斯海军在鄂霍次克海沿岸和日本海西海岸建立基地,并沿黑龙江侵占中国东北土地,威胁日本北海道的安全,若俄罗斯进入东海,夺取中国辽东半岛良港并驻扎海军,就会对日本整个领土构成威胁。甲午战争后,俄罗斯拉拢法国和德国发起"三国还辽"事件,取代了日本在中国辽东半岛的地位和利益。为此,日本积聚 10 年备战,于 1904 年在中国领土及其海域发动了对俄战争。

1905 年,日本帝国联合舰队在旅顺口歼灭俄罗斯太平洋舰队之后,又在对马海峡歼灭了前来增援的波罗的海舰队主力。1945 年,第二次世界大战接近尾声,苏联出兵东北,苏联太平洋舰队配合苏联红军在滨海方向进攻作战,在朝鲜半岛东岸的雄基、罗津、清津、金策、元山和库页岛西岸的塔路、真冈、本斗登陆,阻止日军关东军由海上撤退。1950 年,朝鲜战争爆发后,日本为美国第七舰队提供军事基地,美国第八集团军得以在釜山登陆开辟桥头堡,美国第十军在仁川战略性登陆。朝鲜战争期间,美国第七舰队和海军陆战队利用日本的海军基地支援美国陆军作战。

冷战时期,日本海是美国第七舰队和苏联太平洋舰队对峙的区域。苏联太平洋舰队的司令部设在符拉迪沃斯托克(海参崴),纳霍德卡是太平洋舰队的浮坞,苏维埃港是太平洋舰队的潜艇基地,亚历山德罗夫斯克是小型舰艇基地。1979 年,苏联第二艘攻击航空母舰"明斯克"号正式编入太平洋舰队,太平洋舰队的实力在苏联海军中上升到第二位。美国不仅在日本海沿岸的镇海(美国驻韩国海军司令部驻地)、釜山(美国第七舰队驻泊点)和日本九州岛港市佐世保(美国第七舰队的供应支援基地)都建有军事基地,而且日本本州岛港市横须贺(美国第七舰队司令部驻地、第七舰队的中间维修基地)、本州岛南部的厚木(第七舰队的航空站)也都驻扎有海军部队,从而使日本海不仅成为美国第七舰队的重要作战区域,而且也是美军在整个西太平洋的战略集结地和后勤补给中心。

**对马海峡:葬送过一对"巨龙"的著名海峡**

对马海峡(Tsushima Kaikyo),太平洋西缘沟通日本海与东海的海峡。对马海峡是朝鲜海峡的东支。朝鲜海峡位于朝鲜半岛东南部与日本九州岛、本州岛之间,呈东北—西南走向,长约300千米,宽约180千米。两端开阔,航路畅通,向西经朝鲜半岛西南部与济州岛之间的济州海峡通黄海;向西南直抵东海;向东南经大隅海峡进入太平洋;向东经本州岛与九州岛之间的关门海峡,进入濑户内海,并进入太平洋。

朝鲜海峡中的巨济岛(朝鲜)、对马岛(日本)、壹岐岛(日本)是控制海峡的要地。对马岛将朝鲜海峡分为西支和东支两条水道:西支水道仍称朝鲜海峡,宽46千米~67千米,平均水深约90米,最深228米;东支水道宽98千米,平均水深约50米,中部水深100米以上,最深131米。东支水道中部经过的壹岐岛又分为两部分:

对马海峡

壹岐岛与九州岛之间的水域称壹岐水道;对马岛与壹岐岛之间的水域称对马海峡,长220千米,最窄处46千米,中部水深85米~130米。

对马海峡连接日本海和东海,历史上是俄罗斯舰队南下太平洋的咽喉要道,为日本侵略朝鲜半岛和中国大陆的必经之路。13世纪上半叶至16世纪中叶,日本以海盗帮和武装商人构成的倭寇经对马海峡登陆朝鲜半岛,或沿对马海峡南下东海侵扰中国大陆沿海。16世纪80年代末,日本军事封建领主魁首丰臣秀吉统一日本后,就开始策划侵略朝鲜半岛和中国大陆。1592年,丰臣秀吉派近17万陆海军渡海入侵朝鲜半岛,在朝鲜著名的海军将领李舜臣的指挥下,朝鲜水军以铁制甲板的龟船舰队在闲山岛几乎全部歼灭日本庞大的舰队。在朝鲜政府的邀请下,中国明朝派遣4万援军收复朝鲜半岛失地。1597年,丰臣秀吉复派陆海军再次进犯朝鲜半岛,中朝联合水军打败占数量优势的日本舰队,明朝援军击败日本陆军。次年,丰臣秀吉死,日本侵略军撤回本岛。此后,3个世纪之内,日本海军不敢再侵犯朝鲜海域。

19世纪末20世纪初,新兴的日本帝国主义与俄罗斯老牌帝国主义加紧对东亚大陆和西太平洋的争夺。1904年,日俄战争爆发,驻扎在中国旅顺口的俄罗斯太平洋舰队几乎全军覆灭。1905年5月,欧亚大陆西端的波罗的海增援舰队,历时7

个半月,历经三大洋,行程 1.8 万海里,当俄罗斯太平洋舰队覆灭近半年之后,这支拥有 53 艘舰船的庞大舰队终于完成了环球大航行,来到了欧亚大陆东端。

波罗的海增援舰队的最终航行目标只能是回到太平洋舰队的符拉迪沃斯托克(海参崴)。这里有三条航线可供选择:朝鲜半岛与日本九州岛之间的朝鲜海峡、日本本州岛与北海道岛之间的津轻海峡、日本北海道岛与俄罗斯库页岛之间的拉彼鲁兹海峡(宗谷海峡)。这时,对波罗的海增援舰队而言,无论选择哪一条航线均没有太大差别,因为俄罗斯太平洋舰队已被歼灭,日本联合舰队可以利用占据内线位置的优势,根据波罗的海增援舰队的行踪及时调动兵力控制任何一处的海上通道,进而歼灭波罗的海增援舰队。最后,波罗的海增援舰队取道可供机动的海域较宽阔且航程最近的朝鲜海峡东侧之对马海峡。不出所料,当波罗的海增援舰队驶至对马海峡入口处,日本联合舰队以逸待劳列阵对战。对马海战持续了两天,波罗的海增援舰队这条"巨龙"几乎全部葬身海底,只有一艘巡洋舰和两艘驱逐舰侥幸逃到俄罗斯太平洋舰队的老巢海参崴。

**仁川港:美国侵略朝鲜的"理想"登陆场**

仁川(Inchon),朝鲜半岛中西部港市。仁川位于朝鲜半岛西岸,临近汉江口,东距首尔 40 千米,西临黄海江华湾,港外有岛屿屏障,为首尔海上门户。

1883 年,仁川辟为商埠。1904 年~1905 年日俄战争期间,两国海军舰队在仁川进行激战。1910 年, 朝鲜半岛沦为日本殖民地后, 一直为日本的重要海军基地。1945 年 9 月,美军在仁川登陆接受日本投降,并在"三八线"以南驻军。1948 年,美国占领的朝鲜半岛南部成立"大韩民国"之后,朝鲜半岛北部不久成立朝鲜民主主义人民共和国,苏联随即从朝鲜半岛北部撤军。1949 年 6 月,美国被迫从朝鲜半岛南部撤军,美军离开仁川港。一年之后,美国军队再次登陆仁川港,发动朝鲜战争,把战火烧到鸭绿江边。

仁川港为天然不冻良港,潮汐属半日潮,涨潮时高达 10 米。仁川港口建船闸分内外港,外港面积 28 平方千米,水深 10 米~15 米,内港面积近 2 平方千米,水深 3 米。港口和海军基地的港境水域包括内外停泊场,可停泊约 40 艘大型舰船,并有船体小修厂、坞池、港口起重机、仓库、装舱设备、油船停泊卸油站。

然而, 仁川并不是登陆的理想场所, 这里是世界上海潮涨落差最大的港口之一,没有供登陆艇利用的海滩,港口前面是一片岛屿和浅滩,只有狭窄、曲折的飞鱼峡可以接近港口。美国侵朝总司令麦克阿瑟将登陆点选在仁川,恰恰是利用了仁川港不宜登陆的条件。麦克阿瑟在朝鲜半岛西南适宜登陆的群山等地进行战略佯动,掩护在仁川的战略性登陆。麦克阿瑟将登陆时间选在有日出和日落两次涨潮的 9 月 15 日。美国第七舰队 230 余艘各类舰艇和 400 余架舰载飞机参加了掩护和支援登陆的作战。麦克阿瑟的这次军事冒险,扭转了美军在朝鲜半岛的不利态势。美军在朝鲜中部开辟了战场,切断了朝鲜人民军南下部队的支援和退路,从仁川港登陆的第十军与从釜山登陆的第八军对朝鲜人民军实行南北夹击,越过"三八线"追击朝鲜人民军,不足一个月就占领朝鲜首都平壤,并威逼鸭绿江畔。美国军队在仁川登陆成为美国发动朝鲜战争的重要标志。

**旅顺口:日本帝国入侵中国大陆必先争夺的关口**

旅顺口(Lvshunkou),中国北方海军基地。旅顺口位于辽东半岛南端,西濒渤海,东濒黄海,为辽东半岛第一重要门户。

旅顺口,古为中国北方港口,东晋时称马石津,唐朝时称都里镇。明朝洪武四年(1371年),明朝军队自山东起师,渡海登陆顺利攻占港口,取"旅途平顺"之意,改名为旅顺口。1715年,清朝康熙年间建水师营。1880年,清朝光绪年间辟为军港,修筑船坞、炮台。1887年,清朝建北洋水师,旅顺口遂成海防要塞。

1894年,甲午战争期间,日本军队自辽东半岛南岸花园口登陆,旅顺全城陷落。1895年,根据《中日马关条约》,中国被迫将旅顺口及辽东半岛割让给日本。当年,俄罗斯联络法国、德国发起"三国还辽"事件,将亚洲各地的20余艘军舰调集于山东半岛烟台海面,威逼日本海军不得不从旅顺口撤离。1897年,俄罗斯舰队驶抵旅顺口对清朝政府进行武力威胁。1898年,俄罗斯强迫清朝政府签订《旅大租地条约》,强占旅顺口港为俄罗斯太平洋舰队基地,"租借期"为25年。1904年,日俄战争期间,俄罗斯太平洋舰队凭险据守,日本海军联合舰队多次正面进攻未遂,从大连以北登陆侧后迂回,才最后攻占旅顺口。1905年,根据《朴次茅斯和约》,俄罗斯将旅顺的"租借权"转让给日本。1923年,日本"租借"期满,但仍拒绝归还中国。1905年~1945年,旅顺口港成为日本帝国主义侵略中国大陆的重要基地。1945年8月,日本投降,苏联太平洋舰队进驻旅顺。1955年5月,苏联太平洋舰队将旅顺口的主权和使用权完全归还中国。

旅顺口全景

旅顺口雄居辽东半岛,南与山东半岛的威海港势成犄角,共扼渤海咽喉。日本只有夺取旅顺口,才能掌握渤海和黄海的制海权,为陆军顺利登陆渤海湾提供保障,进而使陆军从辽东半岛和山东半岛两地向直隶平原(华北平原)进发,直逼中国首都北京。所以,日本海军联合舰队在甲午战争和日俄战争中,都采取了夺取黄海制海权的战略进攻,并通过海陆军的有力配合,最终均攻占了旅顺口和辽东半岛。

　　然而,在这两场战争中,驻扎旅顺口的中国北洋水师和俄罗斯太平洋舰队,都片面地依赖于旅顺口的天险之势,从而均导致全军覆灭的下场。旅顺口港分内外港区,内港有东西两澳:东澳为岸壁式码头,西澳港域较宽浅;内港三面有岗岭多层环抱,东南出口航道狭窄,两侧黄金山、鸡冠山合抱紧锁航门,侧后有白玉山、椅子山、二龙山拱卫;外港区水域宽阔,南北长约9000米,适宜各类舰艇锚泊。虽然旅顺口地势险要易守难攻,但中国北洋水师和俄罗斯太平洋舰队,都把海军舰艇当作坚守要塞的活动堡垒,龟缩在港内进行消极防御,从而失去夺取制海权的有利时机,最终都不可避免地断送旅顺口要塞。

**横须贺:美国第七舰队横行太平洋的"老巢"**

　　横须贺(Yokosuka),日本本州岛中部东海岸港市。横须贺位于三浦半岛中部,北与横滨和东京为邻,东部、南部直面太平洋,扼守东京湾口,为日本首都东京的门户。

　　横须贺周围有低丘环抱,地势险要,地形隐蔽。横须贺海军基地包括横须贺、长浦、浦贺、大津等天然港湾以及沿东京湾西南岸,有5个造船厂,8座干船坞,可建造大型舰船和维修航空母舰。基地水域面积约60平方千米,一般水深7米~11米,码头总长约22千米,能保障300艘大型船只同时驻泊。横须贺本港为核心基地,水域面积8平方千米,水深7米~23米,有19个泊位,可泊大型舰船60余艘。

　　横须贺原为一渔村。1866年,日本在横须贺建筑了造船厂和修船企业。1869年,横须贺改为海军造船厂。1873年,日本第一艘战舰"清辉"号在横须贺造船厂安

横须贺

放龙骨,3年竣工。1884年,日本海军在横须贺沿岸建炮台、设兵营,陆军设东京湾要塞,成为日本最大的军港城市。1885年,横须贺建造"桥立"号海防舰,其作战性能是针对中国北洋水师"定远"号和"镇远"号两艘巨舰而设的。1890年,横须贺建造"须磨"号巡洋舰。第二次世界大战期间,横须贺为日本帝国海军联合舰队后方核心基地。第二次世界大战结束,日本投降后,美国海军太平洋舰队进驻东京湾,接管日本海军基地全部设施,从此,横须贺成为美国在西太平洋的核心基地。现为美第七舰队司令部和驻日海军司令部驻地,以及核动力航空母舰、潜艇的主要基地和中间维修站。

1945年9月2日,美国战列舰"密苏里"号驶进东京湾举行日本投降签字仪式,美国、中国、英国、苏联、法国、荷兰、加拿大、澳大利亚、新加坡的代表分别在日本投降书上签字。就在举行日本投降签字仪式的那天,美国及其同盟国的374艘军舰云集东京湾,其中美国军舰拥有23艘航空母舰、10艘战列舰、26艘巡洋舰、116艘驱逐舰以及185艘辅助舰船。这个庞大的舰群铺天盖地,分布在东京湾顶端至须上湾的100海里大部分海域,远远超出了人们的目力所及。这是美国强大海军力量的一种显示,但这种显示并不是吓唬已经投降的日本人,而是对苏联和东亚大陆显示美国海权的威力。

### 种子岛:日本的"射天弹丸"

种子岛(Tanegashima),日本岛屿。种子岛位于日本九州岛的西南海域,隔大隅海峡与大隅半岛相望。种子岛呈狭长的形状,由东北向西南延伸,南北长52千米,东西宽5千米~12千米,总面积有447平方千米。种子岛是日本本土的前哨和"卫兵"。

近代,西欧列强绕道马六甲海峡进入日本必经种子岛。种子岛因其是第一支欧式步枪传入日本的地方而闻名日本列岛。在种子岛最南端的门仓崎有一座"步枪传来记功碑"。据说,1543年葡萄牙的一艘船,在驶往中国的途中遇到台风而迷失了方向,漂泊到了种子岛东部近海,在岛上村民的协助下,这艘船驶往赤尾木港。一天,种子岛的统治者时尧公发现葡萄牙人装有一种陌生的武器,一扣扳机,飞行的子弹即可让人毙命。葡萄牙人告诉时尧公这种新鲜玩意儿叫作"步枪",时尧公也想要这种武器,就出了2000两银子购买了两支步枪,并命令部下仿制,但是扳机部分却一直做得不合格。第二年,又是由于台风的缘故刮来了另一艘葡萄牙船只,种子岛人向葡萄牙铁匠请教步枪制造术,于是日本诞生了第一支自产步枪。当时,日本正处诸侯割据时代,统治各地的"大名"争相采用这种种子岛步枪,不到10年时间,制造步枪的技术迅速传到了日本各地,种子岛也因之名扬天下。

种子岛与日本的先进武器技术有天然的联系。现在,种子岛是日本最大的火箭和卫星发射基地,被称为日本的"宇宙中心"。这个"宇宙中心"由两个火箭发射场和卫星电波追踪站、雷达站等组成。大崎发射场是日本唯一的大型液体火箭发射场,竖立着一座高50多米的巨型火箭发射架,这座火箭发射架包括火箭装配和维修塔,全重达2700吨。增田追踪站是"宇宙中心"的卫星追踪站,有一幢幢白色的建筑,葱绿的树丛中竖立着巨大的抛物面天线,夜以继日地接收卫星发出的各种讯号,追踪人造地球卫星的航踪,并把收到的讯号转报给设立在茨城的"宇宙中心",同时对卫星进行管制工作。野木雷达站是种子岛最大的雷达站,设有各种制导雷达和电子计算机系统,监视和引导火箭进入预定轨道,如果万一失去控制,也可发射强电波予以摧毁。

种子岛,从日本第一支欧式步枪的诞生地发展为日本现代最大的火箭发射基地,以它对日本科学技术促进的特有的历史作用受世人瞩目。

### 冲绳岛:美国冲着东亚大陆的"绳套"

冲绳岛(Okinawa Shima),冲绳群岛的主岛。冲绳群岛是琉球群岛中最大的岛群,琉球群岛位于日本九州岛与中国台湾之间,是中国东海通向太平洋的重要通道,而冲绳岛位于琉球群岛中央,又是冲绳群岛中最大的岛屿,是西太平洋岛屿锁链的重要一环。

琉球自古与中国有着传统的友好关系,明朝曾封琉球岛首领为琉球王。1872年,日本政府出兵琉球,并宣布

冲绳岛

琉球为藩属。1875年,日本强迫琉球国与中国断绝朝贡关系。1879年,日本宣布琉球归并日本,并改为冲绳县。琉球王请求清政府出面支援,清政府惧怕引起"战端"而未敢应援,日本不费一兵一卒就吞并了琉球。从而,日本在本土—小笠原群岛—琉球群岛建立了一道海上屏障,完成了侵略朝鲜半岛和东亚大陆的防御部署。第二次世界大战接近尾声,美军以"冰山"为代号登陆冲绳岛,并将冲绳岛作为进攻日本本土的跳板。1972年,冲绳岛正式归还日本,但美军继续使用岛上的基地及设施。

美军占领冲绳岛后,大规模修建和扩充军事基地及设施,冲绳岛成为美军在亚洲最大的军事基地之一。冲绳岛上的军事基地主要有:那霸、嘉手纳、普天间等空军基地和白滩海军基地,并设有防空导弹基地。白滩海军基地位于冲绳岛胜连半岛的

顶端,面向中城湾,有陆军栈桥和海军栈桥各一座,海军栈桥长 250 米,可停靠满载排水量约 4 万吨的两栖攻击舰;冲绳岛海空航线四通八达, 空中航线可通日本本州、朝鲜半岛的汉城、越南的胡志明市、菲律宾的马尼拉、夏威夷群岛等地。1950 年~1953 年,美国把冲绳岛作为侵略朝鲜的主要基地之一。1961 年~1975 年,美国把冲绳岛作为对越南实施远程轰炸的轰炸机基地。

冲绳岛是美国亚太战略的枢纽,以冲绳为中心环视亚太地区,它隔东海与中国大陆相望,距东南方向最近的台湾仅有 640 千米,距东京、首尔和马尼拉相等,均为 1400 千米。冲绳岛基地至朝鲜半岛,战斗机不用两小时,舰艇也只需要一天半时间。嘉手纳机场是美国在本土以外具有快速反应作战能力的最大的空军基地,它以 F-15 战机为主力,常备空中加油机和空中预警机等 80 架飞机。嘉手纳基地的空中作战半径 4000 千米,可以把东南亚、印度、中国和俄罗斯的远东地区全部囊括进去。

美国驻扎在冲绳的第三海军陆战队远征军, 是美国海军陆战队三个远征军中唯一常驻海外的部队,共有 1.62 万人,占冲绳美军(2.7 万)的 60%之多,约占美国驻扎日本军队总数(4.15 万)的 39%。美国把远征机动作战部队派往远东,从美国西海岸乘舰艇出发约需要两周,从夏威夷出发也需要 10 天,而驻扎在冲绳岛的这支海军陆战队远征军,则在 4 天至 1 周内可派遣到亚洲任何一个地方。这就是美国不愿意从冲绳岛撤军的"战略逻辑"。

### 钓鱼岛:中国拥有不可争辩的领土主权的列岛

钓鱼岛(Tiaoyu Tao),中国东海的钓鱼岛列岛的主岛,是中国自古以来的固有的领土。钓鱼岛列岛包括主岛钓鱼岛及其附岛黄尾屿、赤尾屿、南小岛、北小岛和一些无名礁。钓鱼岛列岛位于中国大陆架上,距中国台湾岛东北 120 海里,属于台湾岛的附属列岛,但是至今仍没有归属台湾省管辖。

钓鱼岛是中国最早发现、经营和管辖的。钓鱼岛列岛的主岛钓鱼岛,因东南侧山岩陡峭,呈鱼叉状,故中国人将其命名为"钓鱼岛"。公元 15 世纪初,中国明代永乐年间,有一本叫《顺风相送》的书对钓鱼岛就有记载。16 世纪前期,中国明代嘉靖年间的《筹海图编》一书中的"沿海山沙图",更加详细地将钓鱼岛、黄尾屿、赤黄屿等岛屿标明在中国海域内。1683 年,中国清代的《使琉球杂录》,以海沟为界来划分琉球群岛与钓鱼岛列岛的归属,明确地指出:海沟即"中外之界","见古米山(久米岛),乃属琉球者",其东南方向属于琉球群岛,西北部属于中国。1879 年,日本吞并琉球,中国清朝政府代表李鸿章与日本谈判琉球归属时,双方确认琉球群岛由 36 个小岛组成,钓鱼岛列岛完全不在其内。1893 年,慈禧太后颁诏将钓鱼岛、黄尾屿、赤尾屿三个小岛赏给候任邮传部尚书盛宣怀供采药产业之用。这张由中国封建统治最高当权者颁发的诏书,在当时具有最高的法律权威,是重要的历史文件,该诏书已被列入美国第92届国会第1会期纪(1971年11月9日出版)。历来中国政府一直把钓鱼岛列为国土进行管辖,中国居民长年在此列岛从事捕鱼、种植和采集草药的营生。钓鱼岛领土主权属于中国是无可争辩的事实。

按现代海洋法公约来看,以冲绳海沟为界,钓鱼岛列岛处于中国大陆架上,当属中国领土。19世纪80年代,日本内务省觊觎中国领土钓鱼岛,妄图进行勘察树立国标时,当时日本冲绳县县令感到惊诧:"此等岛屿既靠近清国国境","且清国方面已各自定有名称","树立国标,实恐未为妥善",内务省因此不敢贸然从事。1992年2月,中国公布施行《中华人民共和国领海及毗连区法》,明确向世界宣布:台湾及包括钓鱼岛在内的附属岛屿是中华人民共和国领土的组成部分。

第二次世界大战结束后,根据《开罗宣言》《波茨坦公告》等国际文件:必须剥夺战争期间日本在太平洋中夺得或占领的一切岛屿;日本将窃取的中国领土,例如满洲、台湾、澎湖列岛等归还中国,钓鱼岛作为台湾的附属岛屿理应一并归还中国。但是,美国却占领了钓鱼岛,悍然宣布对这些中国岛屿有"施政权",随后又在这些岛上建立起射击和轰炸靶场,明目张胆地违背国际法。

美国惯用老殖民主义的手法,在撤离占领区和殖民地时,往往通过制造国际争端以从中渔利。美国总统尼克松上台后,从美军在越南战争中的失败,看到了对中国实行"遏制"政策的破产。1971年7月,尼克松在堪萨斯城发表讲话中首次提出:"对抗的时代过去了,我们正进入谈判的时代。"1972年2月,美国国家安全事务特别助理基辛格博士秘密访华后,美国总统尼克松成功地访问了中国。但是,美国在3个月后却正式将钓鱼岛转交给日本人管理。美国在中国解决中美关系缓和这个国际战略格局问题时,故意玩弄外交花招,在属于中国领土主权范围内,既不把钓鱼岛归还中国政府,也不把附属于台湾岛的钓鱼岛列岛移交台湾当局管理,而是毫无任何理由地把钓鱼岛列岛转交给了日本。这样美国就把一个本属中国领土主权的问题变成一个复杂的中日两国领土主权的争端问题。

中国政府即便面对这样一个复杂的问题,也从维护世界和平与亚太地区的稳定出发,积极谋求中日两国邦交的正常化。1978年,中日两国签订《和平友好条约》,中国政府本着在和平共处基础上解决争端的精神,提出等待时机成熟通过和平谈判解决钓鱼岛问题。但是,日本政府却根据国内政治需要和国际形势的变化,不断变幻手法,在钓鱼岛问题上一再违反中日两国达成的谅解,明里暗里支持日本右翼势力,屡屡挑起事端,驱赶中国渔民在钓鱼岛海域正常捕鱼,甚至殴打中国渔民,引起中国人民的无比愤慨。全世界的华人群众多次掀起了"保钓运动",反映了整个中华民族捍卫国家领土主权的坚定决心和意志。

**台湾岛:中国领土不可分割的宝岛**

台湾岛(Taiwan Tao),中国第一大岛。台湾岛位于中国大陆东南海面,北临东海,西隔台湾海峡与福建相望,南濒南海东沙群岛,东南隔巴士海峡与菲律宾相望,东濒太平洋,东北隔海与琉球群岛相望。台湾形如纺锤,南北长约395千米,东西最宽处约145千米,面积约3.6万平方千米。台湾在全球岛屿中名列第28位,陆地面积并不大,却有着辽阔的海域。从人造卫星上俯瞰台湾岛,正像是漂在海面上的一片芭蕉叶,叶柄朝着南方,周围有众多群岛拱卫,北部有花瓶屿、棉花屿、彭佳屿等,东北有钓鱼岛群岛,东面有火烧岛、兰屿、小兰屿,南面有七星岩等,西面有澎湖列岛,都是台湾的所辖海域。台湾岛扼西太平洋航道中心,战略位置极其重要。

台湾岛居民汉族占97%,高山族大约占2%。据考证,在闽、粤等地人大量移居以前,台湾早就有众多土著部落定居,这些土著人被称为"高山族"。高山族最早来自中国大陆南方的古越、越僚族的后裔。对于高山族如何到达台湾岛有两种说法:一种说法认为,高山族祖先经历了一条漫长的迁徙路线,先从中国大陆抵中南半岛,又转迁南洋诸岛,最后到达台湾岛;另一种说法认为,古越族是直接渡海迁移到台湾岛定居的。不论哪一种说法,都证明台湾的先民与中国大陆是血脉相连的,是中华民族的血嗣亲裔。

台湾岛自古以来就是中国不可分割的一部分。古代台湾岛素有中国"七省藩篱"之称,古人把台湾岛当作中国大陆东南各省的天然屏障。清代著名官吏蓝鼎元作诗云:"台湾虽施岛,半壁为藩篱。沿海六七省,口岸密相依。台安一方乐,台动天下疑。"几句简洁的诗句强有力地道出了台湾对于中国的重要性。据史籍记载,台湾岛在战国时代称"岛夷",前后汉和三国时代称"东鲲""夷州",隋时称"流求",沿用至宋元时期,亦称"琉球"。明万历年间因谐音称为"台湾",并在公文上开始正式使用。

中国大陆闽、粤等地军民渡海登陆台湾进行垦殖,最早可追溯到1700年前的三国时代。宋、元时期中国政府正式设官建制,管辖台湾和澎湖。从1624年起,台湾被荷兰殖民主义者占领。1662年,中国民族英雄郑成功渡海登陆作战,在台湾岛上各族居民的协助下,收复台湾。1684年,清康熙政府设"分巡台厦兵备道"及"台湾府",隶属福建省管辖。1885年,清光绪政府正式划设台湾省。

1840年鸦片战争以后,美国、英国、法国、日本等帝国主义国家都曾入侵过台湾。1894年,中日甲午战争清军战败。1895年,日本迫使清政府签订《马关条约》,割让台湾、澎湖列岛。第二次世界大战中,中国、美国、英国结成同盟,在东方战场上共同抗击日本法西斯。1943 年 12 月 1 日,中、美、英三国签署的《开罗宣言》规定:"日本所窃取中国之领土,例如东北四省、台湾、澎湖列岛等,归还中国。"1945 年 8 月15 日,日本无条件投降,10 月 25 日,台湾重归祖国。1949 年 10 月 1 日,中华人民共和国成立,蒋介石和部分国民党军政人员退踞台湾、澎湖、金门和马祖,使台湾与祖国大陆再度陷入分离状态。

### 台湾海峡:中国沿海的"哑铃之柄"

台湾海峡(Taiwan Strait),中国福建与台湾岛之间连通东海与南海的水域。台湾海峡南北纵长,呈东北—西南走向,长约 370 千米,海峡海口南宽北窄,最窄处约130 千米。中国大陆近海,由台湾海峡而自然分为南北两大部分,形同一个巨大的"哑铃"形状,而台湾海峡就如同"哑铃之柄"。

台湾海峡以北是由渤海、黄海、东海连成一片大约 122.7 万平方千米的巨大水域,其中渤海水域面积约 7.7 万平方千米,黄海水域面积约 38 万平方千米,东海水域面积 77 万平方千米。台湾海峡以南的南海水域面积约 350 万平方千米,相当于台湾海峡以北三大海域面积的 2.85 倍。台湾海峡使这两片水域连成一个统一的中国海域体系。

中国大陆沿海地带中,台湾海峡是一个极具战略意义的区域。台湾海峡是渤海、黄海、东海与南海形成整体联系的中枢。从政治上看,台湾是中国领土不可分割的一部分,只有彻底解决台湾问题,国家的完全统一才能得以实现。从军事上看,台湾海峡的战略地位十分重要,如果台湾海峡失控,环中国海的海上体系就会被拦腰斩断,并对中国东南沿海地区的安全构成严重威胁。从经济上看,台湾海峡也是中国一条重要的海上交通要道,中国相当大一部分物资的运输要通过这一地区。所以说,解决台湾问题既是实现国家统一大业的政治战略问题,又是最终确立国家整体的海洋开发战略的问题。香港和澳门回归祖国后,解决台湾问题、实现国家统一的问题被提上日程。所以说,台湾海峡这一"哑铃之柄",既是国家海洋战略关注的重点,也是国家军事战略关注的重点,更是国家政治战略关注的重点。

### 南沙群岛:中国的"南海明珠"

南沙群岛(Nansha Islands),中国在南海的一组群岛。南沙群岛是中国在南海诸岛中位置最南、范围最广、岛礁最多的一组群岛,分布在南北长 926 千米、东西宽740 千米范围内,由 230 多个岛、礁、滩和沙洲组成。南沙群岛的岛礁均较小,多数礁、滩隐于水下,最大的主岛太平岛面积仅 0.43 平方千米。南沙群岛的海拔均低矮,最高的鸿庥岛海拔为 6.2 米。

南沙群岛和附近海域自古以来就是中国的领土。早在公元前 2 世纪，汉武帝时代，中国人就开始在南海航行，有"涨海崎头，水浅而多磁石"的说法，"涨海"就是指南海，"磁石"即指珊瑚礁。中国人通过长期的航海实践，先后发现了西沙群岛和南沙群岛。三国时代的《南州异物志》和《扶南传》，就已对西沙群岛和南沙群岛的地形地貌特征做了描述。中国人在发现西沙群岛和南沙群岛之后，克服各种困难，陆续来到这两个群岛上，辛勤开发经营。宋代的《梦粱录》，元代的《岛夷志略》，明代的《东西洋考》《顺风相送》，清代的《指南正法》《海国闻见录》，以及历代渔民的《更路簿》等著作，都记载了中国人千百年来在西沙群岛和南沙群岛航行和生产的情况。

随着中国人对西沙群岛和南沙群岛开发经营的不断扩大，中国历代政府加强了对这两个群岛的管辖。北宋时，中国的水师就已巡察至南海。元代初年，忽必烈亲派著名天文学家、同知太史院事郭守敬到南海进行测量。明、清时代，由官方修纂的《广东通志》《琼州府志》和《万州志》都表明，西沙群岛和南沙群岛当时属广东琼州府万州管辖。近几十年，在南沙群岛上陆续采集到了相当多的陶器皿、铁刀、铁锅等生活用具，发掘出中国清代窖藏、水井、庙宇、坟墓等历史文物。

中国历来的官方文件和出版物都对南沙群岛的主权归属有明确的记载。如：公元 1716 年，清朝康熙政府经实测编绘的《大清中外天下全图》，将西沙群岛和南沙群岛分别标绘为"万里长沙"和"万里石塘"列入中国版图；1755 年由清政府绘制的《皇清各直省份图》、1810 年绘制的《大清万年一统地理全图》、1817 年绘制的《大清一统天下全图》等，其中都有详解；1934 年~1935 年，由中国政府外交部、内政部、海军部等部门组成的"水陆地图审查委员会"，专门审订了中国南海诸岛各个岛名，编印《中国南海各岛屿图》，明确标绘东沙、西沙、中沙、南沙群岛属于中国版图；1936 年出版的中国中学地理课本附图和 1947 年中国政府内政部方域司编辑出版的《南海诸岛位置图》，在南海区域就标绘有一条"断续疆界线"，一方面表明在这一范围内的一切岛、礁、沙滩，自古以来就是中国固有的神圣领土，另一方面也表明在南海海域内中国具有历史性权利，且中国从未有过妨碍各国船只在南海国际惯用航道航行的任何举止。

南沙群岛众多岛礁的命名，也是主权归属于中国的重要佐证。如有纪念中国历代名人的，如：孔明礁、李白礁、东坡礁等；有为纪念中国明代郑和下西洋时期历史人物而命名的，如：郑和群岛、明群礁、费信岛、景宏岛、巩珍礁、杨信沙洲等；有为纪念清代巡视南海的官员、军舰而命名的，如：伏波礁、人骏滩、李准滩等；有用中国海军在 1946 年接收南沙的军舰和舰长名命名的，如：太平岛、中业岛、敦谦沙洲和鸿庥岛等，这些地名均记载着中国历代官员巡视南沙的足迹，印证着中国政府管辖南沙群岛的历史。

1945 年日本投降,根据《开罗宣言》和《波茨坦公告》等国际文献,台湾和南海诸岛均应归还中国,我国政府即将南海诸岛划归广东省管辖。1946 年,中国派遣"太平""中业""永兴""中建"4 艘军舰组成"进驻西沙、南沙舰队",由林遵和姚汝钰率领,分别接收了南沙群岛和西沙群岛,并以 4 艘舰名命名了南沙群岛和西沙群岛中的 4 个主岛,一直沿用至今。在太平岛,中国海军炸毁了日本修建的"纪念"碑,并在原地重建了中国的碑石,在岛的东端日出方向正面写着"太平岛"三个字,背面为"中华民国二十五年十二月十二日立",左右两侧分别记载"太平舰到此"和"中业舰到此"。在碑石竣工时举行了隆重的接收南沙群岛的升旗仪式,庆祝南沙群岛回到祖国怀抱。南沙群岛属于中国,历史作证,事实胜于雄辩,世界共识,毋庸置疑。

南沙群岛和附近海域主权自古以来归属中国,不仅有古今中外的大量史料、文件、地图和文物可以证明,而且也为世界上许多国家和广泛的国际舆论和正式的图籍所公认。1930 年 4 月,在香港召开的由中国、法国、菲律宾和香港当局代表参加的远东气象会议,曾通过决议,要求中国政府在西沙群岛建立气象站。1951 年 8 月 15 日,中华人民共和国政务院总理兼外交部部长周恩来发表《关于美英对日和约草案及旧金山会议声明》,庄严指出:西沙、南沙群岛和东沙、中沙群岛一样,"在日本帝国主义发动侵略战争时虽曾一度沦陷,但日本投降后已为当时中国政府全部接收","不论美英对日和约草案有无规定和如何规定,均不受任何影响"。1952 年,日本外务大臣冈崎胜男亲笔签字推荐的《标准世界地图集》第 15 图《东南亚图》,就把《旧金山和约》中"对日和约"规定的日本必须放弃的西沙、南沙群岛及东沙、中沙群岛全部标绘属于中国。1954 年德意志联邦共和国出版的《世界大地图集》,1957 年罗马尼亚出版的《世界地理图集》,1968 年德意志民主共和国出版的《哈克世界大地图集》,1970 年西班牙出版的《阿吉拉尔大地图集》,1973 年日本平凡社出版的《中国地图集》等,都把西沙、南沙群岛标注为中国领土。

东南亚有关国家对南沙群岛的主权归属中国在历史上也是予以承认的。比如,经印尼人民共和国教育部审订,于 1957 年出版的地理教科书中,对中国的疆界地图,包括对中国划定的南海"断续疆界线"都是加以认定的。越南民主共和国成立后一直到 1974 年以前,无论是官方正式文件和地图,还是报刊、教科书,也都认定中国对西沙群岛、南沙群岛的主权。

南沙群岛是南海及西太平洋的重要战略要地,居于太平洋和印度洋的要冲,对世界经济和航运业的发展具有重要作用。中国外贸进出口额的 75%、商船队的

70%、货运量的 75% 都经过南海走向世界,对中国的国防和经济都有重要意义。

近年来,南沙群岛的大多数岛礁分别被有关邻国非法侵占。特别是《联合国海洋法公约》宣布并生效后,有关邻国继续扩大对南沙群岛中岛礁的军事占领,肆无忌惮地进行石油开采,并蛮横无理地阻挠中国渔民进行海上正常捕捞,干涉中国进行科学考察活动,从而挑起了所谓的"南海领土争端"问题。南沙群岛是中国不可分割的神圣领土,中国对南沙群岛拥有无可争辩的主权,捍卫南沙群岛主权及其附近的海洋权益是中国的神圣使命。

**北部湾:美国从这里烧起了侵略越南的战火**

北部湾(Beibu Gulf),南海西北部海湾。北部湾,旧称东京湾。北部湾位于中国和越南之间,北靠中国大陆,东依中国雷州半岛和海南岛,西接越南北部。北部湾属半封闭性大陆架海湾,略呈椭圆形,湾口主要出口朝东南,宽 230 千米,介于中国海南岛莺歌嘴与越南莱角之间。中国内海琼州海峡是北部湾的东部出入通道。

北部湾地处热带和亚热带,为南海的暖海区域和海浪最小区域,海流徐缓,夏季成顺时针环流,冬季成逆时针环流,是富饶的热带渔场,鱼类达 500 多种,全年均可捕捞。石油、天然气蕴藏量丰富。

北部湾是中国桂、滇、黔等西南诸省的出海要道,西侧纵深有越南首都河内,是越南北部海上交通必经之地,因而也成为殖民主义和帝国主义侵略越南北部和中国南方的海上通道。1858 年,法国和西班牙联合舰队进犯北部湾,对越南发动殖民侵略战争。1939 年,日本法西斯进犯北部湾,并占领越南的海防港,在中国沿岸登陆,扩大在亚洲大陆的侵略战争。1944 年,日本再次从北部湾北岸登陆,进犯中国南方,妄图挽救在中国大陆彻底失败的命运。1954 年夏,法国殖民侵略军陷入了越南人民军的战略包围之中,美国出动 3 艘攻击型航空母舰("埃塞克斯"号、"大黄蜂"号、"拳击师"号,共舰载飞机 300 架)进犯北部湾,对越南人民军进行威慑。

1965 年春,美国第七舰队舰载飞机首次对北越地面部队进行大规模空袭,海军陆战队在越南中部的岘港地区登陆。美国第七舰队每天出动三四艘航空母舰,给予美军地面作战部队相当多的空中支援;第二次世界大战后重新改装的"新洋西"号战列舰队对北越进行沿岸炮火支援;驱逐舰、巡洋舰封锁北越的港口和河口交通;小型舰艇深入内河,袭击河岸两旁的北越人民军阵地,甚至在木筏上安装上迫击炮也参加战斗。

在中国和苏联的大力支持下,北越人民军开展了广泛的游击战争,最终取得了伟大胜利。1973 年 1 月,美国被迫在巴黎签署了《关于在越南结束战争、恢复和平的协定》。1975 年，北越人民军解放了越南南方，美国核动力航空母舰"企业"号及其伴随舰艇在代号为"常风"的行动中，最后撤离了北部湾。

**金兰湾：俄罗斯不愿放弃的"金蓝碗"**

金兰湾（Cam-Ranh Bay），越南天然深水海湾。金兰湾位于东南部沿海突出部，濒临南海，与菲律宾的苏比克湾海军基地相对。

金兰湾被金兰半岛和冲空山半岛合抱，呈葫芦形，南北长约 32 千米，最宽处16 千米，水域面积 98 平方千米，一般水深 12 米~24 米。金兰湾分内外两港，内港金兰，四周为低山所环抱，地形隐蔽，避风条件良好，东岸金兰镇为海军基地，西岸巴巍为商港；外港平巴，沿岸地势险峻，湾口处有平巴岛、昏祖岛等做屏障，出入口宽约 4 千米，口外水深在 30 米以上。金兰湾整个港区宽阔，拥有码头 7 座，可停泊包括航空母舰在内的上百艘舰船。金兰半岛北端还设有空军基地，金兰镇附近建有军用机场。

金兰湾地处巴士海峡、马六甲海峡与新加坡—香港两条航线的中枢。1884年，越南沦为法国的"保护国"和法属印度支那联邦后，金兰湾被法国殖民主义者作为海军基地。1905 年，俄罗斯波罗的海增援舰队完成环球航行，在金兰湾进行长达 1 个月的集结休整。1935 年，法国在金兰湾内港建成潜艇基地。1940 年，日本发动太平洋战争，占领金兰湾作为南下战略的重要据点。1944 年，美国海军占领金兰湾。1945 年，法国殖民军重新占领金兰湾。1964 年，美国制造"北部湾事件"，从越南南部沿岸登陆。1965 年，美国在金兰半岛增建各种军事设施，金兰湾成为美国侵略越南的南部主要后勤基地。1979 年，苏联与越南签订了使用金兰湾基地为期 25 年的协定，并开始进行一系列的扩建配套工程，金兰湾成了俄罗斯太平洋舰队南下印度洋的中转站和补给基地。1991 年，苏联解体后，俄罗斯太平洋舰队由于经费严重短缺，只好撤走了作战舰艇，保留了补给舰和通信监听设施，还有数百名的基地人员留守。

2004 年，由于苏联解体后俄罗斯无力交付租金（每年 3 亿美元），俄罗斯军队撤出金兰湾。随着俄罗斯国力和军力的恢复，俄罗斯欲重振海军雄风，金兰湾的巨大战略价值将重新显现出来。俄罗斯海军认为，重新进驻金兰湾，可保障俄罗斯太平洋舰队的活动，能帮助俄海军在太平洋和印度洋地区打击海盗。一名俄罗斯国家杜马议员说，从经济上考虑，俄罗斯支付金兰湾的租赁费用将比海军派遣补给船随同军舰在太平洋和印度洋上活动便宜。俄罗斯军方人士也认为，要重建"远洋攻击型舰队"，从南海和印度洋的战略部署来看，金兰湾处于极好的位置。加之，美国也加紧对越南进行渗透，对金兰湾的兴趣越是若隐若现，俄罗斯就越不想放弃金兰湾。

### 苏比克湾：美国克制"南洋"的战略依托

苏比克湾(Subic Bay)，南海东部海湾。苏比克湾位于菲律宾吕宋岛西南岸，巴丹半岛西侧，东为马亚加奥岬，西为比尼克提坎岬，南北18千米，宽8千米~13千米，水深24米~50米。苏比克湾三面有群山环绕，沿岸有次生林，隐蔽性好。湾口内侧的格兰德岛将水域分成东西两条水道：东水道设有水上飞机场；西水道为舰艇通行水道。

湾内海军基地水域面积105平方千米，有海军专用锚位80多个，可驻泊航空母舰两艘和其他舰艇约200艘。东岸的海军站码头长5000米，可停泊各种舰艇；港北舰船修造厂拥有4座浮船坞，具有修理航空母舰的能力；海军航空站可容纳200多架飞机；大型补给仓库拥有储量达10万吨的弹药库和5亿升的油库。

苏比克湾东南距马尼拉80千米，东北距克拉克空军基地50千米，并与越南金兰湾隔南海相对峙，共扼西太平洋通往印度洋的海上交通要冲，控望加锡海峡、龙目海峡、巽他海峡和新加坡—马六甲海峡。

苏比克湾最早是由西班牙修建的。1565年，西班牙占领菲律宾，对菲律宾实行长达330多年的殖民统治。1898年，美西战争中西班牙太平洋舰队被美国亚洲舰队击败，苏比克湾成为美国亚洲舰队的海军基地。1942年1月，太平洋战争爆发后，日本占领苏比克湾。1945年1月，美国太平洋舰队攻占菲律宾，苏比克湾再度成为美国海军舰艇的停泊基地。1947年，美国与菲律宾签订《美菲军事基地协定》，正式"租借"苏比克湾作为第七舰队海军基地。1991年11月，美国"租借"苏比克湾海军基地期满，开始移交菲律宾。1992年11月，美国第七舰队驻泊舰艇全部撤离苏比克湾。1998年，美国与菲律宾签署了《访问部队协议》，重新允许美国军舰进入菲律宾海域。2000年，美国重新恢复了两国曾一度中断的海上联合军事演习，美国第七舰队又可以不时地重返苏比克湾。

苏比克湾是美国第七舰队在整个西太平洋的战略集结地和后勤补给中心。美国太平洋基地网中东南亚基地群，以苏比克湾为核心基地，原为第七舰队集结前进的基地，战时可根据美菲同盟协定加以启用；北部是中国台湾岛的基隆和高雄，原为第七舰队的后勤补给基地，中美建交时关闭；南部是新加坡港，是东南亚最大的战略物资转运港，也是联络太平洋与印度洋的战略要冲；另外，美国还在马来西亚和印度尼西亚取得了重要港口的使用权。这样，美国就在苏比克湾形成了扼制南洋和前出印度洋的重要依托。因此，美国不会轻易放弃苏比克湾。

### 关岛：美国在西太平洋实施战略攻击的"关键"

关岛(Guam)，马里亚纳群岛中最大的岛屿。关岛位于马里亚纳群岛最南端，距火奴鲁鲁(檀香山)5300千米，距东京2170千米，距北京3700千米，距上海2900

多千米,距台湾只有 2500 千米,距马尼拉 2502 千米,为美国与日本、菲律宾间的通信中继站,扼控西太平洋海空交通要冲,战略地位极其重要。

关岛基本上是一座美国兵营,首府阿加尼亚及郊区人口不足 4.5 万,美国海空军人员占 17%。关岛是美国在西太平洋的重要海空军基地,全岛南北长 48 千米,宽 6 千米~13 千米,面积 549 平方千米,美国海空军的各种军事基地及其设施约占全岛面积的 1/3,主要有关岛海军站、阿加尼亚海航站、安德森战略空军基地,还有海军海洋中心、通信站、修船厂、大型军需仓库和核武器库等大型附属设施。

关岛世居查莫罗人。从 1565 年起,关岛被西班牙占据。1898 年,美西战争后,关岛被美军占领。1941 年 12 月,日本发动太平洋战争,关岛曾被日军占领。1944 年 7 月,美军重新夺回关岛,并大力扩建军事设施,关岛逐步成为美国在西太平洋的主要海空军基地。1950 年,美国宣布关岛为美国“未合并的领土”,划归内政部管辖,给予自治政府地方权力。

关岛是美国在太平洋地区的海外领地之一,地处西太平洋马里亚纳群岛的最南端。自 1898 年成为美国领地后,就被美军开辟为海军基地。第二次世界大战期间,关岛曾是美国太平洋舰队总部驻地,也是美军在西太平洋重要的海空军基地和战略支援基地。美国以关岛为依托,有效支援美国海军太平洋舰队在整个亚太地区的作战。在朝鲜战争、越南战争和海湾战争期间,美国空军 B-52 远程战略轰炸机曾从安德森空军基地起飞,空袭朝鲜、越南和伊拉克。B-2 隐形战略轰炸机,也曾利用安德森空军基地执行过特殊任务。

2000 年伊始,美国决定在关岛安德森空军基地部署重达 3000 磅的常规空射巡航导弹(CALCM)64 枚,首批导弹已运抵关岛存贮,这是美国首次在本土以外的军事基地部署空射巡航导弹。之后,美国又正式决定在关岛部署 3 艘“洛杉矶”级攻击核潜艇,同时还决定扩建关岛基地,其中包括一项便于停靠航母的大型航道与港口疏浚工程。这使得关岛这个原本风景秀丽的太平洋岛屿成为美国鹰在亚太的一座阴森恐怖的“碉堡”。

### 马里亚纳群岛:西班牙“皇后群岛”成了美国的“大火鸡”

马里亚纳群岛(Mariana Islands),大洋洲由美国托管的“自由联邦”。马里亚纳群岛自由联邦由毛格群岛、帕甘岛、古关岛、塞班岛、提尼安岛、罗塔岛等组成。马里亚纳群岛自由联邦位于大洋洲第三道岛弧密克罗尼西亚岛群西北部,北部隔海与日本小笠原群岛相望,南部隔海与加罗林群岛相望,东西两面濒临太平洋。马里亚纳群岛地处东北亚与大洋洲海上航线中途,扼美国通往东亚的海上交通枢纽。官方语言为英语,通用查莫罗语和加罗林语。首府塞班岛。

马里亚纳群岛居民主要为密克罗尼西亚的查莫罗人。1552 年，西班牙航海家麦哲伦首次发现马里亚纳群岛。1565 年，马里亚纳群岛沦为西班牙的殖民地。1899 年，西班牙将马里亚纳群岛出卖给德国。1914 年，日本占领马里亚纳群岛。第一次世界大战后，国际联盟"委托"日本对马里亚纳群岛实行"代管"。1944 年在太平洋战争中，美国海军夺取了马里亚纳群岛。1947 年，联合国将马里亚纳群岛交由美国"托管"。1975 年，群岛单独建立北马里亚纳联邦（群岛南部的关岛为美国的"领地"）。1978 年，北马里亚纳群岛联邦实行自治，但外交、国防仍由美国掌管。1986 年，美国宣布北马里亚纳群岛联邦为美国的一个"自由联邦"。

马里亚纳群岛是一个美丽的名字。1686 年，西班牙传教士拉吉阿诺，以西班牙国王菲利普四世之妻马利亚·安娜的名字将群岛命名为"皇后马利亚·安娜群岛"，后来简化为"马里亚纳群岛"。

可是，在第二次世界大战接近尾声时，美丽的皇后群岛却遭到了一次名为"火鸡大捕杀"的进攻战役。1944 年 7 月初，美国太平洋舰队进攻马里亚纳群岛投入兵力为：15 艘航空母舰（舰载飞机 890 架）、7 艘战列舰、21 艘巡洋舰、67 艘驱逐舰；日本帝国海军联合舰队防卫投入兵力为：9 艘航空母舰（舰载飞机 430 架）、5 艘战列舰、13 艘巡洋舰、28 艘驱逐舰。在短短两天的航空母舰群对航空母舰群的战斗中，美军丧失了 130 架飞机，而日本却丧失了航空母舰"飞鹰"号、"翔鹤"号和旗舰"大凤"号，丧失了战列舰 1 艘，丧失了 400 架舰载飞机和 50 架由关岛起飞的岸基飞机，日本海军的航空兵力量实际上已被消灭。马里亚纳海战的惨败和马里亚纳群岛被美军占领，逼迫日本东条英机独裁内阁垮台。1945 年 7 月 30 日，美国巡洋舰"印第安纳渡利斯"号在马里亚纳群岛西部的提尼安岛卸下了原子弹。8 月 6 日和 9 日，美国用 B-29 新式轰炸机在提尼安岛装载原子弹起飞后在日本九州岛的广岛和长崎分别投下原子弹。第二次世界大战后，美国加强和巩固了日本在马里亚纳群岛留下的海空军基地。

**塞班岛：残留战争"斑斑"痕迹的如画之岛**

塞班岛（Saipan Island），马里亚纳群岛的主岛和北马里亚纳联邦行政中心。塞班岛东面是景色壮观的马里亚纳海沟（世界上最深的海沟）。塞班岛形成于中生代时期，随着恐龙的消失和地球上主要山脉的形成而浮出水面。

公元前 3000 年，一支来自印度尼西亚的航海民族驾着木舟来到了马里亚纳群岛。群岛上优越的自然条件使他们不愿离开，逐渐丧失了航海的本领，而成为久居这里的土著居民查莫罗人。后来，另一支土著居民加罗林人也移居到岛上，他们具有非凡的航海技能，即使在当今时代，他们仍然可以不利用现代化的航海设备和仪器，而在广阔无垠的大海上做漫长的航行。

1552 年，西班牙航海家麦哲伦首次发现马里亚纳群岛中的主岛塞班岛。1565 年，马里亚纳群岛沦为西班牙的殖民地，至今塞班岛的居民还虔诚地信奉着天主教，生活中保存着西班牙式的某些习俗，土语中还有西班牙语汇。1899 年，西班牙将马里亚纳群岛出卖给德国，直至第一次世界大战爆发时，塞班岛上一直飘扬着德意志的旗帜。1914 年，日本乘德国无暇东顾之际占领马里亚纳群岛。1944 年，在太平洋战争中，美国海军夺取了马里亚纳群岛。1947 年，联合国将马里亚纳群岛交由美国"托管"。

塞班岛的战略价值在第二次世界大战中凸现出来，塞班之战是太平洋战争的转折点。日本发动太平洋战争，在岛上派驻了 3 万余人，挖掩体、筑防御工事，以此作为保卫日本本土的第一道屏障。1946 年 6 月，美军第一批登陆突击部队在强大的海空军火力支援下，在塞班岛南部海滩登陆，守岛日军进行了拼死抵抗。在这个陆地面积只有 122 平方千米的岛屿上，美军投入兵力 7 万余人，用了 24 天才最后攻克，日军全军覆没。至今，塞班岛上仍留有战争的遗迹：有日军在山洞中的司令部、244 米高的"自杀崖"、锈迹斑斑的大炮、弹痕累累的坦克。美国投资兴建了宏伟的美国纪念公园，纪念让美国大兵付出极大牺牲的塞班岛之战。

第二次世界大战后，塞班岛人民开始了重建家园。塞班岛居民只有 1 万多，但每年来自世界各地欣赏秀丽风景的旅游者却超过数万。

塞班岛人民寻求独立是一个马拉松式的艰辛历程。从 1969 年起，太平洋岛屿托管地的代表，就塞班岛未来的地位问题，与美国进行了长期的谈判。1978 年，在塞班岛人民在同意接受美国监督下实行自治的条件下，塞班岛与临近岛屿成立了以塞班岛为首府的北马里亚纳联合体。1990 年 12 月，联合国安理会通过决议，结束了美国在塞班岛的托管。塞班岛虽然已是独立的国体和政体，但美国的职员仍掌握着塞班岛一些要害部门和重要机构的大权，在北马里亚纳联合体旗帜的边上，美国的星条旗仍在高高地飘扬。

### 中途岛：让日本帝国海军从此走上"穷途末路"

中途岛（Midway Island），太平洋中部的珊瑚岛。中途岛因其地处太平洋东西两岸的中途，故名中途岛。中途岛由东岛、沙岛两个小岛和北部的潟湖构成，陆地面积 5 平方千米。

1867 年，中途岛被美国占领。1903 年，美国在中途岛大建海空军基地。第二次世界大战期间，日美两国海军舰队在此进行太平洋战争中的关键性大战。

中途岛位于夏威夷群岛西北，堪称弹丸之地，但却具有无与伦比的战略价值。中途岛距珍珠港约 1100 海里，是美国手中掌握的最西端的基地，也是珍珠港与阿留申群岛之间、远东与美国西海岸之间最重要的中继站，能为所有过往的飞机和舰船提供加油和检修服务，同时也是夏威夷群岛和菲律宾之间海底电缆中继站和通信枢纽。中途岛一旦失守，夏威夷群岛与阿留申群岛之间的战略关系则被切断，如果美国太平洋舰队欲支援阿留申群岛，则在中途岛受阻，返回瓦胡岛的归途也易被切断，更严重的是对珍珠港构成了直接的威胁。如果中途岛掌握在日本手中，帝国海军则可以轻易地进攻珍珠港，进而控制夏威夷，而一旦日本控制了夏威夷，将控制整个中太平洋和西太平洋，将美国的交通线压缩到西南太平洋，并且还对美国西海岸构成了直接威胁。因此，中途岛海战，对日本与美国来说，都是生死攸关的决战。

从1942年6月3日起，在中途岛战役中，日本帝国联合舰队出动了8艘航空母舰、115艘其他战舰、舰载飞机400架，由山本五十六海军大将乘旗舰"大和"号亲自坐镇指挥；美国太平洋舰队出动3艘航空母舰、41艘其他战舰、舰载飞机230架、岸基飞机120架，由太平洋舰队司令尼米兹海军上将亲自指挥。经过为期4天的海上激战，日本帝国联合舰队丧失了航空母舰"加贺"号、"赤城"号、"苍龙"号、"飞龙"号，还有322架飞机被击毁；美国太平洋舰队只有"约克城"号航空母舰被击沉，147架飞机被击落。中途岛海战是太平洋战争的一个转折点。战争初期，日本因偷袭珍珠港轻易取胜，而无限制地向四周扩张，防御圈像钢制的气球一样，外壳皮厚腹中空，战略纵深却缺乏强有力的预备队的支撑。中途岛海战，刺破了这个气球。如果美国及其同盟国继续施加压力，它就会崩溃。中途岛海战，是太平洋战争以来日本的首次惨败，而美国却夺回了战略主动权。

**夏威夷群岛：太平洋的"三明治"**

夏威夷群岛（Hawaiian Islands），太平洋中北部火山岛和珊瑚礁组成的群岛。

夏威夷群岛大多荒无人烟，西北岛群基本是低平岩岛、珊瑚环礁和浅滩，居民集中居住在瓦胡岛，而瓦胡岛人口又大半集中在火奴鲁鲁（檀香山）及其附近地区。夏威夷土著居民波利尼西亚人占17%，白种人占23%，日本人占37%，菲律宾人占12%，华人占6%。著名的珍珠港位于火奴鲁鲁（檀

夏威夷海滩

香山)西南约 10 千米处,为太平洋的天然良港。

夏威夷群岛斜跨北回归线,由西北到东南走向排列的 8 个大岛和 124 个小岛、岩礁组成,成新月形断续延伸 2451 千米,陆地面积 1.67 万平方千米。夏威夷群岛位于北太平洋,如果把夏威夷群岛放在连接两岸的太平洋全景图中,人们一眼即可发现,它位于一大片浩瀚海洋上,处于相对孤立的状态,它构成了一个其半径等同于从火奴鲁鲁至旧金山的距离(夏威夷东北距美国本土3800 多千米)的大圆圈的中心,因之夏威夷被称为太平洋的"三明治"。夏威夷位于美国和欧洲大西洋沿岸各港口间的贸易路线上,位于南北美洲的太平洋各港口与日本、中国各港口的贸易路线上,因之夏威夷又被称为太平洋的"十字路口"。

大约在公元 5 世纪时,波利尼西亚人从南太平洋迁移至夏威夷群岛。1778 年,英国航海家库克重新发现群岛后,命名"桑德威奇群岛"。1810 年,建夏威夷王国。1820 年,美国传教士开始在夏威夷群岛进行传教活动。1887 年,美国取得珍珠港的使用权。1893 年,在美国驻夏威夷公使蒂文斯的幕后策划下,夏威夷的反叛力量推翻了本岛的王朝。1894 年,夏威夷建立共和国。1898 年,美西战争中,夏威夷群岛被美国吞并。1959 年,夏威夷成为美国的一个州。

夏威夷是美国在太平洋地区的军事指挥中枢。从 1920 年起,美国投下巨资,逐步将珍珠港建为太平洋首屈一指的海军基地,同时陆续在瓦胡岛修建了多处陆军基地和军用机场。1941 年 12 月 7 日凌晨,日军偷袭珍珠港,爆发了太平洋战争,瓦胡岛旋即成为美国太平洋战区的指挥中心和太平洋舰队集结地域。第二次世界大战后,美国在夏威夷群岛扩建军事设施。

目前,夏威夷群岛有大小军事设施 110 多处,大部分集中在被称为"基地之岛"的瓦胡岛上,其军事基地和训练区约占全岛陆地面积的 26%,位于瓦胡岛南部沿海的火奴鲁鲁(檀香山),作为太平洋岛屿中最大的工业城市和军港,往来太平洋的许多舰船,穿越太平洋的海底电缆和横跨太平洋的航线都经过这里,是太平洋海空交通枢纽,建有美海空军和海岸警卫队联合救援协调中心,美军太平洋总部就设在附近的史密斯兵营。珍珠港为美国大型海军基地和造船基地,入港航道东侧的大片土地为希卡姆空军基地,驻有美太平洋空军司令部。瓦胡岛其他主要军事设施有斯科菲尔德兵营、惠勒宅军基地、巴伯斯角海航站、卡内奥赫湾海军陆战队航空站等。在夏威夷等大岛和边远设防地区也建有规模不等的军事设施。无人定居的卡霍奥拉韦岛全部用作海军靶场。

**珍珠港:美国太平洋舰队的"掌上明珠"**

珍珠港(Pearl Harbor),美国太平洋舰队的核心基地。珍珠港位于夏威夷群岛南端的瓦胡岛南岸海湾,距夏威夷州府火奴鲁鲁(檀香山)10 千米。珍珠港为

珍珠港

美国本土的前卫基地,地处太平洋心脏地带,扼控太平洋中部地区水域。第二次世界大战期间,珍珠港成为美国在太平洋战争中进行反击作战的大本营。第二次世界大战后,珍珠港逐步成为美军在太平洋地区最大的海空军基地和后勤补给中心。

珍珠港是夏威夷群岛的天然良港,港湾两侧均有显著的白沙滩,两座峻岭俯瞰港区,东北方向的科奥劳岭海拔860米,西北的怀厄奈岭海拔1233米。珍珠港陆上占地面积逾40平方千米,周围被低平而多树木的土地所环抱,仅有一条长6500米、宽330米的狭窄水道与太平洋沟通,潮汐为不规则半日潮,平均潮差有5米左右。港湾东西长8360米,南北宽7400米,有宽阔的码头区,适航水域约26平方千米,水深13.6米~20米。港湾被怀皮奥半岛、珍珠城半岛和福特岛分割成西湾、中湾、东湾和东南湾四个港区,地形隐蔽。海军水面舰艇主要驻泊东湾、中湾及福特岛以东港域,潜艇驻泊东南湾,军火库主要建于西湾沿岸。海军基地共有泊位140余个,码头总长约17千米,能容纳包括航空母舰在内的各型舰船500艘,其海军造船厂具有改装和维修航空母舰的能力。

珍珠港是美国太平洋舰队的核心基地和太平洋舰队的驻防重地。美国太平洋总部、太平洋舰队司令部、太平洋舰队潜艇部队司令部、太平洋舰队后勤司令部、太平洋舰队陆战队司令部、海军陆战队第一远征旅司令部都设在珍珠港。海军基地拥有补给中心、弹药库、燃料库、修船厂(有大型干船坞)、潜艇员训练中心。修船厂能保障各种舰艇(包括攻击航空母舰在内)的进坞和修理。第二次世界大战期间,美国太平洋舰队主力驻扎珍珠港。

1941年12月7日凌晨,夏威夷星期日,美国太平洋舰队官兵休假,珍珠港沉浸在和平安详的晨睡之中。日本特遣舰队司令南云海军中将,率领6艘航空母舰、两艘战列舰、3艘巡洋舰和9艘驱逐舰,舰载飞机420多架,静悄悄地驶抵瓦胡岛以北230海里处。夏威夷时间7时40分,183架各类轰炸机和战斗机从航空母舰上呼啸而起,对港口排列整齐、停置有序的9艘战列舰、7艘巡洋舰和近百艘驱逐舰、潜艇和辅助舰艇进行晴天霹雳般的袭击。大约1小时,第二波次

171 架飞机,又对珍珠港倾泻鱼雷和炸弹。在前后 1 个多小时的袭击中,美国太平洋舰队的战列舰有 4 艘被击沉,1 艘被重创,3 艘被炸伤,其余各类舰艇 10 艘被炸沉或炸伤,丧失飞机 232 架,官兵死亡 2334 人,受伤无数。相比之下,日本只丧失 29 架飞机。由于珍珠港一时瘫痪,使美国在威克岛、关岛的阵地成了相互孤立的阵地,菲律宾也处于四面包围之中,日本在太平洋战争初期取得了绝对优势地位。

**比基尼:"轰动效应"的代名词**

比基尼岛(Bikini Island),马绍尔群岛北部的珊瑚岛。比基尼岛由 36 个礁屿组成,中为潟湖,长 35 千米,宽 17 千米,面积约 5 平方千米。

从 1946 年起,美国对比基尼实行"托管",为了在比基尼岛进行核试验,美军强迫岛上的 166 名居民迁移到南部的朗格里克岛。1946 年~1962 年,美国在西北部的比基尼环礁和埃克威托克环礁进行过数十次核试验。1946 年 7 月,岛区进行过两颗(空中和水下)两万吨级 TNT 当量原子弹的

比基尼岛上的核爆炸

试验性爆炸。7 月 1 日,在 300 多米的空中爆炸了第一颗原子弹。25 日,又在深水下将原子弹放进特制潜水箱内爆炸。1954 年 3 月 1 日,进行了 1500 万吨当量的热核装置的地面爆炸,比基尼岛受到极大的破坏,爆炸热核反应产生的放射性物质使大气严重污染,偶然出现在比基尼岛以东 100 海里处的日本渔民遭到 170 伦琴~700 伦琴射线的辐射杀伤。一段时间出现大气放射性降水,使比基尼岛及马绍尔群岛地区靠雨水生活的居民生命受到威胁,致使日本部分地区的农产品被污染。由于核武器试验,比基尼岛的环礁湖底聚集了大量放射性同位素。美国的所作所为,遭到国际舆论的普遍严厉谴责,国际舆论纷纷要求美国停止比基尼岛的核武器试验。在这种国际舆论的压力下,美国不得不停止使用此基地。1973 年,比基尼岛上的原住居民返回家园。

**萨摩亚群岛:"魔幻般"的命运变迁**

萨摩亚群岛(Samoa Islands),南太平洋北部一群岛。萨摩亚群岛位于大洋洲第

四道岛弧波利尼西亚岛群中南部。萨摩亚群岛由萨瓦伊岛、乌波卢岛、图图伊拉岛等 16 个大小岛屿组成。由于历史的原因,萨摩亚群岛分为独立的西萨摩亚和美属东萨摩亚两部分。西萨摩亚首都阿皮亚(Apia)。

萨摩亚群岛居民为波利尼西亚人。公元 1000 年左右,萨摩亚群岛由汤加王国统治。大约在 1250 年,萨摩亚人驱逐汤加统治者,建立萨摩亚王国。19 世纪中叶,英国、德国、美国三国相继侵入。1899 年,群岛被英、德、美三国瓜分,东萨摩亚沦为美国的殖民地,西萨摩亚沦为德国的殖民地,萨摩亚群岛南部的一些岛屿归英国统治。第一次世界大战期间,新西兰军队占领西萨摩亚。1946 年,西萨摩亚由新西兰"托管"。1962 年,西萨摩亚为新西兰统治下的独立王国。萨摩亚至今仍不能成为统一的国家,主要是因为美国不愿放弃东萨摩亚的深水港帕果帕果的海军基地。美国掌握帕果帕果海军基地,就可以控制整个南太平洋。

### 瓜达尔卡纳尔岛:太平洋战争的"天平"

瓜达尔卡纳尔岛(Guadalcanal Midway Islands),所罗门群岛的主岛。第二次世界大战期间,日美两国海军舰队曾激战于此。

瓜达尔卡纳尔岛长 145 千米、宽 40 千米,陆地面积约 6500 平方千米,岛南岸悬崖陡壁直逼海边。瓜达尔卡纳尔岛的战略价值,因其位于美日双方最近的前进基地距离相等而等价。美军在新赫布里底群岛的圣埃斯皮里图岛基地,位于瓜达尔卡纳尔岛东南方向 560 海里;日军在新不列颠群岛的拉包尔港基地,位于瓜达尔卡纳尔岛西北方向 560 海里。美军如占领瓜达尔卡纳尔岛,就与新几内亚岛形成钳形之势,对日军基地拉包尔进行两面夹击,进而切断日军在马绍尔群岛—吉尔伯特群岛一线与新几内亚岛—马鲁古群岛—加里曼丹岛—爪哇岛—苏门答腊岛一线的战略联系。如日军占领瓜达尔卡纳尔岛,就能与新几内亚岛东部形成呼应,最后攻取新几内亚东南半岛的莫尔兹比港,进而建立起航空兵前进阵地,切断美国及其同盟国的夏威夷群岛—莱思群岛—萨摩亚群岛—斐济岛—新赫布里底群岛一线与澳大利亚的交通线,使澳大利亚陷于孤立无援的境地。

这次争夺战中,美日双方投入的各种兵力基本上势均力敌。在争夺瓜达尔卡纳尔岛的过程中,陆战似乎是处于交战的中心,但陆战是岛屿争夺的一种表现形式,而争夺所罗门群岛附近海域制空权和制海权的斗争更加激烈,规模更大。历时半年的瓜达尔卡纳尔岛攻防战和所罗门附近海域的海战,最后以美军占领瓜达尔卡纳尔岛而告终。

### 珊瑚海:沉落日美帝国航空母舰之海

珊瑚海(Coral Sea),南太平洋的半封闭海。珊瑚海位于新几内亚岛、新不列颠岛、所罗门群岛、新赫布里底群岛、新喀里多尼亚岛与澳大利亚东北岸之间。北部海域又称为所罗门海，南部与塔斯曼海毗连，西经托里斯海峡与阿拉弗拉海相通。由于海中珊瑚礁众多，其中大堡礁长2300千米，故而得名珊瑚海。珊瑚海大部分海深

珊瑚海大堡礁

3000米~4000米，布干维尔海沟深达9174米。珊瑚海为澳大利亚东部港口通往东亚各国的重要海上航线。沿岸主要港口有澳大利亚的凯恩斯、巴布亚新几内亚的莫尔兹比港、法属新喀里多尼亚岛的努美阿。第二次世界大战期间，日本帝国海军联合舰队与美国太平洋舰队在珊瑚海进行了航空母舰大战。

1941年12月，日本帝国海军联合舰队偷袭珍珠港获得巨大成功。日本继续扩大太平洋战争，帝国大本营把首要的战略攻击目标定在珊瑚海。从新不列颠岛的拉包尔发动攻击，夺取新赫布里底群岛和新喀里多尼亚岛，而后攻占斐济岛和萨摩亚群岛，以便孤立澳大利亚。为此，日本帝国海军联合舰队出动了由4艘航空母舰（舰载飞机147架）、8艘巡洋舰、7艘驱逐舰、11艘运兵船组成的强大作战舰队。美国太平洋舰队为抵抗日本的战略进攻，出动了由两艘航空母舰（舰载飞机141架）、8艘巡洋舰、8艘驱逐舰组成的作战舰队。

珊瑚海海战，是有史以来航空母舰之间的第一次大海战。双方舰队出动大批舰载飞机进行超视距作战，舰载飞机成了海战中最有效的主战武器，航空母舰作为舰队的支柱取代了战列舰的地位。1942年5月3日至8日，经过6天的激烈战斗，日本轻型航空母舰"祥凤"号被击沉，航空母舰"翔鹤"号受伤，77架飞机被击毁；美国航空母舰"列克星敦"号被击沉，航空母舰"约克城"号受伤，66架飞机被击毁。珊瑚海海战，虽然日本略胜一筹，但美国有力地阻止了日本南下的战略攻势，打破了日本帝国海军联合舰队闪电袭击不可阻挡的神话。

### 帝汶岛：分割归属两国的袖珍岛屿

帝汶岛（Pulau Timor），努沙登加拉群岛的主岛。帝汶，印尼文意即"东方"。帝汶岛是努沙登加拉群岛最东端的岛屿。帝汶岛面积仅约3.4万平方千米。帝汶岛西隔水与爪哇岛相望，北濒班达海，东临阿拉弗拉海，南濒帝汶海与澳大利亚相望。岛上居民主要为马来人、巴布亚人、华人等。主要语言是印度尼西亚语和葡萄牙语，居

民信仰有伊斯兰教、基督教(天主教)。

公元 14 世纪以前,帝汶各部族曾受爪哇国统治。1511 年,葡萄牙人侵占帝汶岛。1613 年,荷兰人在帝汶岛登陆后,葡萄牙殖民者和荷兰殖民者的占领区犬牙交错。1859 年,葡萄牙和荷兰两国重新瓜分帝汶岛,西部地区并入荷属东印度,人称西帝汶;东部地区和西北"飞地"欧库西区归葡萄牙,称"葡属帝汶",人称东帝汶(面积 1.49 万平方千米)。这是葡萄牙和荷兰殖民主义将一个小小岛屿分割为两个部分的根源。

第二次世界大战期间,帝汶岛被日本人占领。1945 年,帝汶岛被收复后,荷属西帝汶部分划入独立的印度尼西亚版图。东帝汶仍在葡萄牙的殖民统治之下。1974 年,葡萄牙法西斯制度被推翻后,"东帝汶独立革命阵线"组织领导拥护东帝汶国家独立的集团力量,同亲印度尼西亚的集团力量展开了武装斗争。1975 年 11 月 28 日,"东帝汶独立革命阵线"对东帝汶大部分领土实施控制后,宣布东帝汶独立,并成立东帝汶人民民主共和国。次日,亲印度尼西亚的集团力量宣布,将东帝汶并入印度尼西亚。1975 年 12 月初,印度尼西亚派军队占领东帝汶。

1975 年 12 月,联合国安理会在通过的决议中,确认东帝汶独立,并呼吁印度尼西亚从这块领土上撤军。1976 年 7 月 17 日,印度尼西亚将东帝汶并入印度尼西亚,并作为其第 27 个"省"。1976 年 12 月、1977 年 11 月,联合国大会先后两次审议东帝汶的形势,再次确认东帝汶拥有自决和独立的权力,印度尼西亚政府曾声称,不承认联合国大会的决议,并把这些决议看作是对印度尼西亚内政的干涉。

1999 年 8 月 30 日,在新旧世纪交换之际,东帝汶这块古老的殖民地举行了一次全民公决。东帝汶以压倒多数的票数否决了印度尼西亚政府提出的在东帝汶实行自治的建议,而选择了独立的道路。同年年底,联合国维和部队进驻东帝汶,与印尼驻军进行权力移交。2002 年 5 月 20 日,东帝汶民主共和国正式成立,这也是 21 世纪成立的第一个国家。

**加里曼丹:"西洋"与"东洋"的分水岭**

加里曼丹(Kalimantan),巽他群岛中最大的岛屿。中国古代称之为"婆罗洲"。加里曼丹为世界第三大岛屿,面积 74.3 万平方千米。加里曼丹四周被南海、苏禄海、苏拉威西海、爪哇海所环绕,并被巴拉巴克海峡、望加锡海峡、龙目海峡、巽他海峡、卡里马塔海峡、新加坡海峡所簇拥。加里曼丹处海上四通八达之地。

**樟宜港:美国航空母舰的"宜家"港**

樟宜港(Zhangyi Harbor),新加坡的一个小型军港。樟宜港北临柔佛海峡东端出口,原本是新加坡海军自行使用的一个小型军港,仅驻扎有新加坡海军的一个导弹炮艇中队、一个登陆舰中队和一个潜艇中队。

自 1992 年美国第七舰队撤出菲律宾苏比克湾,美国海军在东南亚地区失去可靠的依托,美国就瞄上了这个地处战略要冲的天然良港。樟宜基地由于泊位规模有限、各类保养设施不全,很难满足美军航母以及大型编队的补给和保养任务,到访的美军航母通常只能停泊在港口外的锚地进行休整。2000 年 4 月,美国与新加坡签署了一项协议,对美海军战舰停泊基地、接受补给等事项做了详尽规划,规定美海军舰船在樟宜港进行维修时可以使用新加坡的任何港内设施。为此,樟宜港为美国航空母舰"量体裁衣",定做了一个大型深水浮动码头,专供美国航母和其他大型舰艇靠岸停泊。2001 年 3 月 23 日,美国第七舰队所属的"小鹰"号航母战斗群,浩浩荡荡驶进新加坡樟宜港,参加航空母舰码头落成庆典,"小鹰"号航母正式"落户"新加坡。

樟宜港是美国海军自撤出菲律宾苏比克湾以来首次在东南亚开辟的航母固定停泊基地。樟宜基地将成为美海军监控南海局势和进出印度洋的"桥头堡",其战略意义绝不亚于当年的苏比克。苏比克基地正式关闭后,美国海军先与新加坡签署军事协议,扩大了对森巴望港的使用,又将美国海军新加坡补给站升格为补给中心。此外,美国海军在新加坡还获准使用一座后勤补给基地,美第七舰队后勤供应司令部进驻新加坡,并成立了"美国海军西太平洋后勤司令部",可为第七舰队及过往美军舰艇提供后勤补给和维修服务。

新加坡位于马来半岛最南端,扼守着沟通两大洋的战略水道新加坡海峡和马六甲海峡,是国际海运交通中心之一,战略地位十分重要,素有"远东十字路口"之称。从海运航程看,新加坡北上航行至千岛群岛或西进航至阿拉伯海 7 天之内便可抵达,而航行至冲绳及台湾周边海域只需要 4 天,航行至南海中部为两天;美国部署在新加坡的战舰在 24 小时内即可控制整个马六甲海峡。新加坡作为亚太地区重要的海运中心,拥有世界第一流的深水良港,每年停泊新加坡各港的船舶近 4 万艘次。

### 马六甲海峡:"远东海上锁钥"

马六甲海峡(Strait of Malacca),东南亚通往印度洋最重要的海峡。马六甲海峡位于马来半岛与苏门答腊岛之间,连接南海与安达曼海,沟通太平洋与印度洋。马六甲海峡呈西北—东南走向,漏斗状,西北口宽 370 千米,东南口宽仅37 千米,长约1080 千米,连同新加坡海峡,广义上的马六甲海峡全长共 1185千米。马六甲海峡的峡底平坦,一般水深为 25 米~113 米,靠近马来半岛一侧的主航道水深 25.6 米~73 米。海峡中心岛屿不多,西侧岛屿罗列,新加坡岛和印尼的大卡里摩岛、巴淡岛、宾坦岛扼控海峡东南口,泰国的普吉岛和印尼苏

马六甲海峡要塞

门答腊北端的韦岛扼控海峡西北口。

马六甲海峡由于战略地位的极端重要性,沿岸均为军事基地所"把守"。海峡东南出口的军事基地有:新加坡的新加坡岛等,印度尼西亚的宾坦岛等;海峡中部的军事基地有:马来半岛西岸的马六甲、瑞天咸港(巴生港)、卢穆特(红土坎);海峡西北出口的军事基地有:马来西亚的槟城、亚罗士打等;印度尼西亚苏门答腊岛东岸、韦岛等。

马六甲海峡通航历史悠久。公元 4 世纪,阿拉伯人经海峡开辟通往马鲁古群岛香料的海运通道。7 世纪~15 世纪,马六甲海峡为中国同南亚、西亚和非洲东岸的海上交通纽带。从 16 世纪起,马六甲海峡成为西欧殖民主义者争夺之地。1511 年,葡萄牙侵占马六甲,控制了远东和太平洋的商路,葡萄牙此后以马六甲为通道,几乎全部占领了巽他群岛,并北上窃取中国的澳门,在日本九州设立欧洲商站。1602 年,荷兰成立荷属东印度公司,开始排挤葡萄牙在东方的势力,先后通过马六甲海峡占领了爪哇岛、马鲁古群岛,并在马来西亚建立殖民点,北上侵占中国台湾,控制太平洋通往印度洋海上贸易独占权近两个世纪。1819 年英国占领了新加坡,1824 年进而占领了马六甲且控制了通往东亚的海上通道,1840 年~1842 年英国发动了侵略中国的鸦片战争并迫使中国割让香港,从而建立起亚丁湾—亭可马里—马六甲海峡—香港的东方殖民帝国的海上航线。马六甲海峡的战略地位与多佛尔海峡、直布罗陀海峡、苏伊士运河、好望角并重,成为大英帝国掌握世界海洋的五大关键"锁钥"之一。1941 年,日本发动太平洋战争后,从英国手中夺得马六甲海峡。第二次世界大战结束时,在美国强大海上攻势的裹卷下,英国重新收复了马六甲海峡,但是由于在战后亚洲各国民族独立浪潮的冲击下,英国海军控制马六甲海峡的能力日益衰退,驻军逐渐减少,海军基地相继关闭,至 20 世纪 60 年代、中期英国的势力逐步退出亚洲,马六甲海峡的控制权回归沿岸各国所有。新世纪伊始,美国海军航空母舰战斗群进驻新加坡的樟宜港,马六甲海峡的控制权又落入欲称霸世界海洋的美国手中。

## 二、印度洋：全球海洋霸主入座的"宫殿"

印度洋（Indian Ocean），全球第三大洋。印度洋面积为7491.7万平方千米。印度洋位于亚洲大陆、非洲大陆、澳洲大陆和南极大陆之间。印度洋东南部与太平洋的分界线，是澳大利亚的属岛塔斯马尼亚岛的东南角与南极大陆直接径线；印度洋西南部与大西洋的分界线，是非洲大陆南端极地厄加勒斯角与南极大陆直接径线。印度洋向西经曼德海峡、苏伊士运河，通过地中海，进入北大西洋；向南绕过非洲大陆极南之地厄加勒斯角，进入南大西洋；向东北经马六甲海峡或巽他海峡，可进入西太平洋；向东南可绕过澳洲大陆极南之地威尔角，通过巴斯海峡，可进入南太平洋。

**查戈斯群岛：由美国人"拿捏"的英国人"念珠"**

查戈斯群岛（Chagos Archipelago），印度洋中部的珊瑚群岛。查戈斯群岛由迪戈加西亚、彼罗斯班霍斯、萨罗门岛等一串岛屿组成，类似和尚手中的"念珠"。查戈斯群岛北距马尔代夫约400千米，地处好望角、新加坡、红海、澳大利亚间多条航路的会合点，是远洋轮船的燃料补给站。1810年，查戈斯群岛被英国占领，归为英属毛里求斯岛的属岛。1836年，著名的生物进化论创始人达尔文曾到查戈斯群岛进行考察。1965年，查戈斯群岛划为英属印度洋领地。

查戈斯群岛陆地面积60平方千米，主岛迪戈加西亚岛陆地面积约27平方千米，全岛为开阔的"V"字形珊瑚环礁，中央潟湖长24千米，宽6.4千米，是天然良港。1532年，葡萄牙人迪戈加西亚首先到达，因而得名。第二次世界大战期间，迪戈加西亚曾为英国空军基地和重要海军停泊港。第二次世界大战后，英国在印度洋上的势力衰弱，但又不愿意轻易放弃查戈斯群岛。1966年，美国与英国签订协议，两国共同使用查戈斯群岛的主岛迪戈加西亚岛，有效期为50年，英国仍象征性地驻有海军分队和海军陆战队分遣队。1969年，美国海军部在印度洋考察了半年之久，选定在迪戈加西亚岛建立一个支援波斯湾的海军基地。1971年，美国海军进驻迪戈加西亚岛，岛上居民千余人被迫迁移到毛里求斯等地。1972年，美国建立现代通信中继站，为美国在印度洋上过往的飞机和轮船提供导航，同时监视别国过往的飞机和舰艇。1974年，港口疏浚后可驻泊航空母舰和核潜艇，海军航空站机场可起降B-52战略轰炸机，物资仓库和海上预置船可提供快速战略海运。1990年8月，海湾危机爆发，美国太平洋舰队的"独立"号航空母舰战斗群从迪戈加西亚岛紧急驶抵阿曼湾，迪戈加西亚岛海军基地的海上预置中队开始展开部署，迪戈加西亚岛成为美国发动海湾战争的"印度洋海上盾牌"。

### 莫桑比克海峡：全球最长的海峡

莫桑比克海峡（Mozambique Channel），非洲大陆与马达加斯加岛之间的海峡。莫桑比克海峡是全球最长的海峡，呈东北—西南走向，全长 1670 千米，比第二长海峡马六甲海峡大约长 600 千米。海峡北端宽 960 千米，南端宽 1250 千米，中部最窄处 386 千米。莫桑比克海峡是深水海峡，北口水深超过 3000 米，中部水深约 2400 米，南口最深处达 4250 米。

莫桑比克海峡北端有科摩罗群岛踞守，中部被新胡安岛扼控，南端受欧罗巴岛和印度礁节制。两岸地形复杂，东岸北段为基岩海岸，蜿蜒曲折，多珊瑚礁；西岸北段为犬齿形侵蚀海岸，其余为沙质冲积海岸，多河口三角洲和沼泽。海峡东岸的主要港口有：马达加斯加的贝岛、马任加、图利亚拉（图莱亚尔）等；海峡西岸的主要港口有：纳卡拉、莫桑比克港、克利马内、贝拉、伊尼扬巴内、马普托等，科摩罗群岛的莫罗尼、藻德济等。

15 世纪初期，中国明代伟大的航海家、探险家郑和，曾率领庞大的船队到达莫桑比克海峡。15 世纪末，葡萄牙航海家达·伽马，绕过非洲大陆南端的好望角，沿非洲大陆东岸进入莫桑比克海峡，第一次实现了与郑和下西洋的航线相对接。从此，莫桑比克海峡成为西欧殖民主义者向印度洋和东方扩张的重要海上通道。在苏伊士运河凿通之前，莫桑比克海峡是欧洲国家经大西洋、印度洋到亚洲的必经之路。1869 年苏伊士运河通航后，超级油轮和巨型战船仍须经莫桑比克海峡从大西洋出入印度洋。莫桑比克海峡每年过往船只达 2.5 万艘，是全球最繁忙的海上航道之一。

### 波斯湾：波斯人无法掌握"石油命脉"的海湾

波斯湾（Persian Gulf），印度洋西北部边缘海。阿拉伯人称之为"阿拉伯湾"，西方人习惯上将波斯湾称之为"海湾"，并将这一地区称之为"海湾地区"。

波斯湾西临阿拉伯半岛，西北起阿拉伯河河口，东倚伊朗高原，东南出口经霍尔木兹海峡与阿曼湾相接，进而与阿拉伯海和印度洋相连。波斯湾呈狭长形，西北—东南走向，长 990 千米，宽 56 千米~338 千米，面积 24 万平方千米，水深一般不超过 50 米，湾口最深达 110 米。幼发拉底河、底格里斯河和卡伦河汇入阿拉伯河，注入波斯湾。波斯湾沿岸线较曲折，多小港湾，有巴林岛，波斯湾出口有格什姆岛、亨加姆岛、大通布岛和小通布岛盘踞，穆桑代姆半岛分隔波斯湾和阿曼湾。

波斯湾自古就是珍珠采集地。公元前 2 世纪，巴比伦人在波斯湾开辟海上贸易通道。公元 4 世纪，波斯王国海军控制波斯湾。7 世纪，阿拉伯人经过一个多世纪的征战，建立起地跨亚、欧、非三大洲的阿拉伯帝国，波斯湾成为其"内海"。15 世纪，土耳其人建立起版图横跨亚、欧、非三大洲的奥斯曼帝国，波斯湾成为其"内海"。

1511 年,葡萄牙占领波斯湾口的霍尔木兹岛。1622 年,英国人联合波斯人攻占葡萄牙所占霍尔木兹岛和格什姆岛。从 1625 年起,波斯湾成为英国与荷兰、法国之间的角逐场所。1853 年,英国同波斯湾沿岸各国签订条约,确立了英国在波斯湾的统治地位。

波斯湾地区是世界上最大的石油富源。1908 年, 在伊朗西南部发现蕴藏有大量的石油,英国海军当时的新型主力舰用油都取自伊朗油田。1923 年,伊拉克也发现油田。1938 年, 科威特发现蕴藏量大大超过伊朗和伊拉克的大油田。1956 年,沙特阿拉伯取代了科威特的地位,成为世界上最大的石油生产国。在世界八大储油国中,波斯湾地区就占五个,包括沙特阿拉伯、伊拉克、科威特、阿拉伯联合酋长国、伊朗,因此波斯湾有"世界石油宝库"之称。

20 世纪最初几十年,英国在波斯湾石油勘探和开采中独占鳌头,并且建立了海军基地维护石油利益。20 世纪 30 年代, 美国才开始插手波斯湾地区的石油勘探和开采,并开始卷入波斯湾地区事务。第二次世界大战期间, 美国海军舰艇在波斯湾频繁活动, 美国太平洋舰队经常前往设在沙特阿拉伯的拉斯坦努拉角和巴林的炼油厂采购燃油。1947 年 5 月, 美国驻东大西洋和地中海的海军部队组成舰艇编队对沙特阿拉伯和巴林进行了大战后的首次海军访问。

波斯湾巴林跨海大桥

1948 年 10 月,美国海军派遣了 4 艘船只组成的船队进行波斯湾的水道测量。1949 年 1 月,美国海军"海湾地区司令部"正式成立。1949 年 8 月,"海湾地区司令部"更名为"中东特混舰队",其作战范围南北方向从波斯湾至印度洋北部的马尔代夫群岛一带,东西方向从红海至安达曼海一线。从此,中东特混舰队成为执行美国波斯湾地区政策的有效工具。

美国海军在波斯湾站住了阵脚后, 在波斯湾地区的石油利益稳步上升。1953 年,美国五家石油公司就获得伊朗占 40% 的油田市场份额。1968 年,英国宣布在 3 年内从苏伊士运河以东地区撤走全部军事力量和关闭所有军事基地,苏联利用美国在越南无法拔出战争泥潭之际开始在波斯湾进行渗透。1973 年, 苏联与伊拉克签订协约,允许苏联派遣海军分遣队穿过霍尔木兹海峡,长驱直入至波斯湾顶端伊拉克的港市巴士拉。苏联海军还不断在印度洋上举行联合军事演习,模拟占领波斯湾内的重要港口和切断西方世界战争命脉的作战行动。1979 年初, 美国在伊朗支持的巴列维国王垮台,美国在波斯湾地区出现了权力真空。同年年底,苏联出兵阿富汗,使美国政府感到恐慌。1980年,美国"文森特"号巡洋舰出访阿曼的马斯喀特港,美国海军开始在波斯湾地区排挤苏联的势力。同年,伊拉克与伊朗开战,为美国海军加强在波斯湾地区的军事存在找到了借口。1985年,美国海军部明确提出,中东特混舰队必须能够执行反潜防御、对空防御、反水面舰艇防御和对岸轰炸四项任务。1988年,美国军舰"罗伯茨"号护卫舰在波斯湾巡逻时不幸与一枚漂浮雷相撞,导致舰体断裂,美国"企业"号航空母舰的作战飞机击沉伊朗数艘军舰,美国巡洋舰"文森特"号还击落一架伊朗"空中客车"民航班机。美国海军通过对波斯湾地区的武力讹诈,击退了苏联海军的扩张,确保了美国的波斯湾政策顺利推行。

正当美国得意忘形地盘算着独霸波斯湾地区的时候,令美国意料不到的是,伊拉克突然入侵科威特。对这一突如其来的波斯湾危机,美国政府视为在波斯湾大展淫威的天赐良机。1990年8月2日,伊拉克入侵科威特刚过1小时,美国海军中东特混舰队的6艘军舰,立即起锚出港,太平洋舰队的"独立"号航空母舰战斗群,从印度洋迪戈加西亚岛附近紧急驶抵阿曼湾。8月7日,美国决定实施调集陆海空三军打击伊拉克的"沙漠盾牌"行动,开始在波斯湾、红海、印度洋、地中海对伊拉克实行海上封锁。1991年1月17日,美国实施"沙漠风暴"行动,由"中途岛"号(舰载飞机62架)、"突击者"号(舰载飞机68架)、"罗斯福"号(舰载飞机84架)三个航空母舰战斗群组成波斯湾战斗舰队。红海战斗舰队的"圣哈辛托"号导弹巡洋舰发射了第一枚"战斧"巡航导弹,波斯湾战斗舰队的"邦克山"号导弹巡洋舰发射了第二枚"战斧"巡航导弹,标志着"沙漠风暴"的开始。美国水面作战舰击毁或击伤伊拉克143艘舰艇,攻占波斯湾北部伊拉克所有的石油平台,摧毁了伊拉克所有港口的军事设施,基本上消灭了伊拉克海军。2003年3月20日,美国以伊拉克藏有大规模杀伤性武器并暗中支持恐怖分子为由,单方面对伊拉克实施军事打击,推翻了反美的萨达姆政权。美国在波斯湾再次充当霸主角色,完全掌握了波斯湾的石油命脉。

**霍尔木兹海峡:"中东油库"的"阀门"**

霍尔木兹海峡(Hormuz Strait),沟通波斯湾与阿曼湾的海峡。霍尔木兹海峡位于阿曼的穆桑代姆半岛与伊朗的拉雷斯坦之间,为波斯湾通往印度洋的唯一出口,是著名的国际石油通道。霍尔木兹海峡呈"人"字形,长约150千米,宽56千米~125千米,海峡最深处219米。北部水浅多岛,沿岸多沙滩和珊瑚礁;南部水深,沿岸多湾和小半岛;海峡北侧分布着伊朗的格什姆岛、罕甘姆岛、霍尔木兹岛等。

霍尔木兹海峡因北侧的霍尔木兹岛而得名。霍尔木兹岛位于伊朗阿巴斯港东南16千米,长8千米,宽5.6千米,起伏不平,大部分荒芜,北岸的霍尔木兹村为唯一的居民点。公元 14 世纪~16 世纪,霍尔木兹海峡为控制波斯湾贸易的中心,先后成为波斯湾两岸的波斯帝国和阿拉伯帝国通往印度洋的通道。15 世纪,奥斯曼帝国掌握波斯湾。1511 年,葡萄牙占领波斯湾口的霍尔木兹岛,控制了霍尔木兹海峡。1622 年,英国人攻占霍尔木兹岛,从此海峡被英国控制长达 3 个多世纪。

20 世纪初,波斯湾发现大量石油资源,霍尔木兹海峡的战略地位上升,谁欲控制波斯湾石油富源,谁就必须首先控制霍尔木兹海峡。第二次世界大战,美国逐渐取代英国在波斯湾的地位,霍尔木兹海峡的控制权落入美国中东舰队。在 1991 年的海湾战争中,美国利用对霍尔木兹海峡的控制权,对伊拉克实行经济封锁。特别是伊拉克战争中,美国更是完全掌握了霍尔木兹海峡,可以随意开关"阀门"。波斯湾的石油出口占世界石油贸易总额的 40% 以上,美国、西欧、日本等地区和国家从波斯湾抢夺石油资源均须通过霍尔木兹海峡这个"阀门"。

**索科特拉岛:"鱼游"亚丁湾却被外人"索拉"**

索科特拉岛(Socotra Island),阿拉伯海中的岛屿。索科特拉岛为也门属岛。北距阿拉伯半岛 350 千米,西距非洲瓜达富伊角 241 千米。索科特拉岛长约 137 千米,宽约 40 千米,面积 3650 平方千米,酷似游离于亚丁湾之外的一条"小鱼"。索科特拉岛沿岸无良港,西南季风时期船只难以靠岸。

亚丁湾历来是红海与阿拉伯海之交通要冲,英国和法国曾长期在亚丁湾进行争夺,也门及其亚丁港一直被英国所控制。第二次世界大战后,英国的海上势力衰退,美国取代了英国在也门及其亚丁港的地位。苏联与美国争夺世界海洋霸权,也十分器重亚丁湾的战略价值。1969 年,南也门同美国断交后,苏联又乘虚而入,利用军事援助的方式,获得了南也门扼红海出口的亚丁港使用权,还在东临阿拉伯海的也门属岛索科特拉岛建成一个现代化的海空军基地,以确保在阿拉伯海的制空权和制海权。

**亚丁港:美国现代驱逐舰的"海葬场"**

亚丁港(Aden),印度洋西北部重要港口,曾是也门首都。亚丁港位于阿拉伯半岛最南端,扼亚丁湾水上交通要道。亚丁湾是阿拉伯海的一个海湾,介于阿拉伯半岛与非洲大陆之间,为全球海上交通的重要孔道,亚丁港是亚丁湾最主要的港口。

亚丁港自古为东西方贸易的重要中转站,战略地位非常重要。公元 16 世纪,亚丁港处于奥斯曼帝国的控制下。1802 年,英国在亚丁港设立海船加煤站。1839 年,英国正式占领亚丁港,并作为向东扩张的据点。1859 年,法国人开始侵入与亚丁港隔水相望的吉布提,与英国争夺对红海、阿拉伯海和印度洋的控制权。第二次世界大战后,美国和苏联为控制该战略区而争夺数十年。1963 年,苏联援助索马里,在

也门首都萨那

与亚丁港相对的柏培拉修建军港,以控制红海出口和亚丁湾通道。1969年,南也门同美国断交后,苏联乘虚而入,利用军事援助的方式,获得了亚丁港使用权。这样,苏联在亚丁湾形成了南北钳形之势,控制着亚丁湾,苏联解体后,美国独霸亚丁湾。

但是,由于亚丁港处亚、欧、非三大洲的交通枢纽位置,所以这里是欧洲人、阿拉伯人、印度人、索马里人、犹太人混杂居住的地方。也门无力清除混迹于百姓之中反对美国的激进的阿拉伯分子。2000年10月12日,当地时间中午,美军驱逐舰"科尔"号在亚丁港加油,遭到一艘满载炸药的橡皮艇的自杀性攻击。一艘价值10亿美元的现代化驱逐舰,敌不过一艘橡皮艇,舰身被炸出一个大洞,17名水兵死亡,数十人受伤。

既然美国在亚丁湾的日子并不好过,那么白宫为何不惜一切拉拢也门?一言以蔽之,美国称霸世界的战略需要。美国只有把也门争取过来,才能真正控制阿拉伯半岛,才能有效守住石油宝库的出口波斯湾和战略交通要道红海。

**曼德海峡:最繁忙的"灾难之门"**

曼德海峡(Babel Mandeb),连接红海与亚丁湾的海峡。曼德海峡呈西北—东南走向,长18千米,峡面宽25千米~32千米。最大的岛屿为丕林岛,将海峡分为两条水道:西水道靠吉布提一侧,称大峡,宽28.8千米,水深323米;东水道靠阿拉伯海岸一侧,称小峡,宽3.2千米,水深29米。因大峡内有火山岛,故航行多通过小峡。海峡沿岸陡直,缺少优良港口,海峡东南口外两侧有也门的亚丁港和吉布提的吉布提港。因而,海峡中的丕林岛是控制海峡的中流砥柱。

早在 14 世纪以前,地中海北岸的欧洲人就企图控制曼德海峡。1513 年,葡萄牙涉足丕林岛。1738 年,法国占领丕林岛。1799 年,英国人暂时占领丕林岛。1857年,英国再度占领丕林岛。此后,丕林岛的归属虽有名义上的变迁,但基本上为英国所掌握,英国在岛内先后修建了加煤站、海军基地和飞机场。

曼德海峡因多礁石和小火山岛,古代阿拉伯人的小船只通过海峡常常遇到风险,故阿拉伯语"曼德海峡"意即"灾难之门"。自 1869 年苏伊士运河通航后,曼德海峡—红海—苏伊士运河航线,成为大西洋通往印度洋的捷径。欧洲大西洋沿岸国经苏伊士运河—红海—曼德海峡航线,比绕道好望角缩短航程 5500 千米~8000 千米,每年有两万艘轮船通过,为全球最繁忙的国际航道之一。

**红海:"血雨腥风"激荡之海**

红海(Red Sea),亚洲大陆与非洲大陆之间的狭长海域。红海位于阿拉伯半岛和非洲大陆东北部之间,北经苏伊士运河通往地中海,南经曼德海峡通往亚丁湾,是沟通大西洋和印度洋的海上捷径,连接亚、非、欧三大洲的海上通道。红海海面多呈蓝绿色,但因局部海域有红色海藻生长繁茂而呈红棕色,故称红海。

早在公元前 20 世纪,红海就是古埃及人的重要商路。公元前 10 世纪,红海成为东西方海上的贸易通道。1430 年~1433 年,中国明代出身伊斯兰世家的著名航海家郑和,在第七次下西洋途中,特差遣数名伊斯兰教徒船员搭乘别国船只到红海中部港口吉达,转往伊斯兰圣地麦加朝拜。18 世纪末,英法两国争先恐后侵入红海地区。1798 年,法国占领埃及。1799 年,英国占领丕林岛。19 世纪 50 年代末,英法两国对红海进行激烈争夺,并抢夺苏伊士运河的开凿权。1857 年,英国再度占领丕林岛,西南部港口为加煤站。1859 年,法国人开始侵入吉布提。1869 年,苏伊士运河通航后,红海由半封闭海成为沟通大西洋与印度洋的开放海域,英法两国在红海的争夺更加激烈。1882 年,英国占领埃及,并在苏伊士运河区建立军事基地。1888 年,吉布提全境沦为法国的殖民地,称法属索马里。第二次世界大战中,红海成为交战双方争夺的目标,航道曾几度被封锁。第二次世界大战后,随着中东石油的开发,红海成为大国争夺的重点。美国取代了因在战争中衰落的英国在红海地区的战略位置,苏联也积极向埃及渗透。1977 年,埃塞俄比亚发生军事政变,驱逐美国军事顾问团,苏联乘机而入,通过实行军事援助,获得了东临红海的北部港市马萨瓦和东临曼德海峡的东北部港市阿萨布的使用权,并在达赫拉克群岛建立军事基地,从而使埃塞俄比亚成为苏联在红海的据点。

**苏伊士运河:列强争相掌控的"海上咽喉"**

苏伊士运河(Suez Cannal),沟通地中海和红海的著名国际航道。苏伊士运河位于埃及东北部,贯通苏伊士地峡,为亚洲和非洲的分界线。苏伊士运河处于地峡的最低部位,是利用沿线的曼宰莱湖、大苦湖、小苦湖等湖沼以及洼地等有利地形修建的。运河西面为尼罗河三角洲低地,东南面是崎岖不平的西奈半岛。

苏伊士运河呈南北走向,运河开凿成功正式通航时南北长 161 千米,后来经过多次疏浚工程,拓宽河面,加深河道,全长达 173 千米,连同两端入港引航道长 193 千米,河面宽 190 米~365 米,河底宽 45 米~60 米,水深 12 米~19 米,可通行 16 万吨级的油轮和 55 万吨级空载船只。苏伊士运河的通航,从大西洋经苏伊士运河和红海进入印度洋,比绕道非洲好望角的航线缩短了 5500 千米~8000 千米,成为北大西洋、印度洋和西太平洋之间海上航行的捷径。苏伊士运河的货运量居世界运河之首,每年有 100 多个国家的船只通过运河,占欧亚两大洲间海上货运量的 1/8。

早在公元前 1000 年,古埃及就有人提出开凿运河沟通地中海与红海的设想。拿破仑占领埃及后也同样萌发了开凿运河的想法。法国驻埃及总领事策划了开凿苏伊士运河工程。1859 年,法国人取得修建和经营运河的特许权,并开始在塞得港破土动工,后期由法英等国组成的"苏伊士运河公司"掌握,攫取巨额利润。1869 年

苏伊士运河

11 月 17 日,经过 10 年开凿,牺牲民工 12 万人,苏伊士运河正式建成通航,拿破仑三世携皇后参加了竣工典礼。1882 年,英国占领埃及,在运河区建立军事基地,埃及人民因英国侵犯埃及主权和控制苏伊士运河而与之进行了长期的斗争。1953 年,埃及共和国在反对英国的殖民统治和控制苏伊士运河的斗争中诞生。1954 年,埃及迫使英国签订《英埃条约》,规定英军撤出苏伊士运河。1956 年 7 月 26 日,埃及总统纳赛尔在亚历山大港的曼奇亚广场上,向 20 万群众发表演说,宣布将曾长期受英法殖民主义控制的苏伊士运河公司收回埃及国家所有。

英法两国为了维护在苏伊士运河的控制权,1888 年两国曾与德国就运河通航问题签订《君士坦丁堡公约》,《公

约》规定：各国商船无论平时或战时都可自由通过，军舰被迫抛锚时必须通知运河管理局；交战国军舰必须在最短期间通过，不得停留，在塞得港和苏伊士港逗留时间不得超过 24 小时，交战国之间的军舰通行时间应相隔 24 小时以上；军舰在运河及其入口港有权得到粮食和其他各种补给，不允许封锁运河；在运河及入口港及其邻近水域，凡妨碍自由通航的战斗行动一律禁止。然而，英法两国只是想利用这项条约来制约其他国家，它们却常常违背和破坏这项条约。

就在埃及人为恢复行使对苏伊士运河的管辖权之时，英法两国不甘心退出运河的历史舞台，美国则乘机声明对苏伊士运河实行"国际管控"。英国担心美国插手苏伊士运河事务，企图用战争解决问题。1956 年 10 月，英国伙同法国和以色列达成进攻埃及的秘密协议。英法两国策划的侵略步骤为：由以色列首先向苏伊士运河之东的西奈半岛发起突然攻击，吸引埃及主力部队支援；英法两国航空兵从地中海的航空母舰和地中海东部的塞浦路斯岛、地中海中部的马耳他岛、红海出口的亚丁港出动飞机摧毁埃及的军事基地；英法联军从扼守苏伊士运河大门的塞得港登陆，占领整个运河区。

在英法两国的支持下，以色列发动了第二次中东战争。英法两国以"保护苏伊士运河国际通航安全"为借口，出动 7 艘航空母舰以及 100 多艘其他战舰参战。英法两国海军航空兵对埃及首都开罗、临地中海的亚历山大港、苏伊士运河入口的塞得港、运河中段的伊斯梅利亚港市、运河南端的苏伊士港市等要地实施战略轰炸，海军陆战队登陆塞得港，并沿苏伊士运河南下，企图急速占领整个运河区。英、法、以三国发动的中东战争引起阿拉伯国家人民的强烈反抗，中国和苏联政府强烈谴责英法两国的侵略行径，苏联还建议美苏联合出兵进行干涉，美国对英法两国进行单独行动也极为不满。在国际社会的强压下，英法两国被迫接受了联合国的停火协议，为期 1 周的侵略战争宣告结束。在以色列发动的历次中东战争中，苏伊士运河区成为埃以两军的前线，运河被迫停航。

## 三、大西洋：欧美国家的"生命洋"

大西洋（Atlantic Ocean），全球第二大洋。大西洋面积大约相当于太平洋面积的一半。大西洋位于欧洲大陆、非洲大陆与美洲大陆之间，北以冰岛、法罗群岛与北冰洋分界，并经挪威海、格陵兰海进入北冰洋，亦可经格陵兰岛的海斯半岛与伊丽莎白女王群岛中埃尔斯米尔岛之间的巴芬湾，进入北冰洋；大西洋西南部与太平洋的分界线，是南美洲南端极地合恩角与南极半岛顶端的直接径线；大西洋东南部与印度洋的分界线，是非洲大陆南端极地厄加勒斯角与南极大陆的直接径线；大西洋东经地中海、红海，可进入印度洋；大西洋西经加勒比海，可进入太平洋。

**地中海：海洋帝国争霸于"三大陆之中"的内海**

地中海（Mediterranean Sea），大西洋内海。地中海位于亚、欧、非三大陆之间，是一个东西长、南北窄的全球最大的内陆海。从直布罗陀海峡至伊斯肯德仑湾，东西最长约 4000 千米；从锡尔特湾南部至亚得里亚海北端，南北最宽约 1800 千米，海深 1500 米~3000 米，平均水深为 1600 米。地中海沿岸及水下地理特征，为生活在沿岸及岛屿的人类提供了发展航海业的便利条件。

地中海东西两部分的若干海及海盆之间相互通达；东西两部分以突尼斯海峡与马耳他海峡相互沟通；西经直布罗陀海峡，通往大西洋；东南经苏伊士湾和红海，通往印度洋；东北以达达尼尔海峡、博斯普鲁斯海峡与黑海相连。地中海与外部世界的广泛通达性，为生活在沿岸及岛屿的人类的海上交往和贸易提供了便利条件，也为若干国家争夺海上霸权提供了场所。

大约在公元前 2000 年，位于叙利亚和黎巴嫩的沿海狭长地带的腓尼基航海事业发达。腓尼基西临地中海，北接小亚细亚，东通巴比伦，南连埃及，处于东地中海与沿岸陆上商业贸易路线的交接地，扼西亚、北非、南欧航运的枢纽。腓尼基人通过海外贸易，聚集着利万特地区的丰富财源，即地中海东部诸国和岛屿包括叙利亚、黎巴嫩在内从希腊至埃及的广大地区的贸易，并且在地中海南岸的迦太基、地中海北岸的马赛等地都建立了贸易站。

公元前 8 世纪~前 6 世纪，希腊出现城邦化文明，希腊人在海外的殖民地遍及爱琴海、黑海和地中海，出现了超出希腊本土许多倍的海外城邦。公元前 6 世纪后半期，波斯帝国崛起，建立起包括伊朗、美索不达米亚、腓尼基、埃及在内的庞大帝国后，与希腊人在小亚细亚的传统利益发生了严重冲突。从公元前 546 年起，波斯人与希腊人在地中海进行了逾百年的斗争，公元前 480 年，波斯帝国与希腊联盟进行了历史上著名的萨拉米海战，以及其后希腊联盟在东地中海消灭波斯残余海上力量的战争，最后结束了波斯帝国

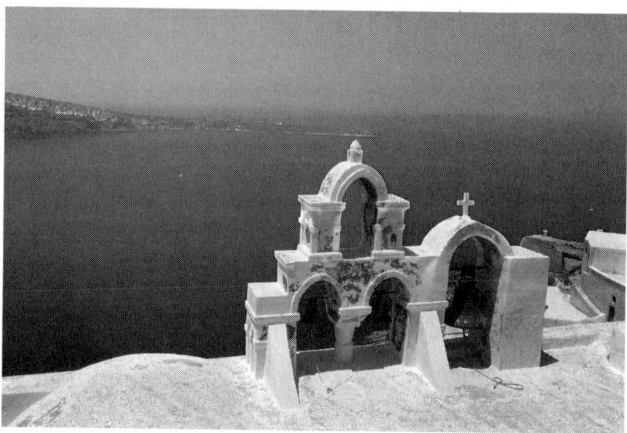

地中海

对爱琴海和黑海一带的统治，确立了以雅典海上同盟为首的希腊在黑海和东地中海的霸权。

公元前431年~前404年，希腊的斯巴达同盟与雅典同盟之间进行了历史上著名的伯罗奔尼撒战争，终结了雅典同盟的海上霸权，同时也使希腊走向更加分裂与衰落的道路，最终被兴起于北部蛮荒之地的马其顿人征服。

公元前275年，罗马统一亚平宁半岛。罗马帝国在极盛时期，版图扩张的顶点，东起幼发拉底河，西迄不列颠岛，北至多瑙河以外的达西亚，南达北非，地跨欧、亚、非三大洲。

公元395年，罗马帝国分裂为两个部分。476年，西罗马被民族大迁徙中南下的日耳曼人所亡，东罗马在巴尔干半岛、小亚细亚、腓尼基、美索不达米亚、埃及建立了拜占庭帝国。由于帝国首都君士坦丁堡位于博斯普鲁斯海峡南端陡峭的岬角上，扼黑海通往爱琴海的枢纽，使帝国统治中心北移，导致了帝国对地中海的控制不能持久。8世纪兴起的阿拉伯帝国，14世纪前期崛起的土耳其奥斯曼帝国，其疆域都曾地跨亚、欧、非三大洲，控制和垄断了地中海沿岸及其通往东方的贸易航路。

15世纪末16世纪初，地中海沿岸及其附近的欧洲国家为了避开土耳其奥斯曼帝国的海上阻碍，开始了经大西洋探寻通往东方航路的远洋航海运动，并导致了地理大发现，开通了全球贸易的众多新航线，从而使地中海的战略价值有所降低，拉开了西欧国家争夺全球海上霸权斗争的序幕。

18世纪始，英国与法国在争夺欧洲霸权中把地中海作为角逐的重要场所。1869年，苏伊士运河开通后，地中海的战略价值明显上升，英法两国在地中海的竞争更加激烈。19世纪末20世纪初，地中海成为欧洲列强争夺霸权的战场。两次世界大战中，英国与德国海军都在地中海激战。

冷战期间，地中海成为美国与苏联争夺欧洲霸权和世界海洋霸权的重点地区，往往给地中海沿岸造成了严重的紧张局势。1946年，美国第六舰队进驻地中海，以扼制苏联南下印度洋。1958年，美国实施"蓝色球棒"计划，海军陆战队登陆贝鲁特，干涉黎巴嫩内部事务。1967年、1973年，在以色列发动的第三次和第四次中东战争中，美国都为以色列提供大量武器装备和作战物资，并派第六舰队为以色列侵略阿拉伯国家助威。1986年，美国第六舰队先后实施"草原烈火"计划和"黄金峡谷"计划，对利比亚实行战争讹诈和高技术空中打击。20世纪90年代，美国在海湾战争和侵略南斯拉夫战争中把地中海作为最重要的战区。美国仍将凭借在地中海的军事力量对地中海沿岸国家及其环地中海的亚、欧、非三大洲广大地区实施霸权主义的淫威。

### 塞得港：苏伊士运河的"门卫"

塞得港（Port Said），埃及港市。塞得港位于地中海沿岸一个宽阔的人造港湾内,扼苏伊士运河北口。塞得港是地中海的大型转运港、国际转口贸易中心、轮船燃料供应中心。塞得港年吞吐量 200 多万吨。

1859 年,塞得港随着苏伊士运河的开凿,在地中海与曼宰莱湖之间人工填成的狭长条形地带上修筑和发展起来。1869 年,苏伊士运河及塞得港由法英等国组成的"苏伊士运河公司"掌握。

塞得港镇港塔

1882 年,英国占领埃及,在运河区建立军事基地。1953 年,埃及人民在反对英国控制苏伊士运河及塞得港的斗争中建立了共和国。1954 年,埃及迫使英国签订《英埃条约》,规定英军撤出苏伊士运河。1956 年,埃及将苏伊士运河公司收回埃及国家所有,塞得港回到了埃及人民的手中。

当年,埃及人民收回苏伊士运河不久,英法两国就迫不及待地发动战争,妄图重新占领苏伊士运河和塞得港。英法两国怂恿以色列发动第二次中东战争,英法联军以保护运河中立为借口,从扼守苏伊士运河大门的塞得港登陆,并沿苏伊士运河南下,企图急速占领整个运河区。在国际社会的强压下,英法两国被迫签订停火协议,为期 1 周的侵略战争遂告结束。1967 年、1973 年,在美国的支持下,以色列又发动了两次中东战争,苏伊士运河及塞得港均受到破坏。在每次战争结束后,埃及都以极大的努力重建运河和沿岸重要设施,使苏伊士运河尽快恢复通航。

### 克里特岛:"海王之岛"

克里特岛(Crete Island),希腊最大的岛屿。克里特岛位于地中海东部、爱琴海之南。克里特岛海岸线长 1046 千米,东西长 260 千米,南北宽 12 千米~55 千米,面积 8300 平方千米。克里特岛北岸蜿蜒曲折而多良港,南岸较平直,周围海面风平浪静,地理位置对航海和商业极为有利。

公元前 1800 年~前 1700 年, 位于克里特岛中央的克诺索斯建立起全岛统一的王权,史称米诺斯王朝。克里特岛是东地中海几条主要航道的必经之地,其地理位置的战略意义不仅在于有利于贸易,而且在于能限制其贸易竞争者的军事行动。

米诺斯海上霸权的实力范围,主要是以克里特岛为中心,东达塞浦路斯岛和罗得岛,北连伯罗奔尼撒半岛,建立起的环形海运贸易网。这个环形海运贸易网,正好处于地中海东岸的两河流域文明与地中海南岸尼罗河文明交接的中间区域，从而使其得以攫取欧、亚、非三大洲的内陆资源。

克里特岛因其特殊的战略位置而成为历史上帝国称霸地中海的必争之地。克里特岛在历史上曾被在地中海称霸的罗马帝国、拜占庭帝国、阿拉伯帝国、奥斯曼帝国征服。19世纪末，克里特岛归英国、法国、俄罗斯、意大利四国组成的高级委员会管辖。1913年，巴尔干战争后正式归属希腊。第二次世界大战中，英国军队进驻克里特岛，德国空军曾实施大规模空降战役占领该岛。1945年，希腊收复克里特岛。第二次世界大战后，北大西洋公约组织在克里特岛的苏扎湾建成大型海军基地，将苏扎、伊拉克利翁、廷巴基翁等地的机场用作北约空军基地。

**爱琴海：主旋律并不总是"充满爱"**

爱琴海（Aegean Sea），地中海水域的附属海。爱琴海位于巴尔干半岛、小亚细亚半岛和克里特岛之间。爱琴海面积约21.4万平方千米，濒临爱琴海的国家有希腊和土耳其。爱琴海东北经达达尼尔海峡与马尔马拉海相连，南面经数个海峡与地中海相通，爱琴海沿岸岛屿易于控制黑海海峡的出入口和地中海东部的海上交通线。

公元前1800年~前1700年，克里特岛上的米诺斯王朝是最早称霸爱琴海的国家。公元前1450年，希腊的迈锡尼人入侵克里特岛，并征服了爱琴海诸岛屿，迈锡尼人成为爱琴海的主人，掌握了克里特人在爱琴海和东方各地的势力范围。大约公元前1182年，迈锡尼联合希腊诸城邦，东渡爱琴海，远征小亚细亚的特洛伊城，掌握了扼爱琴海以及整个地中海通达黑海的航运。

公元前8世纪~前6世纪，希腊人在爱琴海、黑海和地中海广泛开拓殖民地。公元前546年，波斯帝国将希腊人在爱琴海东岸小亚细亚半岛的诸邦纳入其势力范围。公元前492年，波斯帝国舰队在向希腊进军途中遭大风暴，两万名海军将士葬身海底。公元前490年，波斯帝国第二次进攻希腊，海军舰队600艘战船横渡爱琴海，第一梯队刚在雅典附近的马拉松平原登陆，就被雅典军赶下海。公元前480年，波斯帝国第三次远征希腊，海军舰队有1400艘战船沿色雷斯海岸，配合陆军从陆上入侵希腊。这次远征中，萨拉米湾海战，波斯海军损失300艘战船，希腊联军海军仅损耗40艘战船，为最终确立希腊人对爱琴海的统治奠定了基础。希波战争后，希腊的雅典海上同盟在与斯巴达同盟争夺霸权的伯罗奔尼撒战争中失败，进而导致了希腊人在爱琴海霸权的完结。

公元前146年，罗马消灭了迦太基后，向东地中海征服，打败希腊的征服者马其顿人，从而建立起包括爱琴海在内的地中海霸权。公元395年，罗马帝国分裂为两个部分，拜占庭帝国获得了对爱琴海的霸权。1453年，拜占庭落入崛起于小亚细亚半岛上的奥斯曼帝国之手。在其后的4个世纪中，由于土耳其奥斯曼帝国控制了亚、欧、非的陆上交通枢纽,同时,西欧国家又忙于海外殖民地的扩张,地中海及爱琴海基本上处于奥斯曼帝国的统治势力范围。

19世纪下半叶,奥斯曼帝国在地中海及爱琴海的势力迅速消退,英法两国在地中海的激烈竞争再度兴起,俄罗斯已扩张至黑海北岸,英国为了维护在南亚的殖民帝国,法国为了维护在中东的殖民利益,往往共同联合对付俄罗斯南下地中海的扩张,爱琴海再度成为列强争夺的场所。1854年,在克里米亚半岛战争中,英法两国的联合舰队从爱琴海开到黑海地区,几乎全部歼灭俄罗斯的黑海舰队。

1869年苏伊士运河通航后,地中海的战略价值上升,列强争夺爱琴海的斗争也日趋激烈。第一次世界大战,德国、奥匈帝国、意大利三个同盟国与英国、法国、俄罗斯三个协约国,曾在爱琴海和黑海海峡展开海战。第二次世界大战中,地中海及爱琴海成为英美同盟国与德意轴心国重要的海上战场。第二次世界大战后,北约集团控制了爱琴海,在克里特岛的伊拉克利翁建有大型机场和一个导弹靶场,还在利姆诺斯岛、希俄斯岛和罗得岛上建有机场。

### 亚速海:昔日苏联的"内海",如今变成"公海"

亚速海(Azovskoye More,Sea of Azov),克里米亚半岛与俄罗斯西南部的陆间海。古希腊称"迈奥提斯湖",俄罗斯旧称"苏罗日海"。亚速海为介于黑海与里海的大陆桥和克里米亚半岛所环绕,有刻赤海峡与黑海相通。亚速海面积3.8万平方千米,最深处14米。亚速海沿岸大部分低平,多浅水海湾,大陆有著名的顿河等河流注入。亚速海沿岸的主要港口有:乌克兰的别尔江斯克、日丹诺夫、马里乌波尔等;俄罗斯的塔甘罗格、罗斯托夫、叶伊斯克等。

亚速海为古代若干帝国争霸的重要战场。从17世纪末起,亚速海成为俄罗斯争夺黑海出海口的重要目标。1695年夏,彼得大帝亲自率军围攻注入亚速海的顿河河口最大的土耳其要塞亚速夫,未果。冬季,彼得大帝下令在顿河沿岸的沃龙涅什修建船厂。1696年,俄罗斯建立了历史上第一支由28艘帆船组成的舰队,由瑞典人莱弗任舰队司令。次年春,这支舰队配合陆军作战,从海上和陆地攻克亚速夫要塞。这次胜利打开了由顿河进入亚速海的出口,但仍然不能保证由亚速海进入黑海的出口,黑海仍是土耳其的内海。于是,彼得大帝又决定在两年内再建造52艘大船,以保证夺取亚速海的出口刻赤海峡。1768年~1774年、1787年~1792年,女皇叶卡捷琳娜二世在位期间,发动了两次旨在夺取黑海出海口的对土耳其战争,俄罗斯吞并了临亚速海与黑海之间的克里米亚岛,获得了亚速海进入黑海的刻赤海峡。19世纪中叶,俄罗斯占据黑海北岸地区,并继续向巴尔干半岛扩张,英法两国采取共同行动,将海军联合舰队开到黑海,最终导致了1854年的克里米亚半岛战争,俄罗斯丧失了黑海的霸权。

1918 年,帝国主义国家从海上围攻新生的苏维埃政权时,亚速海区舰队为保卫苏俄南翼发挥了积极作用。1921 年,苏维埃共和国亚速海区舰队驱逐奥地利、德国、英国干涉势力之后,又从克里米亚半岛驱逐了法国的干涉势力,从此,亚速海就成为苏联的"内海"长达 70 年。1991 年,苏联解体后,亚速海左岸的乌克兰独立,亚速海也就自然而然地成为由俄罗斯与乌克兰共享的"公海"。

**黑海:俄罗斯寻找海洋大国的"光明"之海**

黑海(Black Sea),大西洋的内海。黑海位于欧洲东南部与小亚细亚半岛之间,北岸为俄罗斯、乌克兰,西岸为罗马尼亚、保加利亚,南岸为土耳其,东岸为格鲁吉亚,黑海海岸线总长 3400 千米,东西长 1150 千米,南北最宽处 611 千米,面积约 42 万平方千米,大部分深度为 1000 米~2000 米,最大深度 2210 米。黑海北有刻赤海峡与亚速海相通,西南有博斯普鲁斯海峡、马尔马拉海、达达尼尔海峡与地中海相连。

黑海是俄罗斯南下地中海的必经之地。公元 907 年,基辅大公奥列格远征拜占庭,使这个东罗马帝国签订了第一个《通商条约》,以保证俄罗斯在黑海、爱琴海和地中海的自由通行权和海上贸易权。1043 年,俄罗斯诸公国的武士队通过黑海远征拜占庭,进行君士坦丁堡海战。1453 年,土耳其奥斯曼帝国灭东罗马帝国,获得黑海控制权。17 世纪始,俄罗斯为争夺黑海的出海口,多次同奥斯曼帝国发生战争。1783 年,克里米亚半岛并入俄罗斯后,在黑海建立了俄罗斯舰队。1790 年,俄罗斯舰队与土耳其舰队曾在刻赤进行大海战,奥斯曼帝国海军受到极大的挫折。18 世纪末,英国、法国等西欧列强在黑海地区同俄罗斯进行争夺战。1853 年~1856 年,英国、法国、土耳其、撒丁联军对俄罗斯发动克里米亚战争,俄罗斯黑海舰队几乎全部被歼灭,根据《巴黎和约》剥夺了俄罗斯在黑海拥有舰队和建立要塞的权利,从而打破了俄罗斯独占黑海、控制巴尔干半岛和南下地中海的扩张计划。

第一次世界大战中,俄罗斯与昔日扼杀俄罗斯黑海舰队的协约国为伍,在海军舰队中引发革命起义,并迎来苏维埃政权的诞生。1918 年 2 月,苏维埃政权创建工农红海军。为了扼杀新生的苏维埃政权,帝国主义国家停止了大战,共同围剿苏维埃共和国,奥地利、德国、英国、法国干涉军先后占领黑海沿岸。1921 年,苏维埃红海军最后将法国的干涉势力从克里米亚半岛驱逐了出去。第二次世界大战中,苏联黑海舰队对沿岸实施坚守防御作战,保卫苏联南部的战略资源和支援苏联红军对德国的战略反攻。

黑海对于苏联(包括俄罗斯、乌克兰、格鲁吉亚等)具有重要的经济意义,是连接域外国家的主要海上动脉之一。黑海进出口运输量占苏联进口运输总量的近 1/4,出口运输总量的 1/2。第二次世界大战后,苏联黑海舰队控制了大部分海域,土耳其控制了南部海域及黑海海峡出海口。1946 年,苏联向土耳其政府提出建议,黑海海峡通行权应由国际控制,由与黑海相连的苏联和土耳其实行联防。美国出于冷战的考虑,乘机把土耳其纳入遏制苏联的"防御圈",并决定派遣第六舰队开往地中海,支持土耳其与苏联对抗。一年后,美国与土耳其签订了《援助土耳其协定》,改组了土耳其军队,建立了海空军基地。与此同时,美国登陆巴尔干半岛,取代英国在希腊的驻军,从东西两个方向对黑海形成夹击之势,对苏联黑海舰队形成了极大的扼制。但是,由于苏联国势强大,黑海舰队仍可自由出入地中海,并对美国第六舰队的行动能有所节制。

苏联解体后,黑海北岸的基地和港口大部分属于乌克兰领土范围之内,克里米亚半岛及其苏联黑海舰队司令部驻地塞瓦斯托波尔归属于乌克兰。1992 年 8 月,俄乌两国在雅尔塔达成协议,将黑海舰队变成俄乌联合舰队,由两国共同指挥。1995 年 6 月,两国正式决定将舰队一分为二。因舰队多数舰只年久失修,乌克兰只接收 18.3% 的舰只,其余部分折价售给俄罗斯。2014 年 3 月初,随着克里米亚并入俄罗斯,俄罗斯重新掌控了黑海舰队,并加强了这一战略方向的海军建设。

**黑海海峡:土耳其人的"羊皮水袋"**

黑海海峡(Straits of Black Sea),连接黑海与地中海的海峡。黑海海峡位于土耳其西北部的亚欧分界线,为黑海的唯一出口,西端通地中海的爱琴海。黑海海峡是博斯普鲁斯海峡、马尔马拉海和达达尼尔海峡的总称。

黑海海峡南北两端狭窄,中间宽阔,类似阿拉伯人在沙漠旅途中使用的"羊皮水袋"。它是连接亚欧两大洲的纽带,战略地位极其重要。博斯普鲁斯海峡南端的伊斯坦布尔市是地跨亚欧两大洲的著名港市,金角湾是天然良港,在其内港建有海军基地。1973 年,在伊斯坦布尔的奥尔塔柯伊和贝伊莱尔贝伊之间建成悬吊式公路桥,长 1560 米,桥面高出海面 64 米,可通海轮,亚欧两大陆的公路首次对接。1988 年,第二座跨越博斯普鲁斯海峡的公路也正式建成通车。

黑海海峡一向为兵家必争之地,历史上曾发生多次战争。公元前 5 世纪,波斯帝国国王大流士一世在博斯普鲁斯海峡上建造第一座浮桥,军队长驱直入希腊半岛,从亚洲推进到欧洲。18 世纪时,奥斯曼帝国日衰,俄罗斯一直企图控制海峡,打开南下

博斯普鲁斯海峡

地中海的通道。1807 年，俄罗斯与土耳其两国海军舰队曾在达达尼尔海峡交战。1833 年,俄罗斯黑海舰队进入博斯普鲁斯海峡。从 19 世纪中叶起,黑海海峡成为英国、法国、俄罗斯、奥地利、普鲁士等国激烈争夺的对象。第一次世界大战中,同盟国与协约国双方在黑海海峡进行激烈争夺。1918 年,参加同盟国的土耳其战败,海峡由协约国占领。

　　1923 年,在瑞士签订的《洛桑条约》规定,海峡地区的主权归土耳其,但海峡两岸纵深 15 千米以内划为非军事区,对各国船只开放。1936 年,《洛桑条约》签字国在瑞士签订新的关于海峡制度的《蒙特勒公约》规定:取消海峡非军事区的规定,恢复土耳其对海峡拥有的全部主权;各国商船可自由通过海峡;黑海沿岸国家的军舰(航空母舰和潜艇除外)可以通过海峡,非黑海沿岸国家只允许数目有限的轻型水面舰通过海峡,其航期受到限制;战时,如果土耳其坚持中立政策,则海峡对所有参战国的舰只关闭。正因为如此,在第二次世界大战后,美国组织北大西洋公约组织时,特意把一个亚洲国家——土耳其拉进组织,以便在黑海地区大行其霸道。

### 西西里岛:"意大利靴"脚尖下的"橄榄球"

　　西西里岛(Sicilia),地中海中最大的岛屿。西西里岛东北隔墨西拿海峡与亚平宁半岛相对,西南隔突尼斯海峡与北非大陆遥望,扼大西洋通往黑海和经苏伊士运河达印度洋之交通要冲,为意大利南部的海上屏障,战略地位极其重要。

　　西西里岛为地中海式气候,种植大片大片的橄榄林。西西里岛形状也呈"橄榄球"形,东西长 288 千米,南北宽 45 千米~188 千米,面积 2.5 万平方千米。

　　西西里岛处于地中海的"十字路口",为历史上称霸地中海国家必夺之地。公元前 8 世纪,希腊城邦开始向海外殖民化发展,亚平宁半岛南部和西西里岛逐渐发展为希腊人殖民城邦,因而有"大希腊"之称。

　　公元前 6 世纪,位于北非大陆的迦太基发展为一个强大的国家,开始渡海向北推进,占领了西西里岛西部,并以此为分界线,控制了西地中海,而希腊人以西西里岛东部为分界线,控制了东地中海。

　　公元前 275 年,罗马统一了亚平宁靴形半岛,当罗马跨过墨萨拿(墨西拿)海峡,向西西里岛扩张时,导致了与海上强国迦太基的冲突。公元前 260 年,罗马海军与迦太基海军在西西里岛东北的米雷海角遭遇,罗马人用"接舷小桥"战术攻入迦太基人的战船,在船上用"陆上方阵"战术打败了迦太基的舰队。公元前 256 年,罗马海军舰队 230 艘战舰与迦太基海军舰队 350 艘战舰,在西西里岛南面埃克诺穆斯海角决战,罗马人再次运用"接舷小桥"战术打败了迦太基舰队。经米雷海战和埃克诺穆斯海战,罗马控制了西西里岛水域,西西里诸邦纷纷归附。迦太基派著名的将领哈密尔卡(汉尼拔之父)坚守西西里岛西端的若干据点。哈密尔卡不时组织力量袭击意大利沿海。公元前241年,罗马人攻下迦太基在西西里岛的最后据点,从此,迦太基逐渐失去了在西地中海的霸权,并最终被罗马所灭。

公元476年,罗马被民族大迁徙中南下的日耳曼人所亡。在接下来的13个世纪中,西西里岛先后被东罗马拜占庭帝国、阿拉伯帝国、奥斯曼帝国、西班牙殖民帝国控制。

1861年,西西里岛这颗"橄榄球"才真正被"亚平宁之靴的脚底"所控制,成为意大利王国领土上的一部分。第二次世界大战中,西西里岛是德意法西斯轴心国在南欧战区总部所在地。1943年,美英联军曾以北非为基地,攻占西西里岛,并将登陆西西里岛作为进攻意大利大陆的跳板。

**科西嘉岛和撒丁岛:分属法意"两家"的"孪生兄弟岛"**

科西嘉岛 (Corsica) 和撒丁岛 (Sardegna),地中海属海第勒尼安海两个相近的大岛。科西嘉岛与撒丁岛隔博尼法乔海峡相望,两岛相距只有11千米。

科西嘉岛是法国最大的岛屿,岛略呈椭圆形,南北长185千米,东西最宽85千米,面积有8万多平方千米,西北隔利

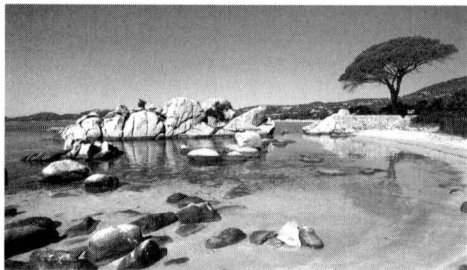
科西嘉岛风光

古里亚海距法国本土约170千米,东北隔科西嘉海峡距意大利约90千米。撒丁岛是意大利第二大岛,岛呈平行长块状,东距意大利本土约200千米,面积约2.4万平方千米。

公元前8世纪,希腊人在科西嘉岛和撒丁岛沿海建立了殖民城邦。公元前6世纪,北非大陆的迦太基统治科西嘉岛和撒丁岛。公元前238年,科西嘉岛和撒丁岛归属罗马帝国。公元5世纪,科西嘉岛和撒丁岛属汪达尔人王朝统治。6世纪上半叶后期,科西嘉岛和撒丁岛被拜占庭帝国征服。8世纪,科西嘉岛和撒丁岛受阿拉伯帝国统治。1016年,亚平宁半岛北部的热那亚人和中部的比萨人将阿拉伯人驱逐出科西嘉岛和撒丁岛。14世纪,伊比利亚半岛的阿拉贡王国侵入撒丁岛后,科西嘉岛仍然属热那亚人统治。1720年,法国境内的萨伏依公国以西西里岛换取撒丁岛,建立撒丁王国。1768年,热那亚人将科西嘉岛出卖给法国。1861年,撒丁国王统一意大利后,撒丁岛并入意大利王国。

**厄尔巴岛:因拿破仑被流放到此而名扬天下**

厄尔巴岛(Elba),第勒尼安海中岛屿。厄尔巴岛位于亚平宁半岛西岸近海10千米处,面积223平方千米。厄尔巴岛海岸陡峭、破碎,多小海湾,岛上多山,最高点

卡帕内峰海拔 1019 米。

公元前 1 世纪,厄尔巴岛经常有海盗出没和盘踞,加上外族的长期侵占,使岛上有几分恐怖的色彩。1814 年 3 月,欧洲反法联盟军队攻入巴黎,拿破仑被迫退位。5 月 3 日,拿破仑乘坐英国船只被押送到厄尔巴岛上的"铁港镇",随行的有拿破仑的母亲和妹妹宝丽娜,从而使岛上又增加了几分神秘的色彩。拿破仑被软禁的地方位于圣马尔蒂诺山脚下。如今,拿破仑居住过的"圣马尔蒂诺别墅",已成为收藏反映拿破仑在厄尔巴岛生活的艺术博物馆。其中一尊由安东尼奥·卡诺瓦创作的白色大理石雕像作品,塑造了宝丽娜侧身蹲下的裸体形象,少妇美丽的容貌、柔软的体肤和丰满的身段,被刻画得真切而细腻,栩栩如生。

拿破仑在厄尔巴岛流放期间,受到岛上人民的尊敬和爱戴,岛上的官员代表市民将铁港镇的钥匙交给这位法国昔日的皇帝,表示真诚的欢迎。1815 年 2 月 26 日,拿破仑乘看守的英国大兵失职之机,在群众的掩护下,乘船离开了这个小岛。拿破仑再次集合老部下,率领军队,重返巴黎,重新登上帝位。这就是历史上的"百日政变"。不久,拿破仑兵败比利时的滑铁卢,再次被流放到遥远的南大西洋上的圣赫勒拿岛(圣海伦娜岛),结束了一生。

人们为了纪念拿破仑,厄尔巴岛上的许多街道、广场、饭店、旅馆等建筑物都以拿破仑的名字命名。正是拿破仑使这个其貌不扬的厄尔巴岛名扬天下。

### 土伦:法国的"卧虎藏龙"之地

土伦(Toulon),位于法国东南部濒地中海的土伦湾内,西北距著名的马赛港约50 千米。

土伦港域为圣芒德里耶半岛所环抱,湾口朝向东南,被南北走向长 1300 米的防渡堤分割成内外两个港区。海军基地主要在内港,码头长 4000 米,水深逾 12 米,潮差小,屏蔽条件好,驻有航空母舰和核潜艇。土伦基地拥有 13 座干船坞、海军造船厂、兵工厂,可建造和维修各种舰船,法国海军舰船及武器制造局、海军训练中心都设在土伦。

公元前 9 世纪,土伦建港。公元 3 世纪,土伦为罗马帝国的海军站。1453 年,东罗马拜占庭帝国灭亡后,土伦归并法国。17 世纪末 18 世纪初,土伦被建成为世界第一流海军要塞。1793 年,发生拿破仑海军击退英国、西班牙联合舰队的土伦海战。第一次世界大战时,英国在地中海的舰队调往设得兰群岛,集中力

土伦港

量对付北海的德国公海舰队,而法国海军在大西洋的布列斯特舰队调往土伦港,集中力量对付德意同盟国在地中海的海军。第二次世界大战中,法国地中海舰队大部分舰艇驻泊土伦,土伦港受重创,战后重建。

**直布罗陀海峡:英国人手掌中的"海格立斯石柱"**

直布罗陀海峡(Strait of Gibraltar),沟通大西洋与地中海的海峡。直布罗陀海峡位于伊比利亚半岛与非洲大陆西北角之间,北岸为西班牙,南岸为摩洛哥。直布罗陀海峡西起伊比利亚半岛的特拉法尔加角和非洲大陆斯帕特尔角之间的连线,东至伊比利亚半岛的罗巴角和非洲大陆的阿尔米纳角之间的连线。直布罗陀海峡北岸为直布罗陀绝壁,南为穆萨山,为古希腊神话所称的"海格立斯石柱"。传说,大力神海格立斯一掌将直布罗陀悬崖从穆萨山劈开,中间海水相通,形成直布罗陀海峡。海峡长90千米,宽14千米~43千米,最浅301米,最深1181米,平均水深375米,航道深338米。海峡沿岸港口有摩洛哥的丹吉尔、休达(又称塞卜泰,1508年被西班牙占领,至今未归还),西班牙的阿尔赫西拉斯、直布罗陀(1704年被英国占领,至今未归还)。

直布罗陀主权归属问题是西班牙与英国的重要历史争端。直布罗陀位于伊比利亚半岛最南端的一个只有5000米长、1000米宽的小半岛上。居民约有3万人,直布罗陀人约2万人,英国人约5000人,摩洛哥人约3000人,其余为印度人、葡萄牙人、巴基斯坦人和西班牙人。直布罗陀海峡是大西洋和地中海之间唯一的直接通道,与西班牙领土有陆地相连,毗连的中立地带不足1英里宽。直布罗陀海港筑有两道防水堤和一道防波堤,水深8.2米~14.6米,码头正面长约7000米,几乎可停泊所有种类的军舰和船只。有4座干船坞和几座修船厂。军舰泊地在港湾南部,机场在直布罗陀北部,可供海军航空兵飞机停驻。海军基地有岩壁中凿出的隧道网、掩蔽所、仓库、岸炮和高炮阵地。由于直布罗陀的战略位置,地方虽小却有海峡砥柱之誉。

直布罗陀海峡

直布罗陀自古是地中海沿岸国家的重要通道。早在公元前2000年,腓尼基人冒险闯过直布罗陀海峡,进入加的斯湾,并远及英吉利海峡和波罗的海沿岸。公元前6世纪,腓尼基人曾受埃及法老委托,从红海起航,进入印度洋,环绕非洲航行,最后经直布罗陀海峡返回埃及。公元711年,柏柏尔人塔里克率领穆斯林军队进入西班牙,并在直布罗陀建立要塞。1462 年,西班牙人占领直布罗陀。1501 年,直布罗陀正式纳入西班牙版图。1704 年,西班牙王位继承权战争时期直布罗陀被英国人占领。1713 年,《乌特勒支和约》使英国占领直布罗陀合法化,但西班牙不予承认。1779 年~1783 年,法国和西班牙多次围攻直布罗陀,未果。1830 年,直布罗陀正式沦为英国的殖民地。

英国占领直布罗陀近三个世纪以来,直布罗陀的主权归属一直是困扰英西两国的主要问题。1963 年,西班牙将直布罗陀的主权地位问题提交到联合国非殖民化特别委员会上讨论。1964 年,联合国非殖民化特别委员会认为,"给予殖民地国家和人民独立宣言的条款完全适用于直布罗陀",要求英西两国政府通过谈判解决直布罗陀争端。英占直布罗陀港与西班牙本土之间只有 500 米宽的中间地带,但西班牙很难从英国人手中夺回原本属于自己的领土。英国为了永久地占领直布罗陀,将半岛上原有的西班牙人大部分驱逐出去,并采取大量移民的办法,来维持在直布罗陀的统治。因此,当地居民要求维持直布罗陀作为英国海外领土地位的呼声较高。2000 年 2 月,直布罗陀就主权的归属举行的公民投票中,否决了西班牙要求归还主权的要求,这使得西班牙收回直布罗陀的主张几乎很难实现。

**卡萨布兰卡:国际间谍频繁活动的"神秘之港"**

卡萨布兰卡(Casablanca),摩洛哥的大西洋港市。卡萨布兰卡又称达尔贝达(Dar el Baida)。卡萨布兰卡临大西洋,东北距摩洛哥首都拉巴特 88 千米,是临近地中海沿岸各国通往非洲、美洲及印度洋沿岸各国的海上运输线,为大型国际航空港和海空军基地、铁路公路交通枢纽,地理位置极其重要。

卡萨布兰卡旧称安法。15 世纪中期被葡萄牙人破坏。1757 年,摩洛哥苏丹占领安法,并重建新城,逐渐发展为海上贸易中心。1907 年,法国占领卡萨布兰卡。1923 年,卡萨布兰卡开始大规模建设,为著名的人工港口。1942 年 11 月,美国军队在卡萨布兰卡登陆,成为美军在北非作战的主要基地之一。1943 年 1 月 14 日,英美两国在卡萨布兰卡召开为期 12 天的联合参谋部秘密会议,英国首相丘吉尔和美国总统罗斯福出席会议,确定必须让德、日、意法西斯轴心国"无条件投降"的方针,研究如何协调盟军大西洋战场和太平洋战场的行动,决定将更多的兵力投入太平洋战场,以加强对日本的海上攻势。

**圣海伦娜岛:"强人"拿破仑虚度余生的"温柔岛"**

圣海伦娜岛(Saint Helena),南大西洋火山岛,或译称"圣赫勒拿岛"。圣海伦娜岛孤悬在南大西洋海中,面积 122 平方千米,距非洲大陆西海岸约 1900 千米,西北距阿森松岛 1131 千米,南部距特里斯坦—达库尼亚群岛 2100 千米。

圣海伦娜岛崎岖多山,中部的黛安娜峰海拔 823 米,为全岛最高点,中部山地有溪流,海岸陡峭。岛上属热带海洋性气候,终年温和,夏季气温 24℃~29℃,冬季气温 18℃~24℃。圣海伦娜岛居民多从事农牧业,种植薯类、蔬菜,饲养家畜、家禽和捕鱼,并伴有小手工业,只供本岛消费。圣海伦娜岛无铁路和飞机场,公路总长 111 千米。詹姆斯敦港是全岛唯一的城镇和港口,能停泊各型舰船,成为通往外界的唯一出路。居民多为混血种人,通用英语,多信基督教。

拿破仑风采

圣海伦娜岛是可供人们悠闲生活的地方。1502年,葡萄牙人发现此岛,命名圣海伦娜。1513 年,圣海伦娜岛为葡萄牙领地。1633 年, 荷兰人占领圣海伦娜岛。1659 年,英国东印度公司占领圣海伦娜岛。从 1834年起,圣海伦娜岛为英国直辖殖民地。第二次世界大战期间,英国与德国争夺大西洋生命线,将詹姆斯敦港开辟成海军基地。1982 年, 英国远征马尔维纳斯群岛的特混舰队,曾在圣海伦娜岛中途加油和休整。圣海伦娜岛为南大西洋重要的海上通信中继站,有海底电缆通南非开普敦和阿森松岛。南大西洋中的阿森松岛和特里斯坦—达库尼亚群岛由圣海伦娜岛管辖。

拿破仑第一次被流放,由于第勒尼安海的厄尔巴岛距法国本土较近,得以让拿破仑重返法国,所以欧洲反法联盟在滑铁卢战役彻底打败拿破仑军队后,就把拿破仑流放到了远隔法国本土万里之遥的圣海伦娜岛。1815 年~1821 年, 拿破仑在圣海伦娜岛消磨了余生。

### 马尔维纳斯群岛:英国人万里远洋征服的"蝴蝶岛"

马尔维纳斯群岛 (Islas Malvinas), 南大西洋的群岛。英国人称福克兰群岛(Falkland Islands)。马尔维纳斯群岛位于南美洲大陆南端以东,西南距合恩角 770千米,扼南大西洋和南太平洋之间航道要冲,且靠近南极大陆地区,是南极科学考察的前哨阵地和后方补给站。马尔维纳斯群岛,简称"马岛",由索莱达岛(或称东福克兰岛)和大马尔维纳岛(或称西福克兰岛)两个大岛以及附近几百个岛礁组成,面积 1.2 万平方千米。居民主要集中在索莱达岛,绝大多数为英国移民及其后裔,通用英语,居民多信奉基督教。

马岛的发现史是一部西方探险家、航海家以及殖民者争夺这一地盘的历史。1520 年,著名的葡萄牙探险家麦哲伦率船队绕过南美时,探险队中一位名叫戈梅斯大林的葡萄牙人发现了马岛。1592 年, 英国航海家戴维斯在沿着麦哲伦的路线前进时,因遭暴风雨的袭击而偏离航道,偶然驶进马岛,找到了避风港。1594 年,英国人豪金斯爵士又到达马岛,英国人为了证明其发现权,将马岛称之为"豪金斯的处女地"。1600 年,荷兰人德·韦尔特也去过马岛西北端的岛屿,并自称首先发现马岛。1690 年,英国商船船长斯特朗到过马岛,并将马岛两个大岛之间的海峡命名为"福克兰海峡"。1764 年,法国航海家德布甘维尔率领探险队登陆东部大岛,建立定居点,即路易斯港。1765 年,英国探险队登上西部的大岛,建立定居点,即埃格蒙特港。1766 年,西班牙人从法国人手中买下东部的大岛,并改名为索莱达岛。1770 年,西班牙军队将英国人驱逐出西部的大岛,并改名为大马尔维纳岛。1785 年,西班牙驻布宜诺斯艾利斯总督将马岛与阿根廷东南部的德塞阿多港合并划分为一个行政区。1816 年,阿根廷成立"拉普拉塔联合省",正式宣布接管马岛,并建行省。1829 年,阿根廷政府成立了"马尔维纳斯群岛及其附属岛屿文人—军人联合司令部",并命令汉堡人维尔纳特为司令,维护马岛的内部治安和群岛的主权完整。1832 年,美国派"列克星敦"号护卫舰,攻占了维尔纳特的司令部,洗劫了索莱达岛。1833 年,英国派"史诗女神"号护卫舰开进索莱达岛,阿根廷驻马岛总督皮内多中校及其守岛部队被迫撤回布宜诺斯艾利斯,马岛从此被英国长期占领。英国人将马岛更名为"福克兰群岛",索莱达岛更名为"东福克兰岛",大马尔维纳岛更名为"西福克兰岛"。

阿根廷政府从未放弃对马岛恢复行使主权的要求。1966 年,联合国非殖民化特别委员会开始审议马岛问题,联合国敦促英国与阿根廷进行谈判,以和平形式解决争端。1971 年,英国与阿根廷签署协定,同意将马岛上的居民逐步并入阿根廷,解决了马岛居民归属阿根廷的身份问题。从地理位置看,马岛与阿根廷大陆巴塔哥尼亚海岸相距 550 千米,而距英国本土则远离 1.3 万千米之外,阿根廷对马岛拥有主权具有天然的合理性,英国却不具备占有马岛的天然属性。

那么,英国为何长期占据马岛不放呢?这是因为马岛扼大西洋通往太平洋航线的要冲,在巴拿马运河开通之前,无论是路经麦哲伦海峡,还是绕道最南端的合恩角,过往船只必经马岛,被称之为"南大西洋之直布罗陀"。20 世纪 70 年代,马岛南部海域发现可能有巨大的石油资源,从而刺激了英国不会轻易地放弃马岛的主权。

马岛东南 1300 多千米的南乔治亚岛为重要的捕鲸基地,英国与阿根廷在这两个群岛上也存在着主权之争,因而习惯上被视为马岛的附岛。1982 年 3 月,阿根廷的一个渔业公司以拆除保加利亚人留下的破旧工厂为名,登陆南乔治亚岛,升起阿根廷国旗。3 月 28 日,阿根廷海军特混编队在阿根廷南部火地岛的乌斯怀亚集结完毕。4 月 2 日,阿根廷两栖作战特混编队在马岛首府斯坦利港登陆成功,阿军占领了空无一人的英国兵营,并在政府大楼降下"米"字旗,升起了蓝白相间的阿根廷国旗。

英国不能容忍阿根廷对昔日头号海权强国构成挑战。4 月 3 日,皇家海军组建了由两艘航空母舰等 44 艘作战舰艇以及 70 艘辅助船只组成的特混舰队。4 月 5

日，英国特混舰队从濒英吉利海峡的南部海军基地朴次茅斯向南大西洋浩浩荡荡进发。这支庞大的舰队从北纬 50°的英国本土到南纬 50°的马岛，在长达 1.3 万千米的航程中，要通过寒带、温带、热带、温带、寒带，由北至南纵贯大西洋海域，真可谓是劳师远征。从 4 月 12 日起，英国对马岛海上禁区实行封锁。4 月 25 日，英军一举攻占南乔治亚岛，获得进攻马岛的前进基地。6 月 14 日，英军最终攻克斯坦利港市。6 月 15 日，在弹坑满布的斯坦利机场举行了受降仪式。"米"字旗再次在马岛议会大厦升起，英阿马岛之战在纷纷扬扬的大雪中落下了帷幕。

马岛战争的结束，虽然使马岛争端暂时得到妥协，但围绕马岛主权归属的斗争仍将继续，这个南大西洋的群岛还将是英国人的一块心病。

### 拉普拉塔湾：让德意志帝国"撕心裂肺"的远洋海湾

拉普拉塔湾(La Plata Bay)，大西洋南美洲东南岸的海湾。因拉普拉塔河注入而得名。西班牙文"Rio de La Plata"，意即"银河"。拉普拉塔河由南美大陆的巴拉那河与乌拉圭河在大西洋出口处汇合而成，河口为宽阔的喇叭形，长 320 千米，最宽处290 千米，水面 3.5 平方千米，为全球最宽的河口。

16 世纪初以前，拉普拉塔湾沿岸为印第安人部族居住区。1535 年，西班牙在拉普拉塔建立殖民据点。1776 年，西班牙设立以布宜诺斯艾利斯为中心的拉普拉塔总督辖区。1806 年，拉普拉塔沿岸人民击溃了英国海军从河口海湾的入侵。1816年，拉普拉塔联合省经反对西班牙殖民统治的斗争宣布独立，拉普拉塔湾回到拉普拉塔沿岸人民的手中。19 世纪末，美国、英国、法国、西班牙、意大利等国都在南美大陆争夺利益，拉普拉塔河和拉普拉塔湾成了列强海军舰艇聚会的地方。

第二次世界大战期间，德国实施"巡洋战争"战略，争夺对南大西洋生命线的控制，派袖珍战列舰"施佩伯爵"号隐蔽驶入南大西洋，在巴西东北部的伯南布哥与南非的开普敦之间的南大西洋海域游弋，并对英国的商船进行攻击，英国海军部派出由"埃克塞特"号重巡洋舰、"埃贾克斯"号和"阿基里斯"号轻巡洋舰组成的编队在马尔维纳斯群岛一带搜索"施佩伯爵"号的行踪。1939 年 12 月 13 日，英国巡洋舰队将"施佩伯爵"号追击到拉普拉塔湾。在激烈的战斗中，"施佩伯爵"号受重创，几乎耗尽了

拉普拉塔河

全部弹药和燃料,只得施放烟幕,向拉普拉塔湾撤退,驻进中立国乌拉圭的蒙得维的亚港。英国又增派"坎伯兰"号巡洋舰一起封锁了拉普拉塔湾的出口。12月17日,"施佩伯爵"号在走投无路的情况下,在蒙得维的亚港自行凿沉,舰员则全部被拘留。

**波多黎各:本国居民应征参加美军的"富岛之国"**

波多黎各(Puerto Rico),美洲加勒比海地区大安的列斯群岛东端岛屿。北临大西洋,西隔莫纳海峡与多米尼加相望,南临加勒比海,隔水与维尔京群岛相望。首府圣胡安(San Juan)。官方语言为西班牙语。

波多黎各原为印第安人居住地。1493年,哥伦布远洋航行美洲,发现波多黎各,命名为圣胡安岛。1509年,沦为西班牙的殖民地,改名为波多黎各,意即"富港"。16世纪中叶,波多黎各的土著居民几近灭绝。1898年,美西战争后沦为美国的殖民地。1952年,实行内部自治,仍属美国的一个"自由联邦"。西班牙统治波多黎各时期,利用岛屿的有利地理位置,修筑了许多大型要塞。美国夺取波多黎各后,在岛屿沿岸大肆扩建军事基地,共修建海空军基地20多个,占波多黎各领土面积的13%,其中较大的有圣胡安、罗斯福罗兹、拉梅等海军基地。波多黎各虽然实现自治,但国防与外交仍由美国掌管,波多黎各没有自己的军队,只应征参加美国军队,特别是在朝鲜战争中和越南战争中,美国侵略军中波多黎各人就占3.5%,波多黎各人充当了美国侵略政策的炮灰。

**关塔那摩:美国立在古巴岛上的"法海魔塔"**

关塔那摩(Guantanamo),加勒比海深入古巴岛东南部的港湾。关塔那摩港湾呈袋形,南北长约20千米,宽约8千米。关塔那摩分内外港,内港由古巴管辖,外港及其邻近海岸地区为美国海军基地区,多小岛和海岬,古巴商船可经此出入,但不准在基地区锚泊。关塔那摩扼控大西洋经向风海峡进入加勒比海和巴拿马运河的通道,战略地位重要。

1511年,古巴岛沦为西班牙的殖民地后,关塔那摩开辟为军港。1898年,美西战争中,美国乘机占领关塔那摩港湾。1901年,美国把《普拉特修正案》强加给古巴,获得在关塔那摩建立海军基地的权利。从1903年起,美国租用关塔那摩港为海军基地。从19世纪50年代初起,美国逐步扩建关塔那摩大型海军基地。1959年,古巴革命取得胜利后,不断向美国提出收回基地主权的要求,遭到美国的拒绝。

关塔那摩现为美国大西洋舰队的作战和训练基地,基地面积117平方千米,其中水域面积约70平方千米,水深10米~17米,可停靠和维修航空母舰,并可同时容纳舰船50艘,平时每年有100多艘舰艇来此训练和演习。由于古巴位于加勒比海枢纽,美国把关塔那摩当作在加勒比海地区施展淫威的"法海魔塔"。

**巴拿马运河:美国扼两大洋的"权把"**

巴拿马运河(Panama Canal),沟通太平洋和大西洋的著名国际航道。巴拿马运河位于美洲大陆中部蜂腰地带,横穿巴拿马地峡,运河呈东南—西北走向,由太平洋一侧巴拿马湾中的巴尔博亚港起,止于大西洋一侧加勒比海沿岸的克里斯托瓦尔港,连同两端入港引航道,全长约 81 千米,其中地峡开凿的部分 65 千米,利用水域修建部分 16 千米。

1513 年,西班牙探险家巴斯科·巴尔沃亚最早发现太平洋与大西洋仅由一条狭窄的地峡相隔。1881 年,法国负责苏伊士运河工程的指挥人费迪南·德莱塞普,计划筹资 7000 万美元,修建一条穿过巴拿马地峡的运河,后来由于资金有限,加上黄热病和疟疾流行,计划受挫。1889 年,德莱塞普的公司破产。1903 年,美国强求哥伦比亚联邦政府签署一项在巴拿马开凿运河的《海—赫兰条约》,遭到拒绝后便唆使巴拿马人脱离哥伦比亚联邦而独立,美国出兵以保护巴拿马不受哥伦比亚军队侵犯为前提条件,与新成立的巴拿马政府签订条约,以攫得运河开凿权和在运河区的"永久使用、占领和控制权"。1904 年,美国国会批准了《海—布诺—瓦里亚条约》,允许美国"永久"控制巴拿马运河,并动工开凿运河,美国作为交换条件一次性付给巴拿马 1000 万美元,并从 1913 年起每年付 25 万美元的费用。1906 年,美国总统西奥多·罗斯福总统前往巴拿马地峡视察,并任命约翰·史蒂文斯为运河工程总工程师。1914 年 8 月 15 日,巴拿马运河开通,把大西洋与太平洋连接起来,主权属美国。1920 年,巴拿马运河正式向世界各国开放。

巴拿马运河的通航,使两大洋之间的航程比绕道麦哲伦海峡缩短 5000 千米~13757 千米,为国际海上运输的捷径。在漫长的 85 年中,全世界共有 80 多万艘货船通过运河,将数十亿吨货物运往世界各地,占世界贸易货运量的 5%,促进了世界贸易的发展。

巴拿马运河开通后美国得益最大。在过往运河的 60 多个国家的船只中,就有 40% 是往返于美国东海岸和远东之间的货船,装载的物资主要是石

巴拿马运河大桥

油、煤、焦炭等粗级资源物。美国 50% 的海上贸易要依靠运河,日本通过运河的货运量占其总货运量的 42%。美国在军事上得益更大,美国的太平洋舰队和大西洋舰队可以根据需要及时调动。在朝鲜战争、越南战争和海湾战争中,巴拿马运河成为美国输送大批兵员、军火和物资的主要通道,被美国视为"生命线"和西半球防务的重要环节。

巴拿马运河开通后,美国把运河中线向两侧延伸 16 千米的条形地带(不包括巴拿马城和科隆)划为运河区,水陆面积 1676 平方千米。美国在运河区实行殖民统治,在巴拿马运河区任命有总督,兼任巴拿马运河公司总经理,在运河区实行的是美国法律,运河区上空飘扬的是美国的星条旗,巴拿马人未经许可不得入内。从1939 年起,美国在运河区成立美军"加勒比海司令部"。1963 年,美军加勒比海司令部又扩大为"南方司令部",总部驻夸里海茨,并设立 14 个美国军事基地和训练中心。美国军事基地占运河区总面积的 70%。美国在运河区常驻军队 1 万多人。在第二次世界大战期间,有 6.5 万美军事人员和数万名文职人员住在运河区。美国利用在运河区的军事存在对巴拿马内部事务进行干涉,并以"打击毒品走私活动"和"人道主义援助活动"为借口,随时都对中美洲国家进行武装干涉。

巴拿马人民为收复运河区主权进行了长期斗争。从 1965 年起,巴拿马与美国就收回运河主权问题,开始了马拉松式谈判。1973 年,联合国安理会讨论了巴拿马人民的提案要求,除美国外,与会者一致同意废除 1903 年条约,承认巴拿马对运河区拥有全部主权。1977 年 9 月 7 日,美国总统卡特签署了新的《巴拿马运河条约》和《关于巴拿马运河永久中立和经营的条约》,美洲 27 个国家的总统、政府首脑和代表参加了这次庄严的签字仪式。1979 年 10 月 1 日,条约正式生效,巴拿马政府开始参与运河管理。1982 年,巴拿马政府接管了运河区司法权。1999 年 12 月 31 日12 时,美国军队全部撤离运河区,运河两岸升起了巴拿马国旗,巴拿马完全接管了运河的控制权。

**诺福克:美国海军的"中枢神经"**

诺福克(Norfolk),美国大西洋海岸港口。诺福克位于伊丽莎白河畔,是美国大西洋海岸同西印度群岛间的贸易港,西北距首都华盛顿 250 千米。诺福克与纽波特纽斯和朴次茅斯之间的水域共同组成世界著名天然良港群。诺福克扼切萨皮克湾口,为美国东大门,战略地位重要。

诺福克原为印第安人的村庄。1682 年,英国移民到此定居。美国独立战争和南北战争时均为重要战场。第一次世界大战后,扩建为庞大的海军基地。

诺福克是美国历史最悠久的海军基地。由以诺福克为中心,方圆大约 80 千米范围内的六大基地组成,其中包括纽波特纽斯、诺福克、朴次茅斯等港市。诺福克港口终年不冻，港阔水深，避风条件良好。港区和基地占地约26平方千米，主航道宽304米，港内有码头200多处，水深达13米，码头线总长约80.5千米。海军主基地在伸进汉普顿罗兹湾的一个半岛上，拥有14座码头，泊线总长10千米。港口设备齐全，可供包括10万吨级在内的各种舰船停泊

诺福克港

和维修。常驻有核动力航空母舰、巡洋舰、驱逐舰、导弹护卫舰和核潜艇等。

诺福克基地是基地群的中心，也是美国东海岸最大的指挥中心、战略母港和支援保障大本营。设有大西洋舰队司令部、大西洋舰队海军航空兵司令部、大西洋舰队海军水面舰艇司令部、大西洋舰队潜艇司令部、第二舰队司令部、海军陆战队第四远征旅司令部的驻地，可驻泊包括四个航空母舰大队在内的上百艘舰艇。诺福克海军修造厂，为诺福克基地群后勤支援基地。纽波特纽斯造船厂，为美国唯一的航空母舰造船厂，同时可建造核动力攻击潜艇。诺福克东北部的小克利克基地，为两栖作战舰艇和水雷战舰艇母港。

**纽芬兰岛：北美殖民史缩影的"新发现岛"**

纽芬兰岛（Island of Newfoundland），北美大陆大西洋沿岸的一个大岛。纽芬兰岛北隔贝尔岛海峡与北美大陆的拉布拉多半岛相望，西临圣劳伦斯湾，东面和南面濒大西洋，是北美大陆与西欧海上交通的重要终点。纽芬兰岛略呈三角形，面积约11万平方千米。全岛有三个较大的半岛，西北为北部大半岛，南部为比林半岛，东南为阿瓦朗半岛。整个岛屿沿岸高峻陡峭，岩壁重叠，岸线曲折多峡湾，沿岸岛屿众多。主要港口为圣约翰斯。

公元1001年，著名的诺曼人探险家红发埃利克的儿子雷夫，最早到达纽芬兰岛海岸，并在一个名叫文兰的地方待了一个冬天后，回到了诺曼人在格陵兰岛的居民点，1010年~1015年，一个名叫卡尔西夫尼的冰岛人，带领红发埃利克的亲属和邻居，再次探查了这个文兰沿岸，并试图建立一个殖民地，由于受到当地土著人的袭击而败归格陵兰。1497年，热那亚探险家、航海家约翰·卡博特再次发现纽芬兰岛，随之法国的渔民来纽芬兰岛附近海域捕鱼。1531年，英国军人、探险家吉尔伯特在圣约翰斯建立了第一个殖民点。1610年，法国探险家盖伊在纽芬兰岛上建立殖民点。1621年~1629年，英国卡尔弗特爵士在圣约翰斯再次建立殖民点。1713年，《乌得勒支和约》规定纽芬兰岛为英国领地，从而结束了英法两国对纽芬兰岛归属的争议，但同时保留了法国人的捕鱼自由权。

1728 年,英国派出第一个总督在纽芬兰岛执政。1763 年,根据《凡尔赛条约》,纽芬兰岛归于拉布拉多半岛。19 世纪,英法两国一直围绕自由捕鱼权展开争夺。1934 年,加拿大独立后,纽芬兰岛仍为英国的殖民地。1949 年,纽芬兰岛正式并入加拿大,与拉布拉多半岛地区组成纽芬兰省。

第二次世界大战期间,美英两国都在纽芬兰岛上建立军事基地,为确保北美大陆不受德国潜艇袭击和维持大西洋航线畅通曾起过一定作用。现为加拿大通往西欧航线国际航运的中心和渔业生产的基地。

**百慕大群岛:神秘的海上"死亡黑三角"**

百慕大群岛(Bermuda Islands),北大西洋西部群岛。

百慕大群岛位于北美大陆东南、西印度群岛北面,西距北美大陆的哈特勒斯角917 千米。百慕大处于北美大陆至非洲、欧洲大陆至南美大陆之间的海空航线上,战略地位重要。

百慕大群岛由 7 个大岛及 150 多个小岛和礁群组成,陆地总面积约 53 平方千米,但仅 20 个岛屿有人居住,其中主岛百慕大岛约占总面积的 2/3,为群岛主体部分,主要岛屿间有桥梁或堤道相连。居民主要为黑种人,其余为白种人和其他人种,居民多信奉基督教。英语为官方语言和通用语言。首府哈密尔顿。

百慕大群岛海运业发达,主要港口有哈密尔顿、圣乔治、爱尔兰岛自由港。百慕大是世界第五大船舶注册地,注册船舶吨位超过 300 万吨。圣乔治岛上的金德利机场是全境唯一的国际机场。

1503 年,西班牙人百慕大发现此群岛,故名百慕大群岛。1609 年,英国人萨默斯登岛滞留,曾一度改称"萨默斯群岛"。

1612 年,英国人开始移民百慕大群岛,并从非洲等地运进大量黑奴。1684年,百慕大正式沦为英国的殖民地。1941 年,美国利用第二次世界大战中英国受到德国潜艇战的威胁,乘机获得圣戴维岛等三个岛屿的租借权,为期 99 年,在岛上兴建了海空军基地。1957 年,英国驻军撤出百慕大群岛。1968 年,百慕大群岛实行内部自治,外事和防务仍由英国负责,英国在岛上仍保留有海军基地和储煤站。

现在,百慕大群岛基本上成了美国的军事基地。美国在群岛上设有海军站、海军航空站、空军基地和卫星地面接收站。美国还以百慕大为中心建立起中大西洋基地群,主要海军基地有:加拿大纽芬兰岛的阿金夏,为美国海军航空兵基地、反潜部队驻泊点;亚速尔群岛的蓬塔德尔加达,为美国海军的驻泊点;亚速尔群岛的特塞拉岛,为美国海军巡逻航空兵基地、岸基巡逻航空兵机场,第六舰队供应基地;百慕大群岛的梅茵岛,为美国海军反潜部队的驻泊点。百慕大基地群,扼守北冰洋通往大西洋、大西洋通往地中海和加勒比海、北大西洋通往南大西洋的交通要道。

**英吉利海峡：“双矛”与“蟹夹”对阵的海峡**

英吉利海峡（English Channel），沟通大西洋与北海的海峡。英吉利海峡，法国人称拉芒什海峡（La Manche）。英吉利海峡分隔欧洲大陆和大不列颠岛，航道狭窄，东北经多佛尔海峡（加来海峡）通北海，西南连大西洋，为国际航运要道。英吉利海峡长约 520 千米，最宽处约 241 千米，最窄处 96 千米，水域面积近 9 万平方千米，海峡一般水深 45 米~120 米，西部最深处达 172 米，航道水深 25.5 米~172 米。英吉利海峡两岸海岸线大部平直，东段两岸陡峭，主要岛屿有北岸的怀特岛和南岸的海峡群岛等。海峡两岸的主要港口有：英国的普利茅斯、南安普敦、朴次茅斯等；法国的布雷斯特、勒阿弗尔、瑟堡等。

英国的普利茅斯和朴次茅斯两大军港出口都面向海峡，就像指向法国的两条“矛枪”，扼控海峡航线。普利茅斯位于康沃尔半岛南部沿海，东北距首都伦敦 306 千米，与法国布雷斯特海军基地隔海相望，11 世纪建港，1439 年并入英国；朴次茅斯位于英格兰波特西岛，东北距伦敦 104 千米，与法国瑟堡海军基地隔海相望，12 世纪建港，1496 年始建海军船厂，从 1540 年起成为海军基地，现为英国本土海军司令部驻地。

法国的布雷斯特和瑟堡隔圣马洛湾相望，就像一只“螃蟹”的两个“蟹夹”。布雷斯特位于布列塔尼半岛西端，是法国西北部港市和主要海军基地，扼拉芒什海峡西部出入大西洋的水路，公元 3 世纪建港，17 世纪成为法国海军基地，现为法国大西洋舰队司令部驻地；瑟堡位于诺曼底科唐坦半岛北端，是法国西北部海港和海军基地，法国海军海峡舰队司令部驻地，与英国朴次茅斯共扼英吉利海峡南部水域。

英吉利海峡具有重要的军事和经济意义。罗马帝国时代，曾以瑟堡为军事站，控制海峡两岸。1066 年后，英国以英吉利海峡为屏障而免遭外族入侵。1588 年，英国舰队曾从普利茅斯出发，战胜西班牙的“无敌舰队”。第一次世界大战中，美国远征军在瑟堡登陆。第二次世界大战中，1940 年~1944 年期间德国军队占领瑟堡并曾准备渡海峡登陆不列颠岛，德军占领布雷斯特并作为大西洋潜艇战基地。第二次世界大战接近尾声，1944 年，美英联军横渡海峡发起著名的诺曼底登陆战役。英吉利海峡作为沟通西欧各国的重要航道，对西欧的经济发展起过巨大作用，现在是世界上最繁忙的航道，平均每昼夜通过船只 750 艘。

**多佛尔海峡：英国人遇难成祥的“多佛之地”**

多佛尔海峡（Strait of Dover），连接英吉利海峡和北海的狭窄水道。多佛尔海峡，法国称加来海峡（Pas de Calais）。多佛尔海峡西南以英国邓杰内斯角和法国格里内角连线同英吉利海峡分界，东北以英国北福兰角和法国加来之间连线与北海分界。海峡长 56 千米，宽 30 千米~40 千米，水深 35 米~55 米，最深处 64 米，海峡每天过往船只达 350 艘，为世界上最繁忙的航道之一。两岸港口主要有：英国的多佛尔、黑斯廷斯等；法国的布洛涅、加来、敦刻尔克等。

海峡两岸地势险要，悬崖峭壁中有一系列地下洞穴，海峡中多浅滩，航道中不时发生船只碰撞、搁浅和沉船事故。至 20 世纪 80 年代初，海峡沉船累计达 2000 多艘。从 1977 年起，实行分道通航制，东北向和西南向船只分别沿法国和英国海岸航行。1856 年，英法两国首次计划开凿海底隧道。1972 年，海峡隧道曾开工，后又中止。1988 年，海峡两岸的多佛尔—加来之间全长 53 千米的海底隧道正式开工。1990 年，海底隧道凿通，实现了不列颠岛与欧洲大陆的连接。

历史上多佛尔海峡地区发生过多次战争。1588 年，英国海军舰队借助多佛尔海峡的地理优势击败了西班牙"无敌舰队"的进攻。第一次世界大战期间，英国为封锁德国海军，保障英法之间的航运畅通，在海峡布设了水雷和防潜拦阻网，封锁德国潜艇从海峡过往大西洋。第二次世界大战中，1940 年，英法两国军队 33 万余人从敦刻尔克撤退，英法联军遇难成祥，借助海峡天险摆脱了德军的追击，英国再次在海峡深处布设强大的防潜障碍和水雷配系，阻止德国舰艇闯过海峡来往于大西洋。

### 敦刻尔克：英法联军濒临灭亡而由此"胜利大逃亡"

敦刻尔克（Dunkerque，Dunkirk），法国北部港市。敦刻尔克濒多佛尔海峡，有铁路轮渡同英国多佛尔港相连。1940 年，发生英法联军"敦刻尔克大撤退"。

1940 年 5 月，德国侵略军向荷兰、比利时、卢森堡和法国发起"闪电式进攻"，德军先头部队进抵英吉利海峡，切断比利时境内和法国北部的英法联军与马恩河—索姆河以南法国军队主力的战略联系，英法联军被围困在敦刻尔克附近的狭小地区内。英国实施代号为"发电机"的战略撤退。英国、法国、比利时共派出包括渔船、客轮、游艇和救生艇等小型船只在内的各类船只 861 艘进行接应。5 月 29 日至6 月 2 日，英国军队 22.5 万人和法国、比利时军队 11.2 万人撤至英国本土。加来海峡是不列颠岛与欧洲大陆最近的海峡，宽 30 千米~40 千米，英吉利海峡最窄处也有 96 千米，而最宽处则有 241 千米，因此，从敦刻尔克至多佛尔是撤退的最捷径，盟军从敦刻尔克撤退真是天赐良机。这次成功的撤退，为而后对德军进行战略反攻保存了实力。1945 年 5 月 9 日，盟军登陆敦刻尔克，胜利地开辟了第二战场，最终战胜了法西斯德国。

### 北海：英德帝国"赌注的轮盘"

北海（North Sea），大西洋东北部边缘海。北海位于不列颠岛与欧洲大陆之间,西起大不列颠岛和奥克尼群岛,北至设得兰群岛,东临斯堪的纳维亚半岛、日德兰半岛,南接欧洲大陆西北岸。北海南北长约 1100 千米,东西宽约 640 千米,最宽处 675 千米,面积 57.5 万平方千米。北海西南由多佛尔海峡、英吉利海峡与大西洋沟通,东北经波罗的海海峡与波罗的海相通,北部经挪威海进入北冰洋。北海西北部有设得兰群岛、奥克尼群岛,东南部有弗里西亚群岛、黑尔戈兰岛。

北海是北欧和西欧之间的海上纽带,波罗的海进入大西洋的必经之地,从东南部溯易北河、莱茵河可直达西欧心脏地区。随着北海海底油气田的发现和开发,其战略地位愈显重要。

北海曾是英国与荷兰、英国与德国争夺海洋霸权的重要战场。1652 年~1665 年,英国与荷兰两国曾发生普利茅斯海战、波特兰海战、洛斯托夫特海战。1673 年,英法联军与荷兰之间发生特赛尔海战。1916 年,英国"大舰队"与德国"公海舰队"发生日德兰海战。

19 世纪末 20 世纪初,英国仍然保持世界海洋霸主的地位,德国则发展为欧洲大陆的陆上强国。德国从争夺世界霸权的目标出发,建设了一支庞大的战列舰队,德国人称之为"公海舰队",意欲冲出半封闭的北海,前出到公海,可以自由出入大西洋,甚至到印度洋和太平洋游弋。英国为了应对德国的挑战,从世界各大洋收缩海军力量,将海军主力集中部署在北海水域,称之为"大舰队"。

第一次世界大战,德国海军的战略企图是将"公海舰队"集中在黑尔戈兰湾等待与英国"大舰队"进行大决战,因而称之为"海军冒险战略"。英国"大舰队"部署在苏格兰以北的奥克尼群岛南部的斯卡帕湾,随时准备歼灭德国"公海舰队"。1914 年~1915 年,德国"公海舰队"采用守株待兔的战略,等待英国"大舰队"自投罗网,结果却使自己处于被"饥饿封锁"的状态。而英国"大舰队"从北海远处的斯卡帕湾,可以从容不迫地切断德国的海上交通线,这使德国"公海舰队"陷入一种绝望的防御境地。1916 年,德国海军部决心诱使英国"大舰队"决战,于是导致了著名的日德兰海战。这次海战发生在日德兰半岛以西的斯卡格拉克海峡附近的海域,双方展开了海战史上空前规模的战列舰会战。这次海战,英国"大舰队"粉碎了德国海军部前出大西洋的战略企图,继续将"公海舰队"牢牢封锁在北海之内,并最终导致了德国"公海舰队"的兵变和德国"海军冒险战略"的破产。

**基尔运河:挂在日德兰半岛高颈上的"蓝色项链"**

基尔运河(Kieler Kanal,Kiel Canal),沟通北海与波罗的海的重要水道。基尔运河亦称"北海—波罗的海运河"。基尔运河横穿日德兰半岛,西起易北河口的布伦斯比特尔科克,东至基尔湾的霍尔特瑙,是波罗的海进入大西洋的捷径,比绕道日德兰半岛顶端缩短 685 千米。基尔运河与苏伊士运河、巴拿马运河共称世界上的三大国际运河。运河呈西南—东北走向，全长约 100 千米，水面宽 104 米，河床宽 44 米，水深 11.3 米，可使长 315 米、宽 40 米、吃水 9 米的海轮日夜通航。运河每隔 5 千米~13 千米有一处宽 300 米的专用调节河段，运河两端有水闸可调节水位，船只全程通过时间一般为 7 小时~9 小时。运河过伦茨堡河段，河下开凿有公路隧道和人行隧道。

　　基尔运河的开凿是德国为解决波罗的海舰队与北海舰队被日德兰半岛相分割的局面而采取的重要措施。日德兰半岛介于北海和波罗的海之间，北隔斯卡格拉克、卡特加特海峡与斯堪的纳维亚半岛相望。由于德国波罗的海舰队出大西洋的通道被瑞典封锁，在日德兰半岛还被丹麦阻断，1864 年，德国发动对丹麦的战争，吞并了丹麦的石勒苏益—荷尔斯泰因地区，掌握了日德兰半岛南部从易北河口的布伦斯比特尔科克到基尔湾的霍尔特瑙战略要地。1887 年~1895 年，德国在这两个战略要地之间开凿了基尔运河。1907 年~1914 年，基尔运河扩建加宽，沟通了北海与波罗的海两大舰队的战略联系，而且缩短了由波罗的海出入大西洋的航程。第一次世界大战前，运河属德国所有，为军用水道。第一次世界大战后，基尔运河曾一度被国际化。第二次世界大战后，基尔运河向所有国家开放。1970 年，运河再次扩建，年通过舰船数量可达 9 万艘。

**波罗的海："战火纷飞"的"瓦蓝之海"**

　　波罗的海（Baltic Sea），大西洋伸入欧洲大陆北部的内海。古斯拉夫人称"瓦蓝之海"。波罗的海位于斯堪的纳维亚半岛、日德兰半岛与欧洲大陆北部之间，西经诸海峡连通北海进入大西洋，东经白海—波罗的海运河沟通白海进入北冰洋。

　　波罗的海是东欧、北欧、西欧诸强国势力交汇之处。中世纪初，波罗的海成为斯堪的纳维亚人和斯拉夫人的通商要道。12 世纪~14 世纪，波罗的海三分天下，丹麦控制西部出海口，瑞典侵占东部沿岸地区，德意志形成由 150 个城镇组织的汉萨同盟控制南部海岸地区，汉萨同盟战胜丹麦后，在海上占据主导地位。从 16 世纪起，波罗的海沿岸各国为争夺海上贸易和出海口进行了长期的战争。1558 年~1583 年，发生俄罗斯对立沃尼亚、瑞典、波兰、立陶宛的立沃尼亚战争。1563 年~1570 年，发生丹麦对瑞典的北方 7 年战争。1655 年~1660 年，发生瑞典对波兰的北方战争等。17 世纪中叶，瑞典成为波罗的海霸主。1700 年~1721 年，俄罗斯通过对瑞典的北方战争，获得沿岸广大地区和出海口。1808 年~1809 年，瑞典与俄罗斯战争后，俄罗斯取代了瑞典的海上霸主地位。19 世纪末，德国建立强大的海军舰队，在波罗的海沿岸修筑基地，凿通基尔运河，企图把波罗的海变为内海。两次世界大战中，波罗的海成为重要战场。第二次世界大战后，北约和华约两大军事集团曾在波罗的海屯集重兵直接对垒。

### 圣彼得堡：彼得大帝圣选的临海都城

圣彼得堡(Saint Petersburg)，俄罗斯濒临波罗的海的港市。1703 年～1914 年称圣彼得堡，1914 年～1924 年改称彼得格勒，1924 年～1991 年称列宁格勒，现复称圣彼得堡。圣彼得堡位于波罗的海芬兰湾东岸涅瓦河三角洲，西经波罗的海，出北海，通大西洋，北以波罗的海—白海运河通北冰洋，东南有铁路直达莫斯科，为俄罗斯西北部门户，战略地位极其重要。

早在公元 3 世纪，俄罗斯的祖先东斯拉夫各族就活跃在波罗的海沿海地区。13 世纪，俄罗斯人远征波罗的海，与斯堪的纳维亚半岛的瑞典人、日耳曼人进行了长期的斗争，才在波罗的海沿岸有了立足之地，并能为沿海贸易城市组成的"汉萨同盟"所接纳。15 世纪末，俄罗斯形成了以莫斯科为中心的统一的中央集权国家，称为"莫斯科大公国"，俄罗斯国家中心向内陆位移。1547 年，伊凡雷帝加冕，成为俄罗斯第一代沙皇，他不甘心俄罗斯脱离海洋，把目光投向了波罗的海。伊凡雷帝有一句名言："波罗的海海水的分量是值得用金子来衡量的。"伊凡雷帝为了将波罗的海沿岸并入俄罗斯，建立直接与欧洲各国的海上贸易关系，发动了长达 26 年的立沃尼亚战争。1570 年，俄罗斯还组建了一支伊凡雷帝私掠船队，破坏波罗的海沿岸国家的海上贸易。1583 年，俄罗斯在立沃尼亚战争中最后失败，从而在波罗的海失去了影响。

1682 年，彼得一世即位沙皇。1689 年，彼得大帝掌握实权，重新启动争夺出海口的战争。为了建设一支强大的海军，彼得大帝于 1897 年派遣"大使团"去西欧学习，他本人化名米哈依洛夫随团前往，在荷兰一家最大的船厂当学徒工学习造船技术。彼得大帝效仿西方海军强国，兴办造船业和军事工业，建立航海学校和陆海军学校，培养陆海军骨干人才，储备对外战争潜力。1703 年，彼得大帝从瑞典人手中夺取波罗的海东岸，开始在扎亚奇岛建圣彼得堡要塞，在科特林岛建克龙什洛特要塞(喀琅施塔得要塞)，在涅瓦河左岸建海军要塞。1714 年，俄罗斯海军元帅阿普拉克辛率领波罗的海舰队，与瑞典海军中将瓦特朗率领的舰队，在波罗的海的汉科角半岛进行了一场大海战，为把战争推进到斯堪的纳维亚半岛瑞典境内创造了条件。1721 年，俄罗斯波罗的海舰队战胜了瑞典海军，并占领芬兰湾、里加湾，几个世纪以来俄罗斯夺取波罗的海出海口的梦想终于实现了。

1712 年，俄罗斯对瑞典战争还未见

圣彼得堡夏宫

分晓之际，彼得大帝毅然将首都迁至圣彼得堡，表示誓死夺取波罗的海出海口的雄心壮志。新都圣彼得堡出现在波罗的海东岸，打开了一扇通向世界海洋的大门，标志着俄罗斯走上了世界海军强国的道路。

马克思对彼得大帝时代发展海权的特征评论说："从来没有一个伟大的国家，会在彼得大帝的国家原先所处的那

圣彼得堡冬宫

样的内陆条件下生存下来，也不可能生存下来；同样的，没有任何一个国家会甘愿看着自己的海岸和河口被夺走。俄罗斯不能把推销俄罗斯北方产品的唯一通道——涅瓦河口留在瑞典人手中。"

圣彼得堡在俄罗斯近代历史发展中起了巨大的作用。1905年~1907年，俄罗斯第一次资产阶级革命，1917年，二月资产阶级革命，1917年，十月社会主义革命都首先在圣彼得堡爆发。第二次世界大战期间，列宁格勒是德国的主要攻击目标。1941年~1944年，苏军与德军在此进行了著名的列宁格勒会战，抵御了德军900天的封锁和轰炸，为保卫首都莫斯科做出了重要的贡献。第二次世界大战后，列宁格勒重建，成为苏联重要的经济、科学、文化、军事中心和交通枢纽。

**波罗的海海峡：波罗的海的"五声波合唱组"**

波罗的海海峡（Baltic Straits），连接波罗的海和北海的海峡群。波罗的海海峡由厄勒海峡（松德海峡）、大贝尔特海峡（大海峡）、小贝尔特海峡（小海峡）、卡特加特海峡、斯卡格拉克海峡一组海峡群构成。波罗的海海峡群为波罗的海沿岸诸国各港口通往世界各大港的主要航道，每年通过十几万艘海轮。

波罗的海诸海峡虽是国际海峡，但其中某些海峡未超出丹麦和瑞典的领水范围，因此，通过这些海峡既要遵守国际公约的规定，又要受专事国颁布的法规所管制。波罗的海诸海峡曾被日德兰半岛国——丹麦长期控制。从1429年起，丹麦即在厄勒海峡征收船舶过往税。17世纪，瑞典夺取厄勒海峡东岸。1700年~1721年，俄罗斯击败瑞典海军，打通波罗的海出海口，并建立波罗的海舰队，为确保其在波罗的海的出入自由，俄罗斯开始参与海峡法的制定。1857年，《哥本哈根条约》废除了"海峡税"，制定了厄勒海峡和大、小贝尔特海峡的航行制度，商船可不受任何限制昼夜航行，条约对卡特加特海峡和斯卡格拉克海峡没有做任何规定。1914年，第一次世界大战爆发，英国和德国海军在黑尔戈兰岛以西海面激战，中立国丹麦布雷封锁斯卡格拉克海峡。1918年~1920年，帝国主义国家对苏维埃俄国进行武装干涉，

协约国舰队曾经控制波罗的海海峡。1940年~1944年,波罗的海诸海峡一直在德国的控制之下,进出波罗的海的通道被水雷封锁。

1951年,根据丹麦国王的命令,波罗的海海峡对外国舰艇放行。规定:外国单只军舰可自由通过厄勒海峡、大贝尔特海峡、卡特加特海峡和斯卡格拉克海峡;若通过小贝尔特海峡,应事先通告丹麦当局;军舰超过3艘以上的舰队通过大贝尔特海峡和厄勒海峡,或单只军舰停留时间超过两昼夜,也必须事先通告;潜艇只能浮出水面通过这些海峡。上述规定具有片面性,由于丹麦是北约成员国,北约集团的军舰不受限制,而苏联(俄罗斯)和华约国家必然受到制约。

**设得兰群岛:英帝国设在北海的"大栅栏"**

设得兰群岛(Shetland Islands),大西洋东北部的群岛。设得兰群岛位于不列颠最北部,南距苏格兰209千米。设得兰群岛由100余个岛屿组成,其中较大的是梅恩兰岛、安斯特岛、耶尔岛、费特勒岛等,总面积约1400平方千米。设得兰群岛在北海与大西洋之间占据有利的地理位置,群岛附近有三条航道由北海通往大西洋,驻岛舰艇和飞机可控制北海通大西洋和北冰洋的出口。

第一次世界大战期间,英国大舰队凭借设得兰群岛的地理优势,牢牢地控制着由北海通往大西洋的航线,切断了德国的海外交通线,并将德国"公海舰队"封锁在黑尔戈兰湾内。第二次世界大战中,英国同样利用设得兰群岛的地理优势,有效地阻止了德国水面舰艇自由出入大西洋。正由于英国占据设得兰群岛的地理优势,所以英国始终是北海的真正霸主。

**法罗群岛:由"绵羊"组成的"法海罗网"**

法罗群岛(Faroe Islands),大西洋北部的群岛。丹麦语"Faeroerne",意即"绵羊群岛"。法罗群岛由斯特勒默、厄斯特岛、苏德勒等22个岛屿组成,面积1400平方千米,各个岛屿间被峡湾所隔。1035年~1379年,法罗群岛属于挪威。1380年,法罗群岛归丹麦。居民主要为法罗人。

法罗群岛位于挪威海以南,不列颠群岛以北,设得兰群岛和冰岛之间,是西北欧到冰岛航线的中途站,也是挪威海与大西洋沟通的必经之处,因而对苏联(俄罗斯)的北方舰队有重大影响。苏联(俄罗斯)北方舰队出入大西洋必经的挪威海,处于由斯堪的纳维亚半岛、设得兰群岛、法罗群岛、冰岛、格陵兰岛组成的弧形圈内,北方舰队只能从这一包围圈的各个"隘口"穿过。而这些"隘口"都在美国和英国海军的监视之下,特别是法罗群岛在这些"关隘"中的战略位置最为重要,北方舰队要冲破这个"天然罗网",可谓是困难重重。因此,北方舰队一直把巴伦支海与挪威海看作是一个相互毗连的海战区,坚持在挪威海进行海上军事演习,反复演练在"关隘"登陆和突破"隘口"的模式,以确保战略潜艇通往大西洋的通道。

## 四、北冰洋:美苏(俄)两家"对火"的捷径

北冰洋(Arctic Ocean),全球第四大洋。北冰洋位于全球最北部,介于北美大陆、欧亚大陆北岸之间。北冰洋以冰岛、法罗群岛与大西洋分界,并经挪威海、格陵兰海进入大西洋,亦可经巴芬湾(大西洋属海湾)进入大西洋;北冰洋以亚洲大陆极东之地杰日尼奥夫角与北美大陆极西之地威尔士王子角的连线分界,并经楚科奇海进入太平洋。

### 西北航线:北美大陆头上的"蓝色绶带"

西北航线(Northwest Passage),大西洋经北冰洋沿岸通往太平洋的航线。西北航线沿哈得孙湾、巴芬湾、加拿大北极群岛诸海峡、波弗特海、楚科奇海,穿过白令海峡,进入太平洋。西北航线的主要港口有:纳尔逊港、丘吉尔港、莱克港、巴罗、威尔士、诺姆、荷兰港、温哥华等。

大西洋直通太平洋西北航线的探寻,可以追溯到全球远洋航行地理大发现时期。15 世纪末,葡萄牙在大西洋南航线、西班牙在大西洋中航线建立了势力范围,英国为了避免与葡萄牙、西班牙的海上冲突,英国国王聘请威尼斯探险家约翰·卡博特和塞瓦斯蒂安·卡博特父子,向北方探寻通往东方的航道。1497 年~1498 年,卡博特父子绕过爱尔兰岛北岸,先后到达北美大陆拉布拉多半岛和纽芬兰岛。16 世纪初,法国的诺曼底渔民向西北航行,到纽芬兰岛和新斯科舍半岛沿海捕鱼。1534 年~1536 年,法国探险家雅克·卡蒂埃受法国海军司令委托,向西北航行探寻前往中国的航道,最终发现圣劳伦斯河。1576 年,英国海员、探险家马丁·弗罗比舍贝,绕过格陵兰岛屿南岸,向偏西北方向航行,结果在巴芬岛沿岸发现弗罗比舍贝湾,英国女王赐予其为"再发现中国的一切海洋、湖泊、海岛国家和地区的总司令"。1585 年~1586 年,英国探险家、航海家约翰·戴维斯,受英国伦敦商人的"中国股份公司"委派,继续探寻通往黄金地中国的航线,结果到达巴芬岛的坎伯兰湾,并以自己的名字命名格陵兰岛与巴芬岛之间的水域为戴维斯海峡。1607 年~1610 年,英国航海家亨利·哈得孙,先后受英国伦敦商人组织的"莫斯科公司"和荷兰"西印度公司"的委派,探寻直接穿过北极到达日本的航道,结果发现一个海湾,他以自己的名字将其命名为哈得孙湾。

19 世纪初期,拿破仑战争后,英国海军部大张旗鼓地复兴西北航线的探险航海活动。1818 年~1819 年,英国探险家约翰·罗斯,受英国海军部委派组织探险队探寻西北航线,结果罗斯的手下威廉·爱德华·帕里发现了巨大的加拿大北极群岛中的一组群岛,并以自己的名字将其命名为帕里群岛,并考察了这个西北部岛群以

南的梅尔维尔子爵海峡。1819 年~1922 年,英国海军军官、著名探险家约翰·富兰克林率领一支探险队,从哈得孙湾西南岸登陆,沿北美内陆河而上,到达大奴湖和马更些河源头。1825 年,富兰克林率领探险队再次沿北美的内陆河北上探险,结果发现了加拿大北极群岛中的第二大岛维多利亚岛。1829 年,英国探险家约翰·罗斯率领探险队再次探险西北航线,绕过巴芬岛,穿过兰开斯特海峡,发现了北美大陆最突出地,并以为探险队提供物资保障的商人的名字命名为布西亚半岛以及布西亚湾。1830 年~1831 年,罗斯的侄子、著名的南极探险家詹姆斯·罗斯,发现了威廉王岛,并声称发现了北磁极。1845 年,英国政府委派年过花甲的富兰克林率领庞大的探险队,从格陵兰西岸起航,绕过巴芬湾,对穿过北极群岛的航线探寻,最后全部失踪。1846 年~1854 年,英国在派出庞大的探险队搜找富兰克林探险队行踪期间,几乎完成了对加拿大北极群岛的全部考察工作,其中包括被冰封的海峡"迷宫"和数不清的海湾和海岛。1850 年,爱尔兰探险家罗伯特·麦克卢尔,从太平洋出发,经过白令海峡,前往波弗特海寻找富兰克林的下落,结果发现了位于维多利亚岛与班克斯岛之间的麦克卢尔海峡。

20 世纪,西北航线的探险考察进入第三个历史阶段。1903 年~1906 年,挪威探险家、航海家罗纳德·阿蒙森,首次乘单桅帆船"佳阿"号,从格陵兰岛出发,循富兰克林的探险路线,经兰开斯特海峡,向南航行至威廉王岛,然后沿北美大陆沿岸向西航行,发现了阿蒙森海峡,并穿过白令海峡,最后到达北美太平洋海岸的旧金山(圣弗朗西斯科港),纵向完成了从大西洋经北冰洋到达太平洋的西北航线全程航行。20 世纪 40 年代,美国海军开辟了贯穿伊丽莎白女王群岛经北冰洋进入太平洋的航线,至此,西北航线的探险考察结束。

### 格陵兰岛:"红头发"诺曼人的"绿地"

格陵兰岛(Greenland),世界第一大岛。格陵兰位于北美大陆、北冰洋、大西洋之间。面积约 217 万平方千米。全岛 2/3 在北极圈以北,5/6 的土地被冰覆盖,仅西南部无永冻层,中部最厚达 3411 米,冰层厚度平均接近 1500 米,为仅次于南极洲的现代巨大冰川。公元前 3000 年,因纽特人首先定居于格陵兰。公元 9 世纪后期,诺曼人开始在格陵兰进行殖民开拓。

诺曼人,意即"北方人"。在西欧,诺曼人被称作"日耳曼人",主要居住在斯堪的纳维亚半岛南部、西部海岸和日德兰半岛及其附近。在东欧,诺曼人被称作"瓦兰人"。诺曼人主要从事畜牧业和渔业,为了寻找鱼群和海兽,他们在海上远距离航行,拦截商船,抢掠沿岸城镇。

诺曼人从发源地出发,向四面八方侵略。向北漫游,绕过斯堪的纳维亚半岛,到达白海;向东挺进,穿过波罗的海,抵达里加湾、芬兰湾;向南沿内陆河流航行,进入

格陵兰岛

黑海和地中海;向西航驶,涉足远及不列颠、奥克尼群岛、设得兰群岛,最远的一支还抵达冰岛。

11世纪,诺曼人从格陵兰南部海岸不断扩展到西部沿海地区,并一直到达北极圈。格陵兰的诺曼人主要从事捕猎海兽,把海兽皮和海象牙运往冰岛,换取所需粮食、木材、铁制工具。13世纪中叶,格陵兰移民处于最繁荣时期,格陵兰的移民有6000人,在西部沿海地区建立有280个诺曼人村庄。

13世纪末,冰岛归并到挪威之后,挪威当局限制格陵兰诺曼人与冰岛的往来,冰岛的船只很少到达格陵兰,格陵兰岛上的移民处境急剧恶化,缺乏必要的生活用品。14世纪末,挪威归属丹麦后,丹麦国王宣布实行与西北诸岛的商业垄断,海上贸易仅限于与法罗群岛、冰岛之间,对遥远的格陵兰岛每年只派1艘贸易船前往,并严禁冰岛人向格陵兰岛航行,格陵兰移民的生活陷入绝境。格陵兰岛上强悍的诺曼人移民人种开始退化,大部分死亡,剩下的极少数诺曼人变得更加野蛮,并与当地的因纽特人混杂在一起。

**挪威海:苏联(俄罗斯)南下大西洋的"内海"**

挪威海(Norwegian Sea),北冰洋的边缘海。挪威海位于斯堪的纳维亚半岛与设得兰群岛、法罗群岛、冰岛、扬马延岛、斯瓦尔巴群岛之间,面积大约138万平方千米。挪威海西北接格陵兰海,东北邻巴伦支海,南连北海,西南经格陵兰岛—冰岛—英国隘口进入北大西洋,为许多重要海上航线的必经之地。

挪威海多次成为海战的战场。第二次世界大战期间,德国军队经挪威海在挪威海岸登陆。苏联卫国战争开始后,挪威海成了盟国舰队同德国水面舰艇、潜艇和航空兵进行海上激战的水域。

第二次世界大战后,苏联为保证北方舰队自由出入大西洋,频繁在海域及其周围进行军事演习,北大西洋公约组织的海军也经常在此活动,以阻止苏联出巴伦支海而南下大西洋。美国还在沿挪威北角至熊岛一线设置海底声呐,监视苏联北方舰队的活动。

**巴伦支海:俄罗斯核潜艇"库尔斯克号"的葬身之地**

巴伦支海(Barents Sea),位于挪威与俄罗斯北方,是北冰洋的陆缘海之一。巴伦支海东西长约 1300 千米,南北宽约 1046 千米,面积约 140.5 万平方千米,平均水深 229 米,熊岛海沟最深处 600 米。海域少岛屿,最大的为科尔古耶夫岛。巴伦支海海岸曲折,西海岸大部分为陡峭岩岸,多峡湾,东海岸低平,湾少水浅。主要海湾和峡湾有:海普德尔斯卡亚湾、伯朝拉湾、乔沙湾、莫托夫斯基湾、科拉湾、瓦兰厄尔峡湾、塔纳峡湾、拉克瑟峡湾、波桑厄尔峡湾。

从 1594 年起,阿姆斯特丹人威廉·巴伦支,奉命在 3 年间先后率领探险队 3 次向北冰洋进发,探索一条从挪威、莫斯科王国、鞑靼王国通往中国的北方航线,最后巴伦支率领探险队在新地岛北岸的"冰港"越冬时,因患坏血病而逝世,由此将其探险的这片海域命名为"巴伦支海"。

巴伦支海由于有大西洋暖流从西南海域方向注入,因此,即使在寒冷的冬天也不结冰,因而成为苏联(俄罗斯)最强大的北方舰队的重要活动海域,在科拉湾周围有北莫尔斯克、摩尔曼斯克、波利亚尔内、格列米哈等海军基地。

冷战时期,巴伦支海是美国与苏联进行军事对峙的重要区域。美国对苏联北方舰队进行一系列的侦察和间谍活动,在熊岛一线建有水下反潜侦听装置,并经常派出核潜艇从北冰洋冰层下潜入巴伦支海,通过苏联海底通信电缆窃取军事情报,但由于美国害怕触怒苏联,还不敢直接对苏联核潜艇进行攻击。冷战结束,美国颐指气使,凭借海上绝对优势,更加频繁地派出核潜艇从北冰洋浮出巴伦支海水面公开进行活动。

2000 年 8 月 13 日,俄罗斯北方舰队在巴伦支海举行海上军事演习完毕返航时,俄罗斯最新式的核潜艇"库尔斯克"号坠入巴伦支海海底,潜艇上 118 名官兵不幸罹难。"库尔斯克"属于"奥斯卡 II"级核潜艇,是专门为对付航空母舰战斗群而设计的。因而"库尔斯克"号核潜艇失事的原因扑朔迷离。因为在俄罗斯北方舰队演习期间,美国及其有关北约国家一直在巴伦支海域进行侦察跟踪活动,所以在"库尔斯克"号核潜艇沉没后,俄罗斯国防部立即宣布,"库尔斯克"号沉没附近海域为禁区,并派出值班舰艇进行巡逻,以防不怀好意的国家"浑水摸鱼"。

### 摩尔曼斯克:俄罗斯北方舰队的"输血站"

摩尔曼斯克(Murmansk),俄罗斯联邦北冰洋沿岸的不冻港和最大港。摩尔曼斯克位于科拉半岛西北,坐落在狭长深邃的科拉湾南部,是俄罗斯通往太平洋的北方航线和通往大西洋的东北航线的终点。

摩尔曼斯克原为一渔村。1915 年,俄罗斯正式辟为军港,名为摩尔曼罗曼诺夫。1933 年,苏联以摩尔曼斯克为北方舰队的主要基地。

第一次世界大战期间,摩尔曼斯克曾是协约国向俄罗斯提供军事物资最重要的基地。1918 年~1920 年,摩尔曼斯克曾被英国和美国海军占领,作为协约国支援苏维埃共和国境内白匪军叛乱的军事物资供应基地。第二次世界大战期间,摩尔曼斯克曾是同盟国向苏联供应军事物资的主要转运港。在整个战争期间,各同盟国的大部分作战和生活物资都在摩尔曼斯克装卸,大约有 250 艘运输船,超额装运 200 万吨货物运进摩尔曼斯克港口,然后再由摩尔曼斯克港口通过陆、海、空的各种运输方式运送到苏联各地,摩尔曼斯克在保障苏联卫国战争的物资供给方面起了极其重要的作用。因此,摩尔曼斯克成为德国法西斯军队争夺的战略要地,德国海军潜艇对摩尔曼斯克实行海上封锁,德国海军航空兵空袭港口和火车站。

摩尔曼斯克还是苏联(俄罗斯)北方舰队的核心基地。摩尔曼斯克东北距北方舰队司令部北莫尔斯克 23 千米,距巴伦支海出海口 50 千米,有铁路达佩琴加海军基地(距挪威边界只有 18 千米),有双轨铁路南下俄罗斯的波罗的海前哨的圣彼得堡,并与波利亚尔内潜艇基地、格列米哈核潜艇基地、别卢沙古巴海军航空兵基地等构成俄罗斯北方舰队的战略基地群,以控制北冰洋和北大西洋。

**北方航线:苏联(俄罗斯)冰极世界的"热血动脉"**

北方航线(North Passage),俄罗斯经北冰洋沿欧亚大陆通往太平洋的航线。北方航线沿巴伦支海、白海、伯朝拉海、喀拉海、拉普捷夫海、东西伯利亚海、楚科奇海,穿过白令海峡,进入太平洋,从而形成了从摩尔曼斯克到符拉迪沃斯托克(海参崴)的俄罗斯东西两个方向战略要地的一个完整的体系。

早在 11 世纪~15 世纪,北冰洋沿岸的渔民就在冰海中进行远航。16 世纪上半叶,葡萄牙企图在大西洋南部建立霸权,西班牙在大西洋西部建立霸权,英国企图在大西洋北部建立霸权。英国"商人探险协会"受威尼斯探险家约翰·卡博特和塞瓦斯蒂安·卡博特父子在大西洋东北部的发现的启发,探寻从欧洲绕过欧亚大陆北部地区冰海通往亚洲的航道,从而开辟了英国与俄罗斯在白海的商业贸易。16 世纪末,荷兰迫于英国对大西洋北部的压力,继英国商人在东北航道探寻之后,朝着东北方向继续前进,于是有了航海家巴伦支在北冰洋的三次探险活动。18 世纪中叶,按沙皇彼得一世的遗愿,俄罗斯白令海因纪念丹麦航海家、俄罗斯海军军官白令探险考察而命名。18 世纪中叶,按沙皇彼得一世的旨意,由俄罗斯枢密院、海军学院、彼得科学院共同参与制定了大规模探险北方航线的考察方案,俄罗斯海军部组织了大北方探险队,由 4 个分探险队分别从伯朝拉海到楚科奇海的北冰洋漫长海岸线进行探险考察。1898 年,俄罗斯海军部海道测量局建立了北冰洋海道勘察队。1914 年~1915 年,北冰洋海道勘察队有破冰能力的轮船"泰梅尔"号和"瓦伊加奇"号第一次完成了在北部的全程航行。20 世纪 20 年代,苏联开始对北冰洋航道进行广泛的勘察和探索。1932 年,苏联成立了北方海上航路总局,有破冰能力的轮船"西比里亚科夫"号经 65 个昼夜首次在一个航期完成了从阿尔汉格尔斯克到白令海峡的全程航行。1934 年,苏联破冰船"利特克"号也在一个航期中完成了从东部到达西部的航行,进一步证实了开辟北方航线的可行性。1935年,北方航线开始使用。

北方航线从摩尔曼斯克到符拉迪沃斯托克(海参崴)全长1.04万千米,是连接苏联(俄罗斯)欧亚两部分及沟通大西洋与太平洋的捷径。如果从列宁格勒(圣彼得堡)至符拉迪沃斯托克,经北方航线距离大约为1.42万千米,经过苏伊士运河为2.32万千米,绕非洲大陆南端好望角则为2.94万千米。

北方航线从喀拉海、拉普捷夫海、东西伯利亚海、楚科奇海到白令海峡,为气候严寒、积冰范围广的复杂冰区,这条海上航路的特点是,有些地区的冰层甚至在最暖和的月份也不裂开。在这些地区,船只能靠现代化破冰船破冰才能通过。

北方航线的开辟,给苏联(俄罗斯)海军两支最强大的舰队之间的调动带来极大的便利,即使是波罗的海舰队与太平洋舰队相互调动,经北方航线比绕道苏伊士运河航线约近1万千米,比绕道好望角航线约近1.5万千米。1936年,为了充实太平洋舰队,苏联海军"斯大林"号和"沃伊科夫"号驱逐舰首次经北方航线,从波罗的海航行到太平洋。1939年,苏联"斯大林"号破冰船在一个航期中先后两次完成在北方航线的航行。1940年,"Ⅲ-423"号潜艇首次从摩尔曼斯克经北方航线到达符拉迪沃斯托克(海参崴)。第二次世界大战期间,在德国和日本两国的海军对苏联构成严重威胁的情况下,北方航线成了苏联最频繁的海上运输线。1942年,太平洋舰队中派出由"巴库"号、"理智"号、"狂怒"号驱逐舰组成的战斗舰艇群,从太平洋经北方航线调到北方舰队。

第二次世界大战后的年代,苏联投入了大功率的新式破冰船"莫斯科"号、"列宁格勒"号、"摩尔曼斯克"号,保证北方航线的畅通,使北方航线上的货物周转率提高了几倍。20世纪50年代后期,苏联首次投入"列宁"号核动力破冰船。20世纪70年代中后期,苏联又先后投入了"北极"号和"西伯利亚"号核动力破冰船,使北方航线的全程通航期大大延长。

苏联解体后,俄罗斯更加重视开发北方海上航线。普京总统多次表示,北方海上航线对于俄罗斯来说,甚至比苏伊士运河更重要。2013年10月,以北方舰队旗舰"彼得大帝"号核动力导弹巡洋舰为核心的舰艇编队,完成了北冰洋巡航,航程2000海里,编队包括"亚马尔"号、"瓦伊佳奇"号、"50周年胜利日"号和"泰梅尔"号等4艘核动力破冰船,经过巴伦支海、红海和拉普捷夫海的浮冰海域,抵达勒拿河三角洲地区的新西伯利亚岛,最北到达法兰士·约瑟夫地群岛所属鲁多里夫岛北端并在该岛登陆,为科捷利内岛运送了技术装备、生活设施和超过1000吨的物资。